Callwey

Thomas Brachert

Patina

Von Nutzen und Nachteil der Restaurierung

Callwey

Meinen Schülern
am Schweizerischen Institut für Kunstwissenschaft in Zürich
und
am Institut für Kunsttechnik und Konservierung im Germanischen Nationalmuseum Nürnberg

CIP-Kurztitelaufnahme der Deutschen Bibliothek
Brachert, Thomas:
Patina: von Nutzen u. Nachteil d. Restaurierung/ Thomas Brachert. – München: Callwey, 1985.
ISBN 3 7667 0778 7

Schutzumschlaggestaltung: Baur + Belli Design, München, unter Verwendung der Abbildung 2
Gesamtherstellung: Kösel, Kempten
Printed in Germany 1985
ISBN 3 7667 0778 7

Inhalt

Vorwort

Der Begriff Patina steht in diesem Buch als Synonym für alle Alterungsvorgänge an Kunstwerken und schließt auch Konservatorisches mit ein. Zu seiner Darlegung versuche ich – rückblickend auf eine mehr als 30jährige Berufspraxis als Restaurator – Bilanz einer fachlichen Entwicklung zu ziehen und Nutzen und Nachteil heutiger Restaurierung zu saldieren.

Noch am Ende des Zweiten Weltkrieges war das Berufsbild des Restaurators weitgehend durch das restaurierende Künstlertum und das reine Handwerk geprägt. Die 60er und 70er Jahre brachten dann – zumindest fürs Gemälde und die polychromierte Holzskulptur wie auch für Papier und Textil – den Übergang zur wissenschaftlichen Restaurierung, die mittlerweile vielerorten eine Selbstverständlichkeit geworden ist, mit Nebenwirkungen freilich, wie sie zunächst nicht vorauszusehen waren: *denn längst wurde die Demontage des Allzukünstlerischen auch mit der Dominanz des Allzutechnischen bezahlt.*

Möglicherweise wäre es besser gewesen, diese Studien noch zurückzuhalten. Indes, ein so heterogenes Thema ohne Ende, wie es die Patina in vorliegender Definition ist, auch nur einigermaßen abzuhandeln, dafür hätten auch Jahrzehnte nicht ausgereicht. Derartige Unternehmungen werden deshalb künftig wohl nur noch in Zusammenarbeit spezialisierter Autoren angegangen, mit deutlichem Plus an fachlichen Details, bei einem Minus an ganzheitlicher Sicht. Und so schien es der Sache doch dienlicher, unverzüglich ein Resümee bisheriger Studien vorzulegen – als Denkanstoß und nicht zuletzt auch um der Erhellung des unendlich komplexen Bildungshintergrundes des Restaurators willen, dessen Berufsbild weiterhin umstritten ist. Dazu aber mochte die übliche Darstellung trockener technologischer Fakten allein nicht ausreichen, weshalb hier eine Zusammensicht künstlerischen, wissenschaftlichen und konservatorischen Wissens versucht wurde. Das Ergebnis ist deshalb weder ein rein »wissenschaftliches« geworden, noch ist dabei ein restauratorisches Kochbuch zustande gekommen. Vielmehr ging es zunächst einmal um die Darstellung von Alterungsvorgängen und damit nicht allein um die technischen Aspekte konservatorischer Verfahren zur Bekämpfung von Korrosionserscheinungen; denn dafür besteht längst ein umfängliches Schrifttum, das hier lediglich in Form von Schlüsselliteratur aufgeführt wird. Sondern es ging auch ganz wesentlich um die Darstellung restauratorisch bewirkter Veränderungen am Kunstwerk und damit um deren konservierungsästhetische Problematik, d. h. wiederum um Nutzen und Nachteil der Restaurierung.

Das eigentliche Anliegen dieses Buches ist deshalb, die Folgen unreflektierter Maßnahmen aufzuzeigen: was als unumgänglicher konservatorischer Eingriff zu unternehmen bzw. tunlichst doch zu unterlassen wäre, und wie man den stets drohenden Gefahren der Manipulation und Denaturierung zum Restaurierungssurrogat vielleicht entgehen könnte.

Bei der Darstellung der einzelnen ohnehin sehr heterogenen Stoffe ergaben sich freilich beträchtliche Unterschiede, die insbesondere durch den Mangel an sammlerischer wie auch konservatorischer Tradition beim Kunstgewerbe bedingt sind: Wo nämlich für das Gemälde bereits eine Jahrhunderte währende Kontroverse um das Für und Wider der Abnahme gegilbter Firnisse geführt wurde, da gebricht es im weiten Felde des Kunsthandwerks selbst an einem Bewußtsein für die Patina. Aus diesem Umstand resultierten dann auch unterschiedliche Darstellungskonzepte der einzelnen Kapitel, mit der Betonung des Kulturgeschichtlichen beim Gemälde und des Beschreibenden und Konservatorischen beim Kunstgewerbe. Zugleich war – um der Wahrung der Verhältnismäßigkeit der einzelnen Teile willen – eine Beschränkung des Umfanges beim Gemäldekapitel auf die Tafelmalerei notwendig. Fresko-, Buch- und Aquarellmalerei mußten deshalb vernachlässigt werden. Aus dem gleichen Grunde wurde beim Kunstgewerbe – insbesondere den organischen Materialien –, im Hinblick auf eine vielleicht später zu erweiternde Neuauflage, zunächst einmal auf die Darstellung von Lederpatinen (z. B. von Ledertapeten) verzichtet. Das ganze Kapitel ist deshalb noch sehr ausbaufähig (dies gilt besonders auch für Textil und Papier).

Die Liste derer, die mitgeholfen haben, ist gewöhnlich lang und ich weiß mich in der Schuld von vielen, die der Entstehung dieses Buches kritische Sympathie entgegenbrachten. Die Idee dazu entstand in Seminaren zu den technischen Grundlagen der Restaurierung, die im Kreise meiner Restaurierungsschüler und Studenten der Universitäten Erlangen–Nürnberg und Würzburg im Germanischen Nationalmuseum abgehalten wurden. Ganz wesentliche Förderung erfuhr das geplante Buch auch in nicht enden wollenden Diskussionen im Freundeskreise mit dem Erlanger Historiker Michael Stürmer zur Problematik des historischen Möbels und der altmeisterlichen Silberschmiedekunst, im weiteren auch durch Unterstützung eines gemeinsamen Projektes »Altes Handwerk«, das die Stiftung Volkswagenwerk finanzierte.

Vorangegangen war bereits eine langjährige Förderung meiner Studien zur altmeisterlichen Kunsttechnik durch den Schweizerischen Nationalfonds. Unmittelbaren Anlaß zur Niederschrift gab schließlich eine Reihe von Vortrags-Einladungen zu einzelnen Themenkreisen der Patina.

Zahlreiche Anregungen in Form von Sach- und Literaturhinweisen kamen darüber hinaus aus dem Kollegenkreise, insbesondere von meiner Assistentin, Frau Cornelia Wagner, die mit vielen Hinweisen auf Quellenschriften behilflich war, im weiteren von Wissenschaftlern und Mitarbeitern des Germanischen Nationalmuseums: von Hermann Maué und Wolfgang Pühlhorn, von Ingeborg Doetsch und Friedemann Hellwig. Behilflich waren mir ferner Felicitas Brachert (Nürnberg), Helmut Seling und Peter Pröschel (beide München), Ulrich Schiessl (Bern) sowie Gerhard Stolz, Gottfried Frenzel und Cornelia Limprecht (alle Nürnberg).

Das Schweizerische Institut für Kunstwissenschaft in Zürich steuerte das Foto für den Schutzumschlag bei. Fotografische Hilfe erhielt ich äußerst speditiv durch Jürgen Musolf (Nürnberg). Mit Fotos halfen im weiteren die Kunsthalle Hamburg und Rolf Wihr (Bamberg).

Insbesondere aber half mir meine Frau, indem sie mit zäher Fragestellung und Kritik das Entstehen dieses Buches begleitete.

Offenkundige Unzulänglichkeiten, wie sie angesichts der Komplexität der Materie gar nicht zu vermeiden waren, mögen schließlich der Bequemlichkeit meiner Kritiker dienen.

Nürnberg, Herbst 1985 *Thomas Brachert*

Einleitung: Was ist Patina?

»Bronze ist dunkel und rauh, aber sie bedeckt sich mit zahlreichen und lieblichen Farben in unendlicher Vielfalt.«

Leonardo da Vinci, Ash. I, Richter No. 656

»Das Wunschpathos der Patina reicht von irisierenden Gläsern bis zum Goldton von Paestum, von verwitterten Dachziegeln (Mönch und Nonne) bis zur edelgrünen Bronze: dies Pathos will die seitdem verflossene Zeit, will sie wie alten Wein oder den Abend eines wohlverbrachten Lebens... So kann das kostbare Strandgut überall Bedeutungen herzeigen, die es über seinen ursprünglichen Zustand ... erhöht macht. Das am stärksten in leeren Zeiten: nicht grundlos stieg das Museum selber, aus der fürstlichen Schatzkammer entstanden, erst im neunzehnten Jahrhundert zu seinem belehrenden, bewundertmahnenden Glanz.«

Ernst Bloch, Das Prinzip Hoffnung, 1976

Definition des Begriffes Patina

Nichts ist wandellos im Kreislauf ewigen Ruins: Marmor zerbröckelt, Granit selbst zersplittert, Sandstein zeitigt Sand und aus allem wird schließlich neues Gestein. Fresken, Gobelins und Marketerien verblassen; Möbel und Ölgemälde dunkeln, Ikonen dämmern dahin. Es wandeln sich Erze zu Metallen und wieder sich ins Erz, denn »keines verbleibt in derselben Gestalt und die Veränderung liebend schafft die Natur stets neu«[1]; sie entwickelt jenes Fluidum des ursächlich dem Original Entwachsenen, wie es nur die Zeit hervorbringt. Doch unnachahmlich für Imitation und Fälschung entschädigt sie den Vorgang fortschreitenden Verfalls mit der Poesie pittoresker Vergänglichkeit.

Patina: Das ist zunächst einmal ein Synonym für grünspanbehaftete Bronzen; von diesen hatte der Prozeß der Bewußtseinswerdung für die malerischen Qualitäten alternder Werkstoffe vor etwa einem halben Jahrtausend seinen Ausgang genommen, und hier bereits in Rezeption antiker Ästhetik, wenn auch bar noch jeglicher nostalgischen Reflexion.

Einmal geweckt, übertrug sich der Sinn für das Pittoreske solcher Bronzepatinen bald auch auf die anderen Metalle: auf Goldschmiedearbeiten, Edelmetallgüsse und silberne Treibarbeiten, auf Bleiplaketten und auf zinnernes Geschirr, ja schließlich selbst aufs Eisen. Von Eisenpatinen wird indessen im engeren Sinne immer nur dann die Rede sein, wenn diese bestimmten ästhetischen Zwecken nutzbar gemacht werden, bei vorgerosteten Stählen an Bauten oder bei Eisenskulpturen. Ansonsten ist das Korrosionsprodukt des Eisens für jedermann nichts als schlichter Rost und damit ein Ärgernis, dem beileibe kein ästhetischer Wert zuerkannt wird.

Nicht viel anders verhält es sich selbst noch mit der Schwärzung des Silbers: Obzwar der Begriff der Silberpatina jedermann geläufig ist, bei Münzen und Plaketten beispielsweise, wird doch auch hier das ständige Anlaufen des edlen Metalls in den allerseltensten Fällen als etwas im künstlerischen Sinne Erstrebenswertes angesehen.

Aber nicht nur bei den Metallen denkt man an Patina, denn auch andere Materialien patinieren: Steine, Ziegel, Verputze, Anstriche u. a. m. Ja, über die Verfallssymptome einzelner Werkstoffe hinaus steht der Begriff Patina schließlich im weitesten Sinne selbst noch für das Altern komplexer Materialgebilde, wie etwa von Gemälden, Textilien, Möbeln, Musikinstrumenten oder Waffen. So kann z. B. durchaus auch von einer Möbelpatina gesprochen werden, und zwar sowohl was den ermatteten Glanz der Oberfläche, als auch was den Grad der Ausbleichung bzw. Dunkelung von Hölzern, Lakken und Beizentönen anbetrifft.

Der Begriff Patina schließt dabei selbst noch die plastische Deformation der Oberfläche mit ein, jenes schüsselförmige Verziehen von Leinwandbildern und Holztafeln oder das Herausmarkieren intarsierter Werkstoffe beim Möbel, wie selbst der Jahresringe des Holzes, und damit auch die altersbedingte Ausbildung plastischer Strukturen, die, ähnlich den Ausblühungen oder Substanzverlusten antiker Bronzen, wiederum erst das Unnachahmliche und Einmalige des Originals ausmachen.

Unter Patina werden somit alle Alterungsvorgänge von Werkstoffen verstanden. Im folgenden sei deshalb zunächst einmal der Versuch unternommen, aus der Fülle der Erscheinungen in Kürze so etwas wie eine Systematik der Patina zu entwerfen.

Patina anorganischer Werkstoffe

In diesen Bereich fallen alle Arten von mineralischen Krusten auf keramischen Bodenfunden, auf Stein oder Glas, die chemisch kaum oder gar nicht mit dem Werkstoff des Originals reagieren. Es sind das z. B. die *Kalkkrusten* auf bodengelagerter Keramik, die nur gelegentlich zu geringen Korrosionserscheinungen des Sinters auf der Originaloberfläche führten, etwa auf dem schwarzgebrannten Firnis altgriechischer Töpferware. Ähnliches gilt für Stein. Hierzu gehört auch der Bewuchs durch Kalkröhrenwürmer bei submarinen Antiken.

Wesentlich fester verwachsen sind demgegenüber vulkanische Schlacken auf archäologischem Material; und ebenso auch die Sinter aus Silikaten auf Keramik und Stein. Irreversibel sind schließlich alle mineralogischen *Umsetzungsprozesse von Steinen und Gläsern,* z. B. mit der Atmosphäre, insbesondere mit Industrieabgasen, schwefeliger Säure etc. (Wettersteinbildung) und ebenso auch die Glaskrankheiten von Hohlgläsern.

Eine weitere Gruppe von *Patinen anorganischer Werkstoffe bilden die Metalle*. Denn das metallene Artefakt, ob nun als Bodenfund, als Bronzedenkmal oder Kupferdach im Regen verwitternd, verwandelt sich nach und nach in einen Mineralkomplex und damit zu einem chemisch-mineralogisch überaus vielgestaltigen Gebilde: Mit Kupfer und Bronze entstehen dabei grüne und blaue Mineralien wie Grünspan, Azurit und Malachit, ferner rote und schwarze Oxide, schwarze Sulfide und viele andere mehr, wobei recht stabile Mineralien mit instabilen »wilden Patinen« wie Kupferchloriden, vornehmlich bei Bodenfunden, zusammengehen können.

Blei bildet u. a. weißes Bleikarbonat (Bleiweiß), den sogenannten Bleifraß (z. B. auf Medaillen), ferner geht es Schwefelverbindungen ein, die schwarz oder wiederum weiß ausfallen können; Zinn bildet das graue Zinnoxid, Zink weiße Oxide, Eisen die bekannten rostroten Hydroxide.

Die Anfälligkeit dieser Mineralien beispielsweise gegen Säuren oder Alkalien, ja selbst in Reaktion mit dem Bindemittel im Bild, wofern als Gemäldepigment verwandt, ist wohl bekannt. Denn auch als Mineralien »patinieren« sie noch weiter, indem sie Bilder verbräunen lassen, wie sie sich zugleich auch mit anderen Mineralpigmenten zersetzen.

Künstliche Metallpatina als wohl berechnetes Stilmittel ist uralt und wird durch Metallfärbung, insbesondere durch chemische Behandlung, erzielt.

Patina organischer Werkstoffe

Diesem Bereich sind zunächst einmal alle durch *Belichtung* ausgelösten Reaktionen zuzuordnen, also jegliches Ausbleichen, Verblassen, Dunkeln und Vergilben im Licht. So können Möbel auf der belichteten Seite ihre Farbe völlig verändert haben. Denn hier wurde zunächst einmal der dem Holz eigene Naturfarbstoff durch Ausbleichen zerstört, wie zugleich auch die allermeisten historischen Holzbeizen natürlicher Belichtung auf die Dauer nicht standhielten. Diesen nahe verwandt sind

Textil- und Lederfarbstoffe wie auch solche in der Malerei, die allesamt ähnlich reagieren.

Verbräunung und Vergilbung sind zunächst einmal typisch für frische Hölzer; neue Nußbaummöbel dunkeln bekanntlich, ebenso Kirschbaum, Esche, Eiche u. a. m. Aber auch künstliche Materialien verbräunen und vergilben bei Belichtung, so z. B. Papiere, wobei die zellulosehaltigen diesem Vorgang sehr viel stärker unterworfen sind als die alten Hadernpapiere. Ähnliches gilt für Textilien. Der Verbräunung und nicht nur der Ausbleichung fallen überdies zahlreiche organische Farbstoffe und Pigmente anheim, wie beispielsweise die roten Lacke.

Patina als plastische Verformung

Hierzu gehören alle Formen von *Abriebpatinen,* wie z. B. der Verlust von Malschichten im Gemälde oder bei antiker Keramik, insonderheit bei Abnützung durch intensiven Gebrauch. Im weiteren gehören in diesen Bereich alle Formen von Verwitterung, beispielsweise von Steinen.

Nicht minder bewirken selbst *bakterielle, fungizide und tierische Schädlinge* charakteristische Patinen, z. B. an Papieren, Holzskulpturen oder Möbeln, ja selbst noch an Steinen und Gläsern.

Im weiteren sind die bereits kurz angesprochenen Erscheinungen plastischer Verformungen, wie z. B. die *Schüsselbildung an Leinwandgemälden* oder die *Verwerfung von Möbeloberflächen,* insbesondere von Metallen, Bein, Schildpatt und Perlmutter, diesem Bereich der Patina zuzuordnen, und dazu gehören dann auch das Herausmarkieren von *Holzstrukturen,* ferner die *Verformung von Einlegearbeiten,* die sich innerhalb der Möbeloberfläche plastisch verziehen und somit erst das unnachahmliche Charakteristikum des Alten bewirken, das eine Kopie nun einmal nicht zu erreichen vermag.

Selbst Metalle bilden plastische Patinen aus. Es entstehen dann mitunter dicke *Mineralkomplexe*. Umgekehrt sind auch altersbedingte Verluste von Originalsubstanz, wie z. B. die Kraterbildung von Metallen, Steinen und Gläsern, hier einzuordnen. Schließlich gehören zu derartigen Patinen auch alle Arten von Krakeebildungen organischer und anorganischer Materialien, wie auch an Farbschichten, Lacken und Ölen, an Bernstein, Holz und Steinen, ja selbst noch auf den Mineralbildungen des Kupfers. Auch die eingangs geschilderten Sinter auf Keramik und Stein bewirken plastische Patinen.

Unechte Patina

Selbst Schmutz kann mitunter noch als Patina angesprochen werden. Dennoch sollten leicht entfernbare »Schmutzpatinen« von unserer Betrachtung ausgeschlossen werden. Gerade dadurch, daß sie leicht zu beseitigen sind, vermochten sie auch keine innige Verbindung mit dem Kunstwerk einzugehen und dessen Erscheinungsbild auch nicht tiefgreifend zu beeinträchtigen.

Herleitung des Wortes Patina

Mit Patina, so scheint es, wurde ursprünglich nicht die Verfärbung von Metallen, insbesondere der Bronzen bezeichnet, vielmehr dürfte der Begriff der Malerei entstammen. In diesem Sinne wird mit Patina in Filippo Baldinuccis Kunstlexikon von 1681 der dunkle Ton bezeichnet, der mit der Zeit auf Bildern entstünde.

Inwieweit sich mit dieser Definition auch bereits so etwas wie ein künstlerisches Bewußtsein der Patina verband, das ästhetisch-normativ in der Malerei Eingang gefunden hatte, das sei freilich dahingestellt. In der Plastik, angefangen mit der Kunst der Medaille im 15. Jahrhundert, hatte es zweifellos schon lange bestanden.

Mit der dann seit der zweiten Hälfte des 17. Jahrhunderts sichtlich kontrovers geführten Diskussion über Wert und Unwert der Patina von Gemälden, Metallen (ja selbst von Steinen und dem Mauerwerk), verband sich jedenfalls ein wachsendes Patina-Bewußtsein, das sich z. B. bei Giovanni Bellori im Begriff des »verde di bronzo« artikuliert, mit welchem er freilich nur einen Bronze-Illusionismus in Gemälden Annibale Caraccis bezeichnet. Dabei fällt jedoch auf, daß er das Wort Patina vermeidet[2].

Von der Malerei scheint der Begriff Patina im Laufe des 18. Jahrhunderts auch auf die Metalle übertragen worden zu sein. Jedenfalls steht noch in einer Münzenkunde von 1738 der vage Begriff »vernis« für Metallpatina, und erst 1769 vergleicht Algarotti dann die Patina eines Gemäldes ganz in unserem Sinne mit jener von Münzen mit folgenden Worten: ». . . Vielleicht hat die kostbare Patina, die nur die Zeit den Schildereyen gibt, mit der Patina, die sie gleichfalls nur den alten Münzen geben kann, eine Ähnlichkeit insofern, nämlich, daß sie ein Beweis des Alters ist.«[3] Und ebenso hohe Wertschätzung der Bronzepatina spricht schließlich aus der Notiz eines Italienfahrers, der im gleichen Jahre (1769) folgendes bemerkt: »six candlesticks ... are of bronze, which time has covered with that patina so highly esteemed by Italians ...«[4] Wenig später findet sich in der Enzyklopädie von Johann Georg Krünitz (1808) die lapidare Feststellung, daß Metallpatina der grünliche Überzug auf alten kupfernen Münzen und Statuen sei und daß die Franzosen diesen mit »patène« bezeichnen würden. Womit sich schließlich noch ein gänzlich anderer Hinweis auf die Herkunft des Wortes ergäbe, zumal es sich auch auf den französischen Arzt und Münzensammler Carolus Patin (1633–1693), den Herausgeber zahlreicher numismatischer Schriften, zurückführen ließe.

Vom Patina-Bewußtsein

Unübersehbar bleibt so etwas wie eine Rangordnung in der allgemeinen Bewertung von Patinen, wie das allein schon ein Vergleich des Problemkomplexes von Gemälden und Bronzen mit jenem von Waffen, Bauernmöbeln, dem Kunstgewerbe, insbesondere der Manufakturware, oder der vorgeschichtlichen Keramik erhellt:

Der Erwartungsanspruch an die Restaurierung eines Rembrandt-Gemäldes und damit an den Umgang mit dessen Patina, dem Goldton alter Firnisschichten, wird nämlich stets ein wesentlich höherer sein, als dieses bei der Behandlung von Steinschloßflinten, Bauernschränken oder Hallstatt-Urnen der Fall sein wird, wie wir im weiteren sehen werden.

Parallel aber zu einer solchen Dominanz des Anspruchs klassischer Sammlungsbereiche geht zugleich auch ein Mangel an Bewußtsein für die Patina kunstgewerblicher Gegenstände einher. Ja, es spiegeln sich hier letztlich nur die Verhältnisse im Sammlerwesen, zumal man dem Kunstgewerbe erst in allerjüngster Zeit vermehrte Aufmerksamkeit schenkte – mit erheblich gestiegenen Preisen am Markt. Denn es kann keinem Zweifel unterliegen: Zeugnisse des Kunstgewerbes erfuhren im Zeitalter der Maschinenware plötzlich eine ungeahnte Aufwertung, als »mahnend utopisches Zeichen dessen, was Fülle, was Ornament, was tüchtig umgebende Phantasie war... Die Maschine hat andere Bedingungen geschaffen, als sie die handwerklichen waren, denen alle Antiquitäten entstammen«[5].

Der pflegliche Umgang mit Kunstgegenständen wird aber in der Tat nun einmal auch ganz wesentlich über das Bewußtsein ihres höheren Wertes stimuliert, weshalb man nun ein Roentgen-Möbel, das die Preisschwelle von einer Million überschritten hat, wohl nicht mehr bedenkenlos dem ersten besten Schreiner überläßt.

Was aber für das Möbel gilt, das trifft mehr oder minder auch auf die übrigen Bereiche des Kunstgewerbes zu, mit Einschränkungen vielleicht beim Textil und bei den Musikinstrumenten. Denn zumindest für diese, insbesondere aber für die Violine, bestand ja eine Sammlertradition, die sich über Jahrhunderte zurückverfolgen läßt. Doch müssen Musikinstrumente wie Gemälde, Skulpturen, Medaillen, Grafik und Gobelins als Exponenten humanistischen Sammlungseifers gewertet werden, weshalb ihnen denn auch stets ein höherer Rang zuerkannt wurde als zinnernem Geschirr, volkstümlicher Keramik, dem bäuerlichen Möbel u. a. m.

Das freilich sollte auch hier nicht darüber hinwegtäuschen, daß z. B. selbst noch die kostbaren Stradivari-Geigen als hochgeschätzte Sammlerstücke zugleich ihre Eigenschaft als Gebrauchsgegenstände bewahrten und deshalb auch fast alle zu Beginn des 19. Jahrhunderts noch rigoros und ohne des musealen Gedankens Blässe durch Umbau den veränderten klanglichen Bedingungen des bürgerlichen Konzertsaales angepaßt wurden. Ja, daß auch die großen Museen sich bis in unsere Tage nicht davor gescheut haben, alte Musikinstrumente durch rigide Restaurierung wieder spielbar zu machen. Selbst beim Gemälde herrschen ja mitunter noch die abenteuerlichsten Vorstellungen; denn just in diesem Sinne hatte sich vor kurzem noch eine Gutachterin erst dann zu einer Expertise bereit finden wollen, wenn ein vom Alter vornehm reduzierter Himmel auf einem Gemälde des 17. Jahrhunderts durch einen Restaurator wieder erneuert worden sei! Ganz zu schweigen immer noch vom Möbel, wo ein bedeutender Kunsthändler erst unlängst noch darüber sinnierte, warum wohl an bestimmte Sammlerkreise und gelegentlich selbst an Museen nur Zurechtgemachtes zu verkaufen wäre. Und diesem pflichtete schließlich ein Kenner von Silberschmiedewaren angesichts der Exponate einer Kunstmesse bei, daß nämlich ein beträchtlicher Teil des Angebots durch Restaurierung verdorben wäre, und daß dieser Sachverhalt mitunter selbst für Museumsleute kein Gegenstand kritischer Reflexionen sei.

Item: Insonderheit im kunstgewerblichen Bereich gebricht es noch an diesem Bewußtsein für das Einmalige des gewachsenen originalen Zustandes, der zugleich auch den Reiz des unnachahmlichen Alten bedingt. Denn diese *Patina, ganz gleich, ob sie als »Wunschpathos« so etwas wie nostalgische oder malerisch-ästhetische Lustgefühle zu stimulieren vermag oder selbst im naturwissenschaftlichen Sinne nur als Korrosionsprodukt verstanden wird, ist ein integraler Bestandteil des Ganzen und aus diesem ursächlich hervorgegangen.*

Etwas von diesem Bewußtseinsdefizit abzutragen, das soll das Anliegen dieses Buches sein.

Kritik der Renovation

»Säulen sind zur halben Höhe ergänzt, Mauern und Decken brechen ruinenhaft in zackigem Bruch, Treppen – ergänzte! – führen ins Leere hinauf, ins Himmelsblau. Neues, Grellneues, steht neben viertausendjährigem Altem und mischt sich und mengt sich, ganz so wie die Gefühle dessen sich mischen, der dies zum ersten Male erblickt. Als erstes wird klar: der gute Geschmack war bei diesem Herstellungswerk nicht zu Gaste geladen. Das Material des Neuen ist der Beton... Dazu kommen die Farben. So wie diese dastehen, eindeutig brutal, wird eines zur Gewißheit: So kann es niemals gewesen sein... Man fühlt sich in Knossos eher auf einem Ausstellungsgelände, auf dem dies und jenes gezeigt wird, als auf einem ehrwürdigsten Platz der Geschichte der Menschheit, ja, das Schaukelgefühl zwischen Trug und exaktester Wirklichkeit ist dem nahe verwandt, das man vom Besuch eines Filmgeländes her kennt. Man fragt sich, aus welchem Geiste dies alles geschah. Wohl muß es der Geist konsequentester Wissenschaft sein, aber doch einer Forschung, die ihre Grenzen, ihr Maß völlig verloren und sich nicht mehr besann, welcher Platz in der Ordnung des Geistes ihr zukam und wo und wem ihr zu dienen bestimmt war...«

Erhart Kästner, Kreta 1943, Knossos

»Fort also mit allen käuflichen Restauratoren alter Schwarten. Fort mit den Archäologen, infiziert von chronischer, krankhafter Leichenliebe!«

Manifest der futuristischen Maler, 11. 2. 1910

»Wer in unserer Zivilisation als sozial angepaßt gelten will, übt sich darin, Leiden zu verstecken. Es gehört sich, sich als okay darzustellen. Weit verbreitet, am ausgeprägtesten in den USA, ist die Technik, die Zeichen des Verfalls, des Siechtums, selbst des Todes, wegzuschminken. Die Sitte oder Unsitte der Bestattungsinstitute, Verstorbene durch Make-up wie schlummernde blühende Jugendliche herrichten zu lassen, ist die extremste Variante dieser Bemühung. Man verlangt selbst von den Toten noch, daß sie den Hinterbliebenen die Machbarkeit der ewigen Fitness beweisen.«

Horst E. Richter, Der Gotteskomplex, 1979

Restaurierung als Suche nach Identität? Der Aufstand des Zeitgeistes wider die Vanitas-Symbole

Mit Datum vom 29. Juli 1854 findet sich im Tagebuch von Eugène Delacroix folgender Eintrag: »Eine Frau kann eventuell mittels Schminke einige Fältchen verschwinden lassen und so eine bestimmte Illusion vortäuschen und etwas jünger erscheinen als sie ist. Bei Bildern ist dies aber anders, jede sogenannte Restaurierung ist ein tausendmal bedauernswerterer Fluch als der der Zeit, es ist nicht ein restauriertes Bild, das man ihnen zurückgibt, sondern ein anderes Bild.« Als Delacroix dieses, sichtlich vom Blickpunkt des Künstlers aus allzu summarisch verallgemeinernd, notierte, da war die Kontroverse um das face-lifting alternder Gemälde bereits seit Jahrhunderten im Gange.

Wert und Unwert der Patina im Bilde, des Galerietones, wurden zum letzten Mal im Jahre 1947 anläßlich der Londoner Ausstellung »Cleaned Pictures« diskutiert, mit heftigen Nachbeben während des ganzen folgenden Dezenniums[6]. Unterdessen herrscht wieder einmal trügerische Ruhe. Immerhin dämmerte es nun einer breiteren Öffentlichkeit, daß jedweder Eingriff in ein wie auch immer geartetes Bildgefüge Irreversibles bewirke und daß Restaurierung als Begriff eigentlich die gänzlich unreflektierte Wiederherstellbarkeit eines organisch dahingealterten Komplexes impliziere: gleichsam entschlackt von allen Spuren des Zeitlichen, in einem Jungbrunnen neuer Ursprünglichkeit, und aus den Weihen gehoben noch von wahren Priestern ihres Faches.

Doch das sind natürlich Utopien: immer noch auf der frühklassizistischen Stufe der Archäologie, die sich freilich seither, gewitzigt durch mißliche Erfahrungen, zu einer weniger interpretierenden und manipulierenden Haltung gegenüber dem Original geläutert hat, zumindest was die Ergänzung von Skulpturen anbetrifft. Indes: Schon beim Gebäude liegen die Dinge nun einmal wesentlich komplexer, weshalb auch hier – insonderheit bei der archäologischen Ruine – wiederum kein Mangel an heilsam ernüchternden Erfahrungen mit solchen »Restaurierungen« zu herrschen pflegt.

Es sei nur an Sir Arthur Evans betongewordene Hypothesen zum Palaste des Minos erinnert: Wenn sich nämlich die Anlage von Knossos heute wie die Ruinenkulisse eines absurden Theaters ausnimmt (Abb. 3), so bestätigt das lediglich doch nur die Einsicht, daß auch die Phantasie des Archäologen – und selbst der Restaurator ist ja so etwas wie ein Archäologe – unfehlbar, wie der Künstler, alle jene Bilder projiziert, die ihm als Mythen in der Seele leben. Man erinnere sich doch nur der Auffindung des sogenannten Schatzes des Priamos (der sich bei etwas nüchterner Betrachtung um Jahrhunderte älter als angenommen erwies), ja der ganzen Problematik der Troja-Interpretation[7] oder an Schliemanns berühmtes Telegramm an den König von Griechenland, daß er Agamemnon ins Antlitz geblickt habe; womit er auch hier wieder dem Mythos der Trojafahrer erlag. Und Knossos? Wurde da nicht Mythisches zeitgemäß und erdbebensicher in Viktorianisches umgedichtet, mit Palastanlage, Badezimmer der Königin, Spülklosett gar und Abfallgruben? Oder Phaistos: eine Palastanlage? Ein Heiligtum wohl, wie geartet auch immer, ein chthonisches vielleicht, das hier flugs zum Herrschaftssitz geriet, mit Sommerresidenz und Meeresausblick in unmittelbarer Nachbarschaft (Hagia Triada)? Das alles schrumpfte dann in der Deutung eines Outsiders, des Geologen Hans G. Wunderlich[8], kurzerhand zu Beerdigungsinstituten. Schon Oswald Spengler hatte seine Bedenken angemeldet. Doch: »Solche Träume stören, heißt offenbar an den Schlaf der Welt rühren« (Wunderlich). Indessen ist Wahrheit wohl in beidem.

Freilich sind die großen »Visionen« noch für jedermann einigermaßen durchschaubar; weitaus gefährlicher als solche zu Poesie verdichteten Träume sind ja die schleichenden Verfremdungen und Uminterpretationen in kleinen Schritten, wie sie der Archäologe Bernd Andreae unlängst charakterisierte: »Allerdings sind nach Lichtenberg die kleinen Abweichungen von der Wahrheit schwerwiegender als die großen, und diese Tatsache muß jeder erfahren, der sich an die letztlich unlösbare Arbeit macht, ein zerstörtes Kunstwerk wiederherzustellen. Überall dort, wo man mit der eigenen Phantasie das Werk des alten Meisters zu ergänzen versuchen muß, stößt man auf das Paradox, daß man sich, je näher man der Vollendung kommt, desto weiter vom Kunstwerk entfernt. Solange die Phantasie noch freies Spiel hat, und hier und da zurechtrücken kann, mag es angehen. Sobald das Auge aber durch die Entscheidung für eine ganz bestimmte Ergänzung festgelegt wird, kann sich das Gefühl eines unerlaubten Eingriffs bis zur Unerträglichkeit steigern. Man versteht dann diejenigen, die ein antikes Kunstwerk weder von Michelangelo, noch von Bernini, noch von Thorvaldsen, ganz zu schweigen von einem modernen, in der abstrakten Kunst geübten Bildhauer ergänzt sehen wollen.«[9]

Und so stehen sich im Grunde genommen *zwei Denkschulen* gegenüber, deren eine, vornehmlich im Bereich der Denkmalpflege und des Kunstmarktes, von der Idee eines Mikrokosmos des Kunstwerkes ausgeht, wo Patinen oder gar fehlende Teile als unerträgliche Beeinträchtigung der »Ganzheitlichkeit, Wahrheit und Fülle«[10] dieses Organismus empfunden werden, der seinen Anspruch auf Erhaltung gar in sich selbst begründet trüge, weshalb es einer Art von visionärer Nachschöpfung durch einen Künstler-Restaurator, unter Beseitigung der Altersspuren, bedürfe. Diese Position ist aus dem deutschen Klassizismus hervorgegangen, von welcher aus man nun die Ergänzung der Ägineten – in Kultivierung klassizisierender Traditionen – als »Akt der Vervollkommnung und Reinigung verstümmelter Ideale« verstand (Thorvaldsen). Zugleich aber wurde jetzt auch – was bereits ganz modern anmutet – jegliche Komplettierung der Parthenonfiguren als Verbrechen abgelehnt (Canova[11]); zumal schon 1770 Giovanni Casanova gefordert hatte, die Antiken lieber in fragmentarischem Zustand zu belassen, da es ohnehin keinen Restaurator gäbe, der mit den Künstlern der Antike wetteifern könne[12], ja, man ging so weit, selbst für die Erhaltung der Löcher zu plädieren, da schließlich doch alles merkwürdig wäre[13]. Selbst Verfügungen zum Schutze von Kunstwerken vor unbedachten Restaurierungen waren bereits etwa seit der Mitte des Jahrhunderts erlassen worden[14].

Letztere Position bezeichnet bereits die zweite, die museale Schule – und dazu gehört heute, nach langwierigem Lernprozeß auch die Archäologie –, die nun die Einheit von Form und Material und deren Zeitgebundenheit, mithin die Unzulässigkeit jedweder Manipulation des Originals betont (wenn wir die Architektur einmal außer Betracht lassen). Und wie für die erste der beiden Schulen ein Restaurator zwangsläufig über nachschöpferische Fähigkeiten verfügen muß, so bekennt sich die zweite zu Patina, Ruine und Relikt, wobei sie das ausschließlich Überlieferte von einer Position der Ästhetik des Torsos aus betrachtet und es deshalb auch durch keinerlei interpretatorische Eingriffe beeinträchtigt sehen will, denn »es bildet sich das Ganze heimlich im Fragment«. Modern ausgedrückt: Alterung ist für diese Schule »ein integrer Bestandteil des Kunstwerkes. Ein Eingriff in diese Alterung ist immer eine sehr fragwürdige und relative Maßnahme. Ganz zu schweigen von der Überlegung, ob das Kunstwerk außer wegen seiner unverletzbaren eigenen Geschichtlichkeit auch einen rein ästhetisch bedingten, das heißt nicht auf seine Geschichtlichkeit bezogenen phänomenologischen Anspruch auf dieses spezifische Ästhetikum der Alterung hat«[15].

Geistesgeschichtlich wurzelt dies, wie wir gesehen haben, noch tief im 18. Jahrhundert, in der Antikenromantik Giambattista Piranesis beispielsweise, und diese wiederum, über Zwischenstufen heroisch-barocker Ruinenmalerei, im Humanismus der Spätrenaissance, wogegen der Torso in der Skulptur erst spät, nämlich seit Auguste Rodin[16] zur Kunstform stilisiert wurde. Dieser Ästhetisierung des skulpturalen Fragments seit dem späten 19. Jahrhundert entsprachen dann im architektonischen Bereich die etwa gleichzeitig einsetzenden »wissenschaftlichen« Ruinenpoesien der Archäologen, in der Folge von Knossos, mit Nachwirkungen bis in unsere Tage, wie wir noch sehen werden. Und mit der Ästhetisierung des Fragments wurde nun mehr und mehr auch auf Komplettierungsversuche an fragmentierten archäologischen Skulpturen verzichtet, weshalb wohl niemand mehr ernstlich auf den Gedanken kommen würde, die Venus von Milo mit neuen Armen zu versehen, wie seit 1820 in etwa hundert Rekonstruktionen ex ingenio geschehen.

Doch schon bei der christlichen Skulptur differenzierten unterschiedliche Assoziationen ästhetisches Verhalten, zumal selbst für den religiös Indifferenten die christliche Ideenwelt nun einmal einen ungleich aktuelleren Anteil am geistigen Dasein besitzt. Aus diesem Grunde wurden fragmentierte christliche Skulpturen denn auch im Bereich der Denkmalpflege bis in unsere Tage ergänzt.

Nicht anders wiederum in der Architektur, wo neben jener archäologischen Ruinenschöpfung zugleich auch die komplettierende Wiedererrichtung einherging, wie bereits erstmals mit der Wiederaufrichtung (der Anastylose) des Niketempels auf der Akropolis 1835–1837 geschehen.

Geist vom Pathos Piranesis atmen demgegenüber noch zahlreiche Ruinenstätten des Orients, doch auch hier schon bedroht durch die Rodungen der Restauratoren (Abb. 4). Indessen sind solche Kahlschläge ja nur Weihegaben an die kleinen Götter des Massentourismus, die nun einmal ihrer Symbole und Wanderstationen bedürfen. Doch auch der Chor der Kritiker wächst, wie jetzt z. B. die Wiederaufrichtung des Tempels G in Selinunt heftig umstritten ist[17]; zumal es sich bei solchen Unternehmungen nicht nur um einen Vorgang wie beim Zusammensetzen einer zerbrochenen Vase, als vielmehr auch um die »Versteinerung« einer Hypothese handeln muß. Das alles freilich wird kaum mehr verhindern, daß Teile des Zeustempels von Olympia, wie seinerzeit auch Tyrins und Mykene (in Erwartung des Massentourismus) und jetzt wieder beim Parthenon geschehen, dazuergänzt werden. Zurechtmacherei, kulissenhafte »Visualisierung«: Inszenierung von Historie auch hier? Touristisches Markenzeichen gewiß. Doch auch anderes scheint mit im Spiele, das unterschwellig und aus Tiefenbereichen noch wirkt: »Wer sind wir? Wo kommen wir her? Wohin gehen wir?« (Bloch). Und so wäre dem vielleicht noch hinzuzufügen: Was ist es, was den Zeitgeist hienieden zu renovieren beliebt, ja, was treibt uns an, Vergangenem nachzugraben, Ruinen, Scherben selbst zu restaurieren? Ist es Neugierde oder auch Nekrophilie? Abstieg auf der Suche nach dem fernen Ich, Archäologie der Seele also, als Flucht vielleicht und Ausbruch des Maschinenmenschen aus seiner Unwirtlichkeit; als Abreise nach Arkadien gar? Oder ist es vielmehr auch Angst: spurlos dem Zeitlichen anheimzufallen mitsamt dem Trümmerwerk, auf dem die Ewigkeit sich niederließ? Trotzsyndrom hektisch verbiesterter Maschinenmenschen im Angesicht der Vanitas-Symbole? Und wird da nur der Gedanke an Unvermeidliches beiseite geschoben, an Tod und Auflösung?

In der Tat haben das ausufernde Restaurierungswesen wie der abendländische Tourismus als große nihilistische Massenepidemie[18] ihre gemeinsame Ursache wohl letztlich in Fluchtbewegungen der Industriegesellschaft und damit in einem Verdrängungskomplex. Zudem hat dieses Zeitalter – mit megalomanem Expansionismus latent paranoisch wie wohl kein anderes zuvor – das unausweichliche Ziel irdischen Daseins tabuiert.

Und es manifestieren sich hier nun Ängste, die letztlich im abendländischen (anthropozentrischen) Nominalismus begründet liegen und die sich mit dem Schwinden christlich-okzidentaler Metaphysik aufs neue zu organisieren beginnen: Denn »der kleine Gott der Welt« – das Abbild Gottes, obschon von Tantalos' Geschlecht –, polarisiert zwischen Unendlichkeit und Nichts, zwischen »machtlosem Leiden und leidlosem Machen«[19], überdies stets jugendlich fit (und jogginggehetzt die diesseitigen Kräfte des Körpers vergötzend), ist sichtlich immer weniger in der Lage, das Ende seines Urlaubs vom Jenseits zu bejahen. Renovationssucht, museale und denkmalpflegerische Schönschminkerei im Verein mit einer Art von kollektivem Waschzwang, könnte sich, einmal so betrachtet, als narzistischer Ohnmacht–Allmachtskomplex, als Verdrängungsneurose gottverlassen-hysterischer Angstgesellschaften zu erkennen geben; zumal Endzeitstimmung sich ausbreitet: Furcht vor der Apokalypse und vor grundstürzenden Perspektiven an der Schwelle des atomaren Weltzeitalters, wo die Götter verdämmern – mit ihren Bildern. In deren Behausungen aber lauern nun Dämonen! Denn »zwei große Ängste beherrschen ja den Menschen, wenn der Nihilismus kulminiert. Die eine beruht auf dem Schrecken der inneren Leere und zwingt ihn, sich nach außen zu manifestieren um jeden Preis – durch Machtentfaltung, Raumbeherrschung und gesteigerte Geschwindigkeit. Die andere wirkt von außen nach innen, als Angriff der zugleich dämonisch und automatisch mächtigen Welt«[20].

Das alles ist freilich nicht neu, kein alleiniges Kennzeichen des industriellen Freizeitmenschen, vielmehr unter ähnlichen Konstellationen (als hedonischer Nihilismus, Libertinage) immer wieder schon dagewesen: »Aus dem Palast eilt jener; ihm ward es zu Hause zum Ekel. Wenige Stunden dann kehrt er schon wieder zurück; denn im Freien will es ihm auch nicht behagen. Nun jagt er im Wagen zum Landsitz. Haut auf die Rosse hinein, als gält's dort Feuer zu löschen. Aber sobald er die Schwelle der Villa betrat, da beginnt er plötzlich zu gähnen. Er sucht im Schlafe sich selbst zu vergessen, oder er eilt auch zurück in die Stadt zur gewohnten Umgebung. So flieht er sich selbst . . . Denn wahrhaftig, es handelt sich nicht um die flüchtige Stunde, nein, um die ewige Zeit, die, wann dies Leben erfüllt ist, bildet die letzte Gestalt und den Abschluß unseres Daseins.« (Lukrez, Von der Natur der Dinge)

Gleichwohl – und auch das gilt es zu bedenken – waren Ruine, Fragment und Patina für ungebrochene Zeitalter ja stets mehr ein Schreck- als ein Wunschbild, womit dieser verbissene Kampf wider die Vanitas-Symbole vielleicht doch auch als jener der vitaleren, der »aktiven«, nämlich der vorwärtsdrängenden, zur Reflexion und Kontemplation noch unfähigen Kräfte des Zeitalters zu deuten wäre.

Überdies ist die Gegenwart im Zuge von mitreißender Kraft sich bahnbrechender Wandlungen zunehmend kürzer geworden, was unausweichlich zur Verlängerung von Vergangenheit führen mußte, womit man sich des Verlorenen nun um so schmerzlicher, nämlich museal-nostalgisch, bewußt zu werden begann. Denn, um es mit Hermann Lübbe zu sagen: »Wir sichern Marken der Wiedererkennung, über die wir in die Lage versetzt werden, Gegenwart mit erinnerter Vergangenheit verknüpft zu halten. Je rascher sich unsere zivilisatorischen Lebenslagen verändern, um so mehr sind wir auf Leistungen historisierender Vergangenheitsvergegenwärtigung angewiesen, um eigene Vergangenheiten und selbst anderer Vergangenheiten andren zuschreibungsfähig zu erhalten.«[21] Anders ausgedrückt: »Je stärker die Konsumtion von Fortschritt, desto stärker das Bedürfnis des Menschen, Atem zu holen, zurückzuschauen und sich zu vergewissern, daß der Absturz noch nicht droht« (Stürmer). Das aber bedeutet nichts anderes, als daß dem Museum hier, über die großbürgerliche »Ästhetische Kirche« des 19. Jahrhunderts hinaus, neue Qualitäten einer Stätte kollektiver Identitätsfindung zuerkannt werden. Indessen sollte die Tragfähigkeit eines solchen Fundaments doch lieber nicht überschätzt werden, auch wenn hier sichtlich so etwas wie ein instinktiver Absicherungsmechanismus wirksam zu werden scheint.

In der Tat muß mit der Zunahme von Zeitvernichtung durch das Diktat der Chronometer und der Apparate zugleich auch ein tiefgreifender Wandel des Zeitverständnisses einhergegangen sein: Wo nämlich die Gegenwart dieses ortlosen Industriebürgers sich immer schneller »zeitlos« und sinnentleert verflüchtigte, da mußten Träume und Hoffnungen nicht Künftiges allein, als auch Vergangenes zugleich sich wünschen; wie diesem Maschinenmenschen, der Zeit und Raum präzise disponibel machte (der somit einem mechanisch gewordenen, linearen Zeitbegriff folgte), in der Tat auch das Bewußtsein für die Unwiederbringlichkeit von Zeit sich quälend schärfen mußte. Denn erst die exakt gemessene, die »tote« Zeit, im Verein mit einer sich mehrenden Dynamik technologischer Innovationen, hatte den Boden für Historie bereitet, mithin auch für museales Denken.

Museum und (digitaler) Chronometer gehören denn auch in die gleiche geistige Landschaft von Historizität und Kausalität, wie umgekehrt zeitlose Kulturen (wie z. B. die minoische) wohl immer auch geschichtslose waren. Zeitverknappung, ertötete Zeit mithin, weil weniger erlebbar, mußte im weiteren das Tempo des Prozesses nur noch steigern, somit auch raumverengend sich auswirken. Womit Fernes nun näher rückte, weshalb auch Monumente und Museen für mobile, für touristische Massen sich wiederum erschlossen. Doch mit dem Schwund von Zeit und Raum mußten auch die Wüsten wachsen: unheimlich, dumpf und vorbewußt zugleich, denn für diesen touristischen Industriemenschen, von seinen Robotern zunehmend entmündigt und – weder betend noch wesentlich arbeitend – sich selbst gelangweilt überlassen, war sinnentleerte Arbeit längst nicht einmal mehr »Opium fürs Volk«.

Zeitvernichtung, im Verein mit einem absterbenden Jenseitsglauben, mit Sinn- und Werteverlust, signalisierte deshalb – so paradox es auf den ersten Blick auch scheinen mag – zugleich unterschwellig eine ganz neue Geschichtsgläubigkeit als Diesseitsreligion. Das demokratisierte Museum aber mußte von dieser Entwicklung nur profitieren, weshalb die Nachfrage nach Museumspädagogen und Restauratoren nun stieg. Als Vollzugsbeamte des launischen Zeitgeistes, angesichts eines mit rasendem Tempo sich steigernden Verfalls von Umwelt, von Gebäuden, Steinskulpturen, Bronzen, Glasgemälden u. a. m., konnten letztere sich wachsender Wertschätzung ohnehin längst sicher sein.

»Von den Propyläen steht jetzt wieder mehr als vor einem halben Jahrhundert, der Niketempel, vor hundert Jahren schon einmal Stein für Stein aus dem Schutte zusammengesetzt, wurde abermals zerlegt, und nun steht er schön und verjüngt wieder da ... und vom Parthenon sehen wir jetzt ein Drittel mehr, als unsere Väter sahen. Aber: ist eine wiederaufgebaute Säule die, die sie einst war? Sind denn die Mauern, in denen ergänzte Steine stecken, diese Säulen mit neuen Trommeln und Teilen: sind sie das was gewesen ist? Kann man Verlorenes retten, indem man Geschichte leugnet und Vernichtungen ungeschehen zu machen versucht? Indem man mit Trippelschritten zurückläuft auf dem strömenden Bande der Zeit, das uns selber stündlich mit fortreißt?«

Erhart Kästner, Kreta 1943

»Ein häufiges Zurücktreten und Abstandnehmen während der Firnisabnahme erwies sich gerade hier als eine gute Gewohnheit. Auch die unterschiedlichen Lichtbedingungen, der Wechsel von warmtonigem und kühlem Licht, mußten bei der Interpretation verschiedener Stellen im Gemälde im Hinblick auf den mehr oder minder fortgeschrittenen Grad der Firnisabnahme berücksichtigt werden. Wie zu erwarten, waren auch noch nach dem Beginn der Retuschierarbeiten stellenweise Nachreinigungen erforderlich.«

Hubert von Sonnenburg über Rembrandts »Segen Jacobs«, in: MALTECHNIK-RESTAURO, Heft 4, 1978

Vernichtung von Historie durch Restaurierung von Historie? Versuch der Definition eines fragwürdigen Unterfangens

Wenn kollektive Ängste nun schon zwanghaft-unterschwellig mitwirken mögen, so ist indessen doch noch einmal zu differenzieren:

Es besteht zumindest, wenn auch kein grundsätzlicher, so doch ein gradueller Unterschied zwischen Renovation und Restaurierung, insonderheit zu deren modernster Ausprägung als Konservierungswissenschaft. Und die radikalste Position ist zunächst einmal *die Akzeptanz des Verfalls, der bewußte Verzicht auf Restaurierung* und selbst auf Konservierung, wie das Alois Riegl anfangs dieses Jahrhunderts im Zusammenhang mit seiner Definition des Alterswertes formuliert hat: »Nur eines muß vom Standpunkte des Alterswertes unbedingt vermieden werden: das willkürliche Eingreifen der Menschenhand in den gewordenen Bestand des Denkmales; es darf weder eine Zutat noch eine Verminderung, weder eine Ergänzung des im Laufe der Zeit durch die Naturkräfte Aufgelösten noch eine Hinwegnahme des auf dem gleichen Wege zum Denkmal Hinzugekommenen und seine ursprüngliche Form Entstellenden erleiden. Der reine erlösende Eindruck natürlichen gesetzmäßigen Vergehens darf nicht durch Beimischung willkürlich aufgesetzten Werdens getrübt werden. Der Kultus des Alterswertes verdammt hienach nicht allein jede gewaltsame Zerstörung des Denkmals durch Menschenhand als frevelhaften Eingriff in die gesetzmäßige Auflösungstätigkeit der Natur, wodurch er einerseits im Sinne der Erhaltung des Denkmals wirkt, sondern wenigstens im Prinzip auch jede konservierende Tätigkeit, jede Restaurierung als nicht minder unberechtigten Eingriff in das Walten der Naturgesetze, wodurch der Kultus des Alterswertes einer Erhaltung des Denkmals direkt entgegenarbeitet ... So sehen wir den Kultus des Alterswertes an seiner eigenen Zerstörung arbeiten ... Die auflösende Tätigkeit der Naturkräfte ist erstens eine so langsame, daß selbst jahrtausendealte Denkmale uns mindestens noch für absehbare Zeit – sagen wir für eine absehbare Dauer dieses Kultus – voraussichtlich erhalten bleiben werden.«[22]

Die *ausschließliche Konservierung*, das gezielte Verzögern der Kräfte des Verfalls also, ist demgegenüber bereits der erste Schritt zur Verfremdung, nämlich durch das Konservierungsmittel, auch wenn Konservierung auf kosmetische Eingriffe grundsätzlich verzichtet. Es ist dieses die Position des konsequenten Historismus, die sich im übrigen bis in den Klassizismus zurückverfolgen läßt; denn das Kunstwerk wird hier nicht nur als Fragment, mit einer ihm eigenen Ästhetik, sondern vielmehr nun auch als *historisches Dokument* verstanden, »in welchem geschichtliche und religiöse Erfahrungen und ästhetische Ideale Gestalt gewonnen haben. Reduziert man das Kunstwerk auf seine äußere Erscheinung, so wird es um die Dimension gestalteter Geschichte verkürzt«[23].

Renovation ist demgegenüber die radikale Alternative; insbesondere beim Gebäude, wo die Verfechter dieser Position darauf verweisen können, daß die ständige Erneuerung bereits bei der Grundsteinlegung mit eingeplant war. Und auch Restaurierung wurde zunächst einmal im Sinne von Renovation verstanden, wie die Grenzen denn auch bis heute, insonderheit beim Gebäude, beim Möbel und dem Schnitzaltar, wie auch bei allen noch in Nutzung stehenden Sammlungsobjekten, stets gleitend sind. Sie beinhaltete – bis in unsere Tage – so etwas wie Teilrenovation in Form von Ergänzungen, Retuschen etc. Denn schon in barocken Sammelkabinetten als den Vorstufen des bürgerlichen Museums hatte man in der Regel gelernt, mit kostbaren Stücken, wenn auch subjektiv, so doch »museal« zu verfahren. Jedenfalls wäre wohl schon zu dieser Zeit niemand ernsthaft auf den Gedanken gekommen, ein Rembrandt-Gemälde wie eine Skulpturenpolychromie, kurzerhand und gänzlich flächendeckend, zu »renovieren«.

Teilrenovation, Restaurierung und Ergänzung aber mußten sich immer dort zu einem letztlich unlösbaren Problem auswachsen, wo die Schäden ein jeglicher Restaurierung spottendes Ausmaß angenommen hatten – bei einem Marienbild beispielsweise, das seines Antlitzes verlustig ging –, wie umgekehrt Restaurierung immer dort möglich wurde, so es sich lediglich um Ausbrüche untergeordneter Gewandpartien handelte; wo sich der subjektive Faktor der Ergänzung also noch in Grenzen hielt. Restaurierung, Komplettierung also, mußte überdies – und allen Skrupeln zum Trotz – immer dort unerläßlich sein, wo Gemälde wie Gebäude noch im ursprünglichen Sinne »in Nutzung« standen, als kirchliche Bildwerke beispielsweise, und sie mußte zunehmend überflüssig werden, wo solche Kunstwerke zum Teil eines streng musealen Konzeptes verfremdet wurden.

Freilich sind hier grundsätzliche Unterschiede zum Kunstgewerbe und der Manufakturware nicht zu übersehen, denn insbesondere beim Möbel wird eine Restaurierung stets naheliegender sein, als dieses bei einem erheblich reduzierten Rembrandt-Gemälde der Fall sein kann. Denn ein desolates Möbel ist nun einmal auch ohne subjektiv-interpretatorische Eingriffe durchaus einigermaßen restaurierbar, ein ruiniertes Rembrandt-Gemälde indessen nicht; weshalb denn auch so etwas wie eine Rangordnung von Kunst und Kunstgewerbe nicht zu übersehen ist. Sowohl Renovation als auch Restaurierung (und selbst Konservierung, wie wir im folgenden immer wieder sehen werden) sind somit Begriffe, die vielfach auch Interpretatorisches beinhalten, auch wenn sie »wissenschaftlich« einhergehen:

Thorvaldsens Äginetenrestaurierungen von 1815 bis 1817 – schon damals mit Bedenken ausgeführt und inzwischen wieder rückgängig gemacht – dokumentierte da noch die vorwissenschaftliche, letztlich die künstlerische Interpretation, behindert überdies durch den Ausfall skulpturaler Elemente. In der Architektur waren unter solchen Umständen die Chancen für eine rationalere »wissenschaftliche« *Rekonstruktion* als Anastylose wesentlich günstiger, weshalb denn auch der 1835 mit Akribie betriebene kulissenhafte Wiederaufbau des Niketempels auf der Akropolis als »Evokation der Gesamtform«[24] erfolgreicher war. Derartige Aufrichtungen erhaltener Bauteile, wie sie dann erneut in der Zwischenkriegszeit in Ägypten und Italien praktiziert wurden, dokumentiert besonders eindrücklich die Ara pacis, und auch hier wird das Ergebnis ausgeklügelter Interpretationskunst, das schließlich zur teilweisen Wiedergewinnung eines klassisch-römischen Werkes führte, zu begrüßen sein.

Freilich war zugleich auch immer die unterschiedliche Mitwirkung des Zeitgeistes im Spiele: an Bauten Sesostris' I. in Karnak beispielsweise, die – in den 30er Jahren durch französische Archäologen wiedererrichtet – heute, aus der Distanz eines halben Jahrhunderts betrachtet, Assoziationen zu Architekturen des Dritten Reiches auslösen. Und es ist denn auch nicht von der Hand zu weisen, daß hier Wechselwirkungen von Ruinen-Interpretationen einerseits mit dem Formenschatz zeitgenössischer Architekturen andererseits bestanden, aus welchen sich wiederum das formale Potential für eventuelle weitergehende Ergänzungsmaßnahmen ableitete.

Das aber war immer auch eine Frage des anteilmäßig noch Erhaltenen und dessen Zustandes: In diesem Sinne

z. B. ließ man den aus dem Schotter des Alphaios ausgegrabenen Zeustempel in Olympia nur sehr maßvoll, nämlich dem überkommenen Baubestand gemäß, als Ruine wiedererstehen, zumal die umgestürzten Säulentrommeln durch Bodenlagerung derartig in Mitleidenschaft gezogen waren, daß sie dem Druck des Gesteins im Zuge einer Wiedererrichtung ohnehin nicht mehr hätten standhalten können. Demgegenüber waren die Bedingungen für eine Anastylose beim bis ins 17. Jahrhundert noch erhaltenen Niketempel wesentlich günstiger gewesen, da Material und Fundament sich als weitgehend intakt erwiesen und der Zustand vor dem Abriß überdies noch durch eine alte Ansichtszeichnung dokumentiert wurde. Doch sind die Grenzen innerhalb solcher »wissenschaftlichen« Ruinenschöpfungen stets gleitend, indem nun mehr oder minder willkürlich auch Trümmerstücke, ganz noch im Sinne eines romantischen Klassizismus à la Piranesi, als »poetische« Teilanastylose übereinander gestapelt wurden, selbst wenn dies dem ursprünglichen Zusammenhang des Baumaterials eigentlich widersprach (Abb. 5).

Die komplettierende Anastylose ist die nächste Stufe des Surrogates, indem nun aus didaktischen Gründen, als Konzession an Freizeitgesellschaft und Bildungsindustrie, Teile hinzugefügt werden, nicht selten auch unter säuberlicher Scheidung des Neuen gegenüber dem Alten. Beispiele solcher über den Baubestand hinaus komplettierenden Anastylosen geben der Tempel E von Selinunt, das Aphaia-Heiligtum in Ägina (Abb. 7), der Poseidontempel von Kap Sunion, sowie zahlreiche Rekonstruktionen in Rhodos, Pergamon (Abb. 6), Ephesos, Boğazköy und Sardes, wobei letzteres insbesondere nun Assoziationen zu verfallenen italienischen Friedhöfen auslösen muß. Und selbst die in jüngster Zeit wiederaufgenommenen Renovationsarbeiten am Parthenon beschränken sich nicht allein auf die reine Anastylose. Wer indessen diesen Zustand bedauern sollte, der sei daran erinnert, daß Komplettierungen ja schon seit dem 19. Jahrhundert – in immer neuen Schüben, förmlich mit Zwangsläufigkeit – zur immer weiter fortschreitenden Perfektionierung des Heiligtums drängten. Allen diesen Anastylosen gemeinsam ist dabei die willkürliche Beschränkung des Wiederaufbaus zur künstlichen Ruine romantischer Tradition (Abb. 5–7). Aus ähnlicher Gesinnung wurde jetzt auch das Erechtheion Stein um Stein zerlegt und Verlorenes alsdann hygienisch-säuberlich mit Marmorpflästerchen beklebt.

Auf einer weiteren Stufe des Surrogats wird schließlich die Grenze zum frei imaginierten Monument überschritten, indem diese nun zwischen Restaurierung und Rekonstruktion so sehr verschwimmt, daß der naive Beschauer immer im unklaren bleibt, ob er sich in Altem oder Neuem bewegt, und es »färbt etwas von der ethischen Haltung der Fälschung auf den Gesamteindruck ab. Zumindest entsteht eine unheimliche Atmosphäre zweideutigen Produktes«[25].

Ein jüngstes Beispiel hierfür geben die Restaurierungen in Trier. Das Extrem bildet schließlich das vollkommen *frei imaginierte Bauwerk* über alten Fundamenten. Hierher gehören die Neuerrichtungen in Xanten[26] und die schon 1956 mit der Unbekümmertheit der Neuen Welt in die Stille der Athener Agora hineingeklotzte Stoa des Attalos. Der skeptische Betrachter aber wird sich fragen, inwieweit dieses alles noch aus der Andacht der großbürgerlichen Ästhetischen Kirche oder vielmehr bereits aus dem Geiste ihrer Säkularisation geschieht? Und so wird man wohl in solchen Unternehmungen zugleich auch die wachsenden babylonischen Türme des kulminierenden Historismus zu sehen haben, mit überbordendem Kulturrummel (und kiloschweren Ausstellungskatalogen).

Restaurierung im Sinne einer reinen Kopie von Bauteilen, sei es als Zementabguß gefährdeter Originale – wie jetzt bei den Koren des Erechtheions – oder als steinerne Kopie noch bestehender Gipsabgüsse, dürfte demgegenüber die am wenigsten fragwürdige Form der »Renovation« sein, zumal sich der subjektive Faktor hier in Grenzen hält. Das bezeugen beispielsweise Figuren des Westportals der Kathedrale in Reims, die im Ersten Weltkrieg weitgehend zerstört, dann mit Hilfe von Gipsabgüssen des Musée des Monuments Français, unter Verwendung der Originalfragmente, wieder entstanden sind. In diesen Bereich gehört auch – was bereits wesentlich problematischer anmutet – die auf Dokumentation basierende Kopie ganzer Gebäude, wie beispielsweise des Campaniles vor dem Dogenpalast in Venedig, ja ganzer Gebäudekomplexe, Stadtfassaden etc., worauf noch einzugehen ist.

Restaurierung im weitesten Sinne als Neuerrichtung anhand alter Pläne und über den originalen Baubestand hinaus dokumentiert beispielsweise die romantische Komplettierung des Kölner Domes. Diese Position steht der Kopie noch nahe.

Restaurierung im Sinne eines fortschreitenden Ersatzes von Bauteilen, bei welcher an in Nutzung stehenden

Gebäuden nach und nach der gesamte Baubestand ausgewechselt und damit gleichsam schleichend zur Kopie wird, demonstriert demgegenüber die laufende »Verfälschung« eines Bauwerks aus konservatorischer Notwendigkeit, was insbesondere bei hölzernen Bauten der Fall ist. Als Extremfall wäre hier die Erneuerung des japanischen Tempels von Ise zu nennen, der um der kultischen Reinheit willen seit 685 alle zwanzig Jahre abgerissen und dann im alten Stil wiederaufgebaut wurde[27].

Restaurierung im allerweitesten Sinne als künstlerische Neuschöpfung ist schließlich wiederum eine extreme Position: Man erinnere sich der Renovation der Burgen Lichtenstein und Hohenzollern oder – um ein modernes Beispiel zu geben – des Wiederaufbaus des Düsseldorfer Rathauses als »schöpferische Denkmalpflege«. Ein spätklassizistisches Beispiel, das uns erspart geblieben ist, wäre die Überbauung der Akropolis durch Schinkel gewesen.

Die Grenzen zum architektonischen Surrogat sind somit verschwommen. Und unsere Beispiele dürften die ständige Kollision eines ideellen Originalbegriffs mit funktionalen Zwängen, wie mit ästhetischen und ethischen, ja selbst mit letztlich wohl auch fetischistischen Assoziationen verdeutlicht haben.

Blicken wir nun in Weiterung unserer Betrachtung auf die speziellen Bedingungen des Gemäldes, des Schnitzaltars, der polychromierten Skulptur und auf das weite Feld des Kunstgewerbes, so wird sehr bald deutlich, daß unsere Feststellungen auch über die Architektur hinaus noch aktuell sind. Denn der Prozeß der Verwandlung hatte nun einmal auch hier bereits mit dem Tage begonnen, an dem ein Werk aus der Hand seines Meisters entlassen wurde und wo Geschichte nun fortschreitend von ihm Besitz ergriff; weshalb mit altersbedingten Veränderungen, mit der Umfärbung von Metalloberflächen, mit dem Dunkeln der Bilder oder dem Ausbleichen der Möbelmarketerien stets auch ein schleichender Vorgang der Uminterpretation mit einherging, in welchem die Nachgeborenen letztlich immer nur sich selbst suchten, nämlich die Bestätigung ihrer eigenen Ästhetik, ja ihrer Vision des Originals. Denn die gesamte geistige Geschichte der Menschheit besteht nun einmal in einem Prozeß fortwährender *Uminterpretation der Vergangenheit*[28]. Und hierbei wirkte der altersverbräunte Zustand vieler Gemälde an und für sich schon einmal geschmacksbildend, oder, wie der Maler John Constable anfangs des 19. Jahrhunderts bissig vermerkte, vielmehr verbildend auf viele Künstler wie auf das Publikum und natürlich auch auf die Restauratoren. Hinzu kam die schleichende Uminterpretation des Vorausgegangenen, bewirkt durch eine von Schmutzkrusten, Abrieb, Ausbrüchen und eventuellen Restaurierungen etc. veränderte Erscheinung, deren »Altersimpressionismus« wiederum auf die nachfolgende Malerei stilbildend einwirkte.

Und was noch ungleich schwerwiegender war: Diesem Vorgang entsprachen, natürlich gänzlich unbewußt, wiederum auch die weiteren Eingriffe der Restauratoren, die nun mit einer derartig hochmalerischen Gesinnung mittels Messerchen und Chemikalien den Kunstwerken zu Leibe rückten. Am schlimmsten geschah das etwa seit der Zwischenkriegszeit im Umgang mit polychromierten Skulpturen, wo man anstelle perfekter wohlgeglätteter Lokalfarbigkeit und hochglanzpolierter Metallauflagen – immer noch durch die Brille des Impressionismus betrachtet – nun die pittoreske Differenzierung suchte. Das aber ergab sich bei unsachgemäßer Freilegung ganz von selbst, indem jetzt durch rigoroses Abbeizen und Messern zahlreiche übermalte Schichtkomplexe fleckförmig aufgedeckt wurden und gleichsam wie die Schieferplatten im Steinbruch der Geschichte durcheinander zu liegen kamen. Bei derartig ruinierten Polychromien, die wegen ihres malerischen Reizes nun vielfach gefragt waren, kann mit Recht von einem künstlich, ja künstlerisch bewirkten »Altersimpressionismus« gesprochen werden.

Materialromantische Träume von Werkstoffgerechtigkeit, von einer Funktion von Material und Form also, wie sie seit dem Werkbund wieder herumgeistern, bewirkten schließlich auch Umdeutungen zur reinen Holzskulptur, indem man nun die lästig gewordenen Fassungen hölzerner Figuren kurzerhand ablaugte und damit deren Schnitzwerk freilegte. Das aber hatte bereits einen Vorläufer biedermeierlicher Tradition: Es war Adalbert Stifter, der als Denkmalpfleger mit dem seiner Epoche eigenen selbstbewußten ästhetischen Enthusiasmus die Figuren des Kefermarkter Altares bis aufs »altdeutsche« Schnitzholz hatte ablaugen lassen.

Die vorläufig letzte dieser Metamorphosen polychromer Erscheinungen aber wurde durch die moderne Konservierungswissenschaft bewirkt: Ihre Interpretation ist die makellose, fast schon ein wenig surrealistische, ja ein bißchen originalfetischistisch anmutende Herauspräparation des ausschließlich erhaltenen Originals unter dem Mikroskop, womit die Gefahren unreflektiertemotionaler Maßnahmen freilich zweifellos herabgesetzt werden.

Surrealistisch mag dabei dem kritischen Betrachter zunächst einmal die mit akribischer Besessenheit betriebene Abtragung von Übermalungen bis aufs »heilige« Original anmuten, dieser Sedimente des flüchtigen Zeitgeistes, bei welcher sich freilich Assoziationen zu Herman Kasaks »Stadt hinter dem Strom« nicht immer und einfach beiseite schieben lassen wollen, zu jenem Nachkriegsroman, wo in den Fabriken eines Totenreiches, diesseits eines Unterweltstromes, emsig Steine zerpulvert werden, um sie dann jenseits des Ufers wieder zu Steinen zu verbacken und umgekehrt. Und ein bißchen originalfetischistisch mutet zugleich auch an, daß hier tatsächlich – vieler Technik zum Trotz – noch ein letzter Rest von Magie im Spiel ist, sublimiert nun als ästhetische Meditation des wahren Kunstschönen (wenn auch nur noch mit dem Skalpell in der Hand über diesem »heiligen Original« meditierend). Die komische Seite solcher Art von Restaurierung ist jedenfalls nicht zu übersehen.

Das Instrumentarium dazu ist natürlich der Technik entliehen, wie der Geist, aus dem gehandelt wird, zugleich noch immer der des Historismus ist. Und folglich könnte man hier nun von einem technoiden Historismus naturwissenschaftlicher Prägung sprechen. Als eine vom Zeitgeist geprägte Entwicklungsstufe trägt dies alles natürlich unsere eigenen Züge. Das aber mag zugleich in dem Umstand begründet liegen, daß selbst größtmögliche Behutsamkeit und wissenschaftliche Objektivierung dessen unterschwelliger Mitwirkung nicht zu wehren vermögen, eben jener Kollektivseele, die auch durch den Restaurator als Medium noch wirkt.

Die Skeptiker unter den Restauratoren, die sich über die letztlich manipulierende Wirkung jedweden restauratorischen Eingriffs keine Illusionen machten, haben deshalb nach Wegen gesucht, wo zumindest die Zutaten in einem möglichst geringen und deutlich begrenzten Rahmen gehalten werden, denn genau genommen verändert jede Gemäldereinigung wie auch eine jede Retusche auf diskret-subjektive Weise das Original bzw. das, was davon übrig geblieben ist. Zunächst einmal forderten sie deshalb die gründliche Dokumentation aller Zustände und Vorgänge und, wenn es ans Ergänzen ging, die Heraushebung und leichte Reversibilität solcher Zutaten.

So wurde als Alternative zur normalen Gemälderetusche z. B. eine in möglichst neutralen Farbtönen erfunden[29] (die sich hinter jenen des Originals zurückzuhalten hatte), und ebenso *die zu hell angesetzte* oder *die mit einer Linie* umzogene Ergänzung. Insbesondere aber die *strukturierte Retusche,* deren Eigenstruktur sich beispielsweise durch Punkte oder wie eine zarte Stickerei mittels feiner senkrechter Linien vom Original abheben sollte. Derartig gestalterisch behandelte »Fehlstellen« hatten sich dann dem »Altersimpressionismus« der Oberflächen gleichsam impressionistisch-vibrierend anzupassen, indem sie sich zwar einerseits weitgehend zu integrieren, andererseits doch wiederum vom Original abzusetzen hatten.

Doch gibt es in der Konzeption eines Bildes eben gar keine Neutraltöne und auch keine Strukturen, die das Ganze nicht letztlich empfindlich stören. Aus dem gleichen Geiste heraus versuchte man auch dem Fragment nicht Gewalt anzutun, indem man nun beispielsweise die Bruchstücke eines Freskos in neutralfarbig getönten Mörtel einputzte (Abb. 8). Doch täuschen wir uns nicht: Auch hier entstand etwas gänzlich zeitgebunden Neues, das aus seinem ursprünglichen Zusammenhang gerissen – und vielfach noch unter völlig veränderten Beleuchtungsverhältnissen – einem Prozeß der Umdeutung zum musealen Objekt unterworfen war. Mit Recht hat man deshalb auch schon von einer musealen *Verwandlungs- oder Verfremdungsästhetik* gesprochen. Am krassesten tritt das alles zutage, wenn wir vorgeschichtliche Eisenobjekte (Abb. 9, 10), die oftmals in dicke, mit dem Erdreich mineralisierte Rostknollen eingebettet sind, liebevoll mit Hilfe eines kleinen Schleifapparates herauspräparieren, imprägnieren, verkitten, retuschieren und schließlich gar noch einwachsen und lackieren, oder wenn die fehlenden Partien griechischer Töpferware (Abb. 11) neutralflächig komplettiert werden. Als Arrangement »formaler Poesie« dürften solche Gebilde wohl schwerlich ohne die Sehschule der gegenstandslosen Malerei und Plastik wie auch der Abstraktion des japanischen Holzschnitts möglich geworden sein. Und auch hier erfolgt mehr oder minder unbewußt eine Uminterpretation zum museal-präsentablen Exponat. Der unreflektierte Glaube aber, das Artefakt gleichsam in der restauratorischen Retorte zurechtfabrizieren zu können, muß schließlich zwangsläufig in einem quasi künstlerischen Prozeß der Umschöpfung enden!

Dem Vorgang mehr oder minder unbewußter Umdeutung im Atelier entspricht im großen schließlich – um noch einmal auf die Bereiche der ars magna zu blicken – das Architektursurrogat; ob nun als wissenschaftliche Kopie, wie z. B. im Falle von St. Ulrich in Kreuzlingen (wo die Deckengemälde nach alten Fotografien rekonstruiert wurden), der Clemenskirche in Münster (wo gleiches mit der Stuckplastik geschah) oder der Semper-Oper in Dresden, einem Symbol des bürgerlichen Historismus im Arbeiter- und Bauernstaat, insbesondere aber beim Wiederaufbau des Düsseldorfer Rathauses oder in Nürnberg (Abb. 12). Als gigantische Kulisse, und hier wohl nicht eigentlich aus Nostalgie, sondern vielmehr um der Überwindung einer Identitätskrise willen »inszeniert«, steht schließlich – rekonstruiert anhand alter Stadtansichten – das Beispiel der historischen Fassade von Warschau. Denn mit dieser wurde ja das Stadtbild Canalettos (Belottos) wieder »in Szene gesetzt«, keineswegs aber jenes, das vor den Zerstörungen des Zweiten Weltkrieges bestanden hatte.

Viel »Poesie«, Ursprache des Menschengeschlechts, waltet somit in diesem »Prinzip Restaurierung« und je nach Gusto ein bißchen Komödie, Traum von der guten alten Zeit in heimeliger Geborgenheit, und rationaler von der Visualisierbarkeit des Vergangenen oder als Ästhetische Kirche, als Essenzialsymbol für Tradition wie auch als Bezugspunkt und Fassade nationaler Identität. Denn selbst der moderne Staat vermag ja der Poesie, der schöpferischen Kraft solcher Symbole, nicht völlig zu entraten: »Auf Poesie ist die Sicherheit der Throne gegründet.«[30] Traumgeburten, Wachträume also, bewegen den Gang der Geschichte. Denn dieses Reich der Gespenster und Dämonen, von gestern bis morgen, das wir Historie nennen, wird nun einmal aus Traumstoff errichtet, wird halluziniert in Beschwörung der Schattenrisse des Vergangenen wie als Imagination und Projektion des Kommenden. Stets befinden wir uns deshalb auch in einem beklemmend irrealen Prozeß der schleichenden Verdriftung, in welchem die Grenzen von Alt und Neu, von Original, Restaurierung, Kopie, Renovation, Umschöpfung und Surrogat bis hin zum Talmi sich zeitlich mehrexistent ins Beliebige verwischen.

Resümieren wir dieses alles nun im Hinblick auf unsere Fragestellung zur Patina, so sind es deren komplexe Bedingungen – die ursprünglich mitunter schon eingeplante Wiedererneuerung bzw. Teilrenovation zu neuer Ganzheitlichkeit einerseits, und die konservatorische Bewahrung des fragmentierten Originales, des »Dokumentes« andererseits –, welche die Pole des Spannungsfeldes bilden, in dem die Patinafrage diskutiert werden muß.

Damit stehen wir eigentlich vor der Contradictio oppositorum zweier Denkkategorien, die jede auf ihre Weise Überzeugungskraft und Geltung besitzen. In der Praxis wird Restaurierung deshalb – wie wir gesehen haben – fast immer als Synthese antinomischer Positionen verstanden, in welcher Widersprüchliches im Ausgleich des Gegensätzlichen zusammengedacht werden muß, womit sich freilich auch das ihr eigene, höchst subjektiv Zeitgebundene offenbart. Einen archimedischen Punkt, von dem aus konservatorische Entscheidungen zu fällen wären, eine generelle konservierungsästhetische Doktrin also, wird es jedenfalls unter all diesen Umständen gar nicht geben können! Und so verlangt die Konfrontation mit den Problemen der Patina auch so etwas wie eine Lehre von den Alternativen (wie das einmal für die Nationalökonomie formuliert worden ist), weshalb Restaurierung zugleich auch vielseitige Bildung voraussetzen sollte: geprägt vom Geiste freier und weiter Kultur und nicht zuletzt durch Humboldtsche Bildungstraditionen.

»Als Wissenschaftler verstehen wir, daß Farbe bloß eine Frage der Wellenlänge von Ätherschwingungen ist; aber das scheint dennoch das Gefühl nicht ausgeschaltet zu haben, daß Augen, die das Licht mit etwa Wellenlänge 4800 reflektieren, Gegenstand eines Liebesgedichtes sind, während Augen, die die Wellenlänge 5300 reflektieren, unbesungen bleiben.«

Lin Yutang nach Eddington, Laotse 1948

»Es könnte sein, daß es Steinzeit ist, die auf den leuchtenden Schwingen der Wissenschaft zurückkehrt.«

Winston Churchill

Akteure des Restaurierungswesens: Handwerker, Konservierungstechniker und Restauratoren, Kunstpfleger und Museums-Chemiker

Wir haben eingangs gesehen, wie sich neben dem restaurierenden Künstler und Handwerker alter Tradition antinomisch der naturwissenschaftlich geschulte Konservator des vom Verfall bedrohten authentischen Fragments etablierte. Als Phänotypen markieren diese beiden die Pole der geistigen Landschaft, in welcher sich Restaurierung abspielt; unter Ausbildung von allerlei Zwischenpositionen und im *Idealfall auch jenes Restaurators, der diese Gegensätze per se überbrückt und zur Synthese kultiviert*. Wir werden am Ende dieses Kapitels noch einmal auf ihn zurückkommen.

Blicken wir zunächst auf den altmodischen Künstler-Restaurator vornehmlich deutscher Provenienz: Seiner Herkunft nach war er fast immer Maler, denn Künstler waren es im wesentlichen, die schon barocken Kunstkabinetten als Berater und Restauratoren vorstanden. Ihre Ausbildung war somit die jeweils traditionelle: als Zöglinge von Meisterateliers und später auch der Kunstakademie. Ihr restauratorisches Rüstzeug erwarben sie in der Werkstatt eines Praktikers oder auch autodidaktisch, und seit dem 19. Jahrhundert zunehmend auch in den Ateliers der Museen. Ihr fachliches Urteil basierte auf einer straffen zeichnerisch-malerischen Schulung, wie sie für die alten Kunstakademien nun einmal typisch war. Doch bei unbezweifeltem Reichtum an künstlerischer Kultur des Sehens mußten auch die Grenzen dieses Praktikers sehr bald deutlich werden, indem Subjektivität und unreflektierte Spontaneität sich im Umgang mit ihren Schützlingen als schlechte Berater erwiesen: Während nämlich die herausragenden Erscheinungen (wie der von Goethe erwähnte Restaurator Andres in Neapel, auf den noch einzugehen ist) durchaus – und immer unter den speziellen Bedingungen ihrer Epoche gewertet – zu beachtlichen Leistungen fähig waren, mußten andererseits bei der Vielzahl ihrer Vertreter die Grenzen zur Quacksalberei und zum unreflektierten Surrogat bis ins Beliebige verschwimmen. Als glänzender Repräsentant dieses restaurierenden Künstlertums sei schließlich für das Fin de siècle der Berliner Restaurator Hauser genannt, dem die dortigen Rubens-Gemälde, wohl zahlreicher Übermalungen wegen, nicht gänzlich zu Unrecht als »Hauser fecit« nachgesagt wurden, und der auch die brillant gemalte Hintergrundfigur der Dame am Spinett in Gerard Terborchs »Konzert« hinzugefügt haben soll[31]. Dieser Typus ist längst aus der Museumslandschaft verschwunden, und lediglich als Nachzügler vermochte noch eine Reihe überaus farbiger Persönlichkeiten in modernster Ausprägung bis in die Nachkriegszeit zu überdauern: Erscheinungen, die künstlerisches Urteilsvermögen im weitesten Sinne mit brillanter Handwerklichkeit und nicht selten mit breitem Bildungshintergrund verbanden, womit sie jenem eingangs definierten »idealen Restaurator« vom künstlerischen Ansatz her recht nahe kamen. Zu gedenken ist hier insbesondere Helmut Ruhemanns (London), Hermann Lohes (München) und als dem jüngsten und modernsten: Ernst Willemsens (Bonn).

Abgelöst wurde dieser Typus durch den neuen *»wissenschaftlichen Restaurator«*, der nun die Vorzüge kritischen Urteilsvermögens mit handwerklicher Präzision, mit Abitur und eventuellem Universitätsstudium verband, wenn auch häufig bei gänzlichem Verlust der traditionellen Seh- und Malkultur. Am Anfang dieser Bewegung stand als großartige Figur der viel zu früh verstorbene Johannes Taubert.

Dem künstlerischen Restaurator alter Schule steht ein nicht minder traditionsreicher, doch nun dem Handwerklichen verhafteter Typus nahe: Es ist der *restaurierende Kirchenmaler* vornehmlich oberdeutscher Provenienz, der auch heute noch zahlreich als organisierter Handwerker auftritt und dessen Ausbildung eine rein handwerkliche ist. Sein künstlerisches Potential ist demzufolge gering zu veranschlagen; er ist zudem von wissenschaftlich-kritischem Denken nahezu unberührt, wie dies unzählige nach dem Zweiten Weltkrieg ausgeführte Neufassungen und unreflektierte Restaurierungen an Altären, ja ganzen Kirchenausstattungen bezeugen. Restaurierungshistorisch möchte man ihn als eine atavistische, noch im Barock wurzelnde, liebenswürdig-nostalgische Erscheinung des kulminierenden Historismus, im Nachkriegsaufschwung bewerten. Diesem Faßmaler-Restaurator entsprechen im kunstgewerblichen Bereich die vielen *auch-restaurierenden Handwerker,* wie sie vornehmlich im Sog des Handels, beispielsweise mit der Antikschreinerei, auftreten.

Von diesem führt schließlich eine Linie zum handwerklichen *Konservierungstechniker musealer Prägung*. Ihnen allen gemein ist die Dominanz technischen Denkens, bar des Rates vielseitig ausgebildeter Restauratoren.

Behalten wir dies alles im Blickfeld, so beginnt sich das ganze Kapitel bei Einbeziehung der damit befaßten Akteure aus Restaurierung, Handwerk, Technik und Wissenschaften recht bald zum Dilemma einer schizoiden Rollenspielerei auszuweiten: Der Vorgang ist insofern symptomatisch, als er die chronische Spaltung unseres Kunsthüterbetriebes in Teilkompetenzen von »Hirn und Hand« beleuchtet – in Vordenker und Macher, die sich letztlich kaum etwas zu sagen haben, und wo der Geist den komplexen Bedingungen der Materie, den *Realien* des Kunstwerks also, ebenso entfremdet ist, wie die »Hand« von den diversen Entscheidungsebenen künstlerischer, natur- und kunstwissenschaftlicher Bildungskomplexe kaum etwas ahnt.

Dabei haben wir nicht die wenigen großen Gemäldegalerien mit ihren hochkarätigen (und hochdotierten) Restauratoren im Blickfeld, als vielmehr die Landes- und Kunstgewerbemuseen wie auch die Denkmalpflege. Denn zwei Typen beherrschen hier das Feld: Der aufsichtsführende Geisteswissenschaftler als Ressortchef, der Zögling unserer klassizistisch-romantischen Universität (aus der nun einmal alles Technische wie auch Künstlerisch-Handwerkliche vor die Tore dieser Stätte geistgeborener Linkshändigkeit verbannt wurde), und der restaurierende Werkmeister handwerklicher Prägung und Besoldung[32].

Nehmen wir zunächst einmal die Universitäten mit ihren kunsthistorischen Instituten unter die Lupe, so entließen sie bis auf den heutigen Tag in die Aufgaben von Museum und Denkmalpflege meistens jenen Schlag von betont geisteswissenschaftlich orientierten, an Büchern, Dias, Fotografien und Reproduktionen, doch nicht am Original geschulten Kunsthütern, die aus ihren Hemmungen allem Technisch-Manuellen und der Materie des Kunstwerks gegenüber (der komplexen Ästhetik des Materiellen also) bis heute nicht herausgefunden haben. Denn für den Durchschnittsabsolventen eines Kunstgeschichtestudiums besteht nun einmal häufig kein stofflicher Unterschied zwischen Original, Kopie oder Reproduktion. Er weiß nichts von der Komplexität des Farbenaufbaus in einem altmeisterlichen Gemälde, nichts von den optischen Charakteristika der Mal- und Bindemittel und deren farblichen Eigenschaften, wie Lasur- und Deckfähigkeit, Tiefenlicht oder Mattigkeitsgrad und auch nichts über die Gesetzmäßigkeiten der Farbenalterung. Eine bestimmte Nuancierung von Braun beispielsweise (bezifferbar auf der Farbnormenkarte), ist für ihn einfach Braun, ganz gleich, ob es sich um einen gegilbten Firnis, eine Retusche, eine verbräunte Lasur, ein bestimmtes Braunpigment, ein lagenweise komplementärfarbig aus Rot und Grün aufgebautes Braun, oder um ein ins Braune umgeschlagenes Grün bzw. Blau oder Rot handeln mag. Seine Terminologie ist demzufolge dürftig, weshalb er über so vage Begriffe wie »Mischbunt« nicht hinaus zu definieren vermag. Für diesen Adepten wird die ungeheure Vielschichtigkeit der Originale deshalb so eindimensional wie bei einem Farbdruck, so daß er denn auch – einmal in Verantwortung genommen – für die Beurteilung von Original und Retusche (von Echt und Falsch schon gar nicht zu reden) vielfach noch der Mithilfe der Restauratoren und der Naturwissenschaftler bedarf. (Ähnliches gilt für Archäologie und Vorgeschichte wie auch für Musikgeschichte, Volkskunde u. a. m.)

Hinzu kommt, daß dem Kunstbeamten das persönliche Sammeln ja mehr oder minder versagt ist, aus Gründen der Raison gegenüber seiner Institution, wie auch als Folge seines spärlich bemessenen Salärs, womit ein wichtiges Stimulanz – nämlich auf dem Wege des persönlichen Kunsterwerbs ständige Kontakte zum Markt zu unterhalten – entfällt. Und nicht nur dieses: Es fehlen mithin nicht selten auch die vielfältigen Anregungen aus Kreisen des Handels und liebevoll-spinniger Connaisseurs; eben jener sprudelnd-antimusealen Hälfte unseres Kunstbetriebs, die schließlich das Angebot an die Museen besorgt. In diesen Gefilden aber gibt es kein Pardon für achselzuckende Unverbindlichkeiten; denn wo sich Kennerschaft mit »Witterung« nicht glücklich paart, da ist auf Dauer kein Geschäft! Die Mediokrität unseres Kulturhüterbetriebs hat hier eine ihrer Ursachen. Indes, es mehren sich in jüngster Zeit auch die Hinweise, daß man sich – zumindest, was die Museen anbetrifft – dieses Zustands bewußt wird.

Zugleich nimmt es nicht wunder, wenn Restaurierung als »Handwerk« von dieser »weisungsberechtigten« Wissenschaft an »Macher« delegiert werden muß. Womit die konservatorische Behandlung der Originale nun nicht selten zu einer Domäne jener Spezies von Museumstechnikern wird und die Summierung zahlreicher kleiner, schrittweiser restauratorischer Fehlentscheidungen in der Enge des Ateliers schließlich den schleichenden Übergang zum Surrogat zur Folge hat.

Der restaurierende Antikschreiner wurde bereits angesprochen: Als Typus solcher hochkarätiger Techniker sei deshalb nur jener Schreinermeister skizziert, der mittels Hobel, Ziehklinge und Nitrozellulose alte Möbel in neue verwandelt, oder jener treffliche »alte Praktiker« mit blauer Hose, der Waffen zurechtschleift und poliert, neu vergoldet, bläut und bräuniert oder auch jener Museumstechniker, der patinierte Bronzen durch Absäuern und Schleifen in Produkte verwandelt, die Museumsreplikaten auf bestürzende Weise ähnlich sehen – *denn es eignet dem reinen Techniker stets nur in Teilen zu denken, zumal es ihm am Wissen um die Idee des Ganzen gebricht.* Unduldsame Überlegenheit tritt nicht selten noch hinzu, weil die Kompetenz des Technikers an Stelle der uferlosen Komplexität des Kunstwerks immer nur das technische Problem erkennt. Dieser Typus des reinen Konservierungsmenschen also ist es, dem wohl die nähere Zukunft gehören wird, und zwar in dem Maße, in welchem das künstlerische Element verfällt und seitens der aufsichtführenden Wissenschaft eine wachsende Verunsicherung in restauratorisch-technischen Fragen zu beobachten ist, als erstes Symptom eines Sinneswandels vielleicht, oder auch nur in Erkenntnis ihrer Inkompetenz. (Diese aber ist zugleich auch die Ursache für die verbreitete Ablehnung und neuerdings auch für die Überschätzung des Technischen durch diese Zunft.) Denn der Techniker ist nun einmal in seinen ureigensten Bereichen dem akademischen Kunsthüter überlegen, da sein Denken eine Rationalität in der Beurteilung der *Realien* des Kunstwerks erreicht hat, welcher der Geisteswissenschaftler häufig nichts mehr entgegenzusetzen hat, weil er nicht funktional zu denken in der Lage ist. Damit aber stünde uns wohl das Diktat der Technokraten ins Haus, mit allerlei Vorschriften für das Funktionieren museal-denkmalpflegerischer Apparate, für Klimawerte, Beleuchtungsstärken, was wie wo auszustellen wäre u. a. m., und deshalb in letzter Konsequenz auch ein von technischen Gesichtspunkten völlig dominierter Kunsthüterbetrieb. Ansätze hierfür sind reichlich vorhanden, womit zukünftige Museumskonzeption zur Quadratur des Kreises geriete. Doch muß diese Phase wohl durchlaufen werden, da derartige Forderungen natürlich vielerorten noch zu Recht erhoben werden.

Die jüngste Erscheinungsform dieses Technikers aber ist schließlich der Forscher auf eigene Faust, sowohl kunsttechnologischer, als auch kunsthistorischer Dilettanz.

Zugleich ist man auf dem besten Wege, den Ersatz des Schlechten durch das Schlechtere zu besorgen, indem sich nun dem Anspruch der reinen Technik noch derjenige der das Kunstwerk sezierenden »exakten« Wissenschaften hinzugesellt: Und diese, als die modernste Spezies auf der schizoiden Bühne des Historismus, verstehen das Ganze ja vom Ansatz her meistens nur nominalistisch-induktiv, analytisch isolierend, nämlich aus der Perspektive der Mechanik der Teile. Worüber sich das Problem der Patina nur allzuleicht zur ausschließlichen Analyse eines Korrosionsprodukts verdünnt und das Kunstwerk nun zum Forschungsobjekt einer Konservierungswissenschaft gerät, die ihre Patienten nicht selten mit rohem Empirismus und immer »besseren« Therapien und Pharmaka kurieren zu müssen glaubt. (Zu denken ist dabei besonders an den angloamerikanischen, den kanadischen und den australischen Konservierungspositivismus und nicht an die wenigen Ausnahmen dieser Spezies.) Freilich sollten hier keine Mißverständnisse aufkommen: Die Segnungen der Naturwissenschaften stehen selbstredend außer jeglicher Diskussion, zumal sie ja in die allzu subjektive kunstwissenschaftliche Analyse ein rationales Element einbrachten – bei der Bestimmung des Zustands eines Kunstwerkes, wie auch von Echt und Falsch oder bei der Einführung kontrollierter Konservierungsverfahren. Indessen werden aus erfolgversprechenden Neuerungen allzuleicht auch Gewohnheiten, über denen schließlich die Gefahren einer an Dominanz ständig gewinnenden Naturwissenschaft übersehen werden, insonderheit aber durch junge Leute, weshalb es wohl an der Zeit ist, auf die Probleme aufmerksam zu machen und es erlaubt sei, etwas weiter auszugreifen.

Dazu aber sollte man sich ins Gedächtnis rufen, daß die sogenannten exakten Wissenschaften schließlich ideengeschichtlich, und damit wiederum aus sehr weiter Distanz betrachtet, nicht minder auf Spekulationen basieren und deshalb letztlich auf Mythenbildungen, beseelt von der Utopie der Meßbarkeit des Kunstwerks hinsichtlich seiner materiellen Zusammensetzung und rationalen Nachvollziehbarkeit durch das Experiment. Denn ihre Entstehung verdanken die »exakten« Wissenschaften dem Versuch des durch die Maschine deformierten Denkens[33], sich die »Götter der Apparatur« gnädig zu stimmen, indem sie sie in ihren Apparaten verehren und bedienen. Und so ist die naturwissenschaftlich-positivistische Weltsicht denn auch nichts anderes als die mythische Reproduktion unseres gesellschaftlichen Zustands: Abbild des Zeitgeistes somit, seiner Träume und Hoffnungen, denen die Apparate verführerisch und verhängnisvoll entgegenkommen, indem ihre mythisch verschlüsselte Sprache nun orakelhaft und magisch-oszillierend die neue Heilsbotschaft zu verkünden scheint[34]. Hier ist denn auch immer noch ein Rest von Magie im Spiele, von Steinzeit, die auf den leuchtenden Schwingen der Wissenschaft zurückkehren könnte.

In Parenthese sei folgendes noch hinzugefügt: Vom alles lenkenden Weltgeist hatte Hegel gesprochen und als »Madonna der Poeten« hatten die Dichter des Jungen Deutschland dann den Zeitgeist besungen. Dieser aber war es nun, der zugleich auch die Geister der Naturwissenschaften inspirierte, wie deren Selbstverständnis jetzt ein positivistisches war. Als Interpretation »exakter« Methoden erbrachten sie uns ein unbezweifeltes Plus an Erkenntnis zum Kunstwerk, mit neuen Spekulationen über dessen Entstehungsvorgang, doch gewiß nicht als der Weisheit letzter Schluß. *Denn auch die naturwissenschaftliche Utopie ist ja nichts anderes als die Momentaufnahme unseres Trugbilds vom Fortschritt; ist somit nur der Versuch, Lawinen von unbewältigten Vorstellungsmassen, die mit exponentieller Progression auf uns niederstürzen, in die arme kleine Klause dieses Denkgehäuses zu zwängen.* Und so bewirkt diese spätpositivistische Interpretation schließlich auch nicht mehr als lediglich die Rückprojektion unserer ureigensten Mythen, nämlich der Seelendiagramme dieses übermächtigen Zeitgeistes, kodiert nun in Chiffren, Kurven, Formeln und Tabellen; den Symbolen des Künstlers und des Archäologen analog, weshalb man diese denn auch in späteren Jahrhunderten für Phantasiebildungen von quasi dichterischer Qualität bewerten wird, denn der Mensch ist nun einmal ein utopisches Wesen: »We are such stuff as dreams are made on« (»Wir sind von solchem Stoff gemacht wie Träume«, Shakespeare, The Tempest, IV).

Blicken wir nämlich auf den Ablauf analytischer Vorgänge, so wird sehr bald deutlich, daß sie durchaus ihrer subjektiven Interpretation bedürfen und damit letztlich ohne den gänzlich unwissenschaftlichen Begriff der Erfahrung – den es in einem exakten System nun einmal nicht geben kann – nicht auskommen können. Denn die dem Kunstwerk entnehmbaren äußerst geringen Mengen (an einem Rembrandt-Gemälde beispielsweise) bilden da eine Quelle zahlreicher Irrtümer; weshalb dieser Betrachtungsweise denn auch ein irrationales Element anhaftet – das sie paradoxerweise mit der Kunstwissenschaft gemein hat –, wie konträre Gutachten solcher Art von Eprouvettenchemie überhaupt nicht gerade selten sind. Denn, vergessen wir es doch nicht: Es bedarf ja der sensualistischen Interpretation, deren experimentelle Ratio sich schließlich immer nur selbst beweist, und – darin der Kunstwissenschaft nicht unähnlich – des Untergrunds subjektiver Sinneseindrükke[35], wie letztlich selbst der Intuition. Intuitiver Natur sind im übrigen auch alle materialistischen Theorien. Denn fürwahr: Es mag zwar angehen, roboterbestückte Raumschiffe in weicher Landung auf dem Mars niedergehen zu lassen, doch über den Entstehungsvorgang eines Rembrandt-Gemäldes auch nur einigermaßen Schlüssiges aussagen zu wollen, das vermögen wir nicht. Um zur Lösung eines solchen Rätsels zu gelangen, müßten die Originale durch Probeentnahmen zerlöchert werden, und auch dann noch bliebe das Ergebnis zweifelhaft, wäre Hypothese. – Aber die Uhren des Zeitgeistes sind nun einmal übermächtig auf Meß- und Wägbarkeit programmiert, weshalb naturwissenschaftliche Objektivierung überschätzt wird, wie man zugleich auch alles Technische nun überbewertet.

In Klammern aber wäre hier noch einmal nachzutragen, daß dieses alles freilich nicht so verstanden werden sollte; daß die Kenntnis *naturwissenschaftlicher Zusammenhänge nicht als unabdingbares Bildungspotential eines Restaurators* anzusehen sei. Überschätzt wird vielmehr nur die Anwendbarkeit naturwissenschaftlichen Wissens in der täglichen Praxis: »Die heutige Ignoranz wird durch die Multiplizierung scheinbaren Wissenstoffes hergestellt.«[36] Für einen Restaurator ist es nämlich letztlich völlig belanglos, welche chemische Formel das ihm von den Fachchemikern in Testserien anempfohlene Mittel (bzw. die Mittelkombination) hat. Und es kommt dann in der Tat nicht darauf an, ob deren chemische Formel über ein paar C-, O- oder H-Atome mehr oder minder verfügt (da er die unendlich komplexen chemischen Vorgänge ohnehin nicht beurteilen kann), sofern unser Praktiker nicht von dem ihm gewiesenen Pfade abkommt und nun Mischungen herstellt, über deren Wirkungsweise und Folgen es ihm an Verständnis gebricht. Vielmehr ist etwas gänzlich anderes von Bedeutung – und hier ist der Restaurator dem Naturwissenschaftler überlegen –, daß er nämlich aufgrund seiner Erfahrung die Wirkungsweise dieser Mittel, z. B. auf der Bildoberfläche, im speziellen Falle (und nicht nur generell) besser zu beurteilen vermag, somit deren Lösefähigkeit auf Firnisschichten, Lasuren und Untermalungen nicht nur besser erkennt, sondern vielmehr auch in allen Stadien noch *beherrscht*. Insofern – und nur in diesem Sinne – kann eingetrichterter naturwissenschaftlicher Wissensstoff für den Restaurator auch zum Ballast geraten, zum Tatsachenschutt.

Reduzieren wir dies alles nun wieder auf die Alltagsperspektive – die freilich gerade auch deshalb nicht überschätzt werden sollte –, so bilden die Naturwissenschaften natürlich gänzlich unabdingbare Hilfsdisziplinen. Doch wird man gut beraten sein, sie der Kontrolle des Geistes der Philosophie und der Künste nicht entgleiten zu lassen.

Das freilich ist bereits leichter gefordert als getan, einerseits der verschlüsselten Sprache der »exakten« Wissenschaften wegen, andererseits aber auch in Anbetracht ohnehin zentrifugaler Erscheinungen bei den kooperierenden Disziplinen, zumal diese sich in bedrohlich wachsendem Maß mit ihrem Fachwissen nur noch anzuschweigen pflegen. Denn die herrschende babylonische Sprachverwirrung ist nun einmal allerorten in stetigem Wachsen begriffen und Teamwork von Spezialisten im europäischen Kulturhüterwesen nur ein schöner Traum.

In diesem Sinne notierte denn auch schon vor Jahren ein Schweizer Denkmalpfleger: »Dem Einbruch der Technologie und der sich mehrenden technokratischen Infiltrationen wird niemand im Ernst wehren wollen, es sei denn, er ermorde seinen eigenen Diener. Aber es ist unbedingt nötig, darauf zu achten, daß nicht über Nacht die Stellenwerte ausgewechselt werden, und unsere Belange in einer ohnehin technokratisch durchseuchten Zeit der geisteswissenschaftlichen Kontrolle entgleiten.«[37]

»Die in den Apparaten verloren gegangenen Beziehungen holen wir uns in künstlichen encounter-groups, den verlorenen Lebenssinn beim Bagwan wieder.«

Hartmut von Hentig, 1984

»Im modernen Bildungssystem verfällt die Idee der verkörperten Erkenntnis in den Lehrenden wie in den Studierenden. Die Professoren sind wirklich keine ›Bekenner‹, sondern Trainingsleiter in Kursen eines lebensfernen Wissenserwerbs. Die Universitäten und Schulen üben eine schizoide Rollenspielerei, in der eine demotivierte, aussichtslos-intelligente Jugend es lernt, die allgemeinen Standards aufgeklärter Sinnlosigkeit einzuholen.«

Peter Sloterdijk, Kritik der zynischen Vernunft, 1983

»Wenn man Gelegenheit hat, ein nihilistisches Gremium aus der Nähe zu betrachten – man braucht dabei nicht einmal an eine Gruppe von Dynamiteros oder einen Totenkopfverband zu denken, sondern vielleicht an eine Versammlung von Ärzten, Technikern oder Wirtschaftsbeamten . . . Es gibt eine nihilistische Medizin, deren Kennzeichen darin liegt, daß sie nicht heilen will, sondern andere Zwecke verfolgt, und diese Schule breitet sich aus.«

Ernst Jünger, Über die Linie, 1950

Vom Renovations-Nihilismus und vom idealen Restaurator

Wenn im Vorangegangenen ein »idealer« Restaurator postuliert wurde, ausgebildet in Ganzheitlichkeit und unter Einschluß musischer Studiengänge, so wird damit der Vorwurf »bildungsbürgerlicher« Wirklichkeitsfremdheit zwangsläufig nicht auf sich warten lassen: angesichts der Tatsache, daß Bildung im Zeichen eines explosionsartig wachsenden Wissensstoffs doch schlicht zur Addition von Bildungslücken geriet. Womit nun Zug um Zug auch das alte Gymnasium – das hier in keiner Weise glorifiziert werden soll – seiner Grundlagen verlustig gehen mußte; und dies in einem Vorgang, der sich im übrigen stufenweise bis ans Ende des Fin de siècle zurückverfolgen läßt: »Der Begriff der geistigen Bildung vergröbert sich zusehends und setzt sich . . . in die Vorstellung um, daß es ankomme auf den Erwerb praktisch nützlicher Fertigkeiten« (Theodor Mommsen). Dazu aber mochte sich fügen, was nun zugleich auch auf das Restaurierungswesen durchzuschlagen begann: Daß nämlich die Symptome eines fortschreitenden Totalitarismus der Geräte und damit einer zunehmenden Sinnentleerung sich laufend mehrten, im Zuge eines mit diskretem Automatismus einhergehenden Prozesses der Technokratisierung.

Dieser Zustand ist aber wiederum mit zahlreichen anderen zeittypischen Erscheinungen zusammen zu sehen – mit der Einführung des Computers für den Schulunterricht beispielsweise, anläßlich derer der Pädagoge Hartmut von Hentig[38] erst unlängst folgendes formulierte: »Die Menschheit gibt sich ihren Mitteln hin. Sie hat nicht einmal das Bewußtsein von dieser widrigen Verkehrung von Zweck und Mittel . . ., sie hat den Begriff verloren, den Begriff für ein Mittel, das allemal dienstbar zu sein hat. Sie hat darum das Mittel, das Werkzeug für etwas sein sollte, durch ein Medium ersetzt, das sich in erster Linie selbst vermittelt.« Dies nun beginnt, im Zeichen der Apparate-Gläubigkeit, als Apparate-Nihilismus auch auf das analytische Instrumentarium unseres Restaurierungsbetriebes zuzutreffen.

Wenn deshalb am Schluß dieser Kritik der Renovation auch einmal die Frage nach einem wachsenden Restaurierungs-Nihilismus aufzuwerfen ist, so geschieht das zunächst mit Blick auf die Fachliteratur, in welcher Kurven und Diagramme, Formeln und Tabellen als Statussymbole der Institutionen – als *Publikations-Nihilismus* – überhand zu nehmen beginnen, bei wachsendem Kontaktverlust gegenüber der restauratorischen Wirklichkeit und deren Aufgabenstellungen. Mit der Sinnentleerung solcher Art von Forschung aber geht zugleich auch eine zunehmende Erstarrung zum unreflektiert Gewohnheitsmäßigen einher, wie sie sich in gleicher Weise schon seit längerer Zeit in der täglichen Praxis bemerkbar gemacht hat, indem man allerorten nun Zurechtmacherei aus leerer Gewohnheit betrieb. »Was aber bedeutet Nihilismus? Daß die obersten Werte sich entwerten. Es fehlt das Ziel; es fehlt die Antwort auf das Warum?«[39] Wie im übrigen Nihilismus, naturwissenschaftlicher Positivismus, neo-biedermeierliche Restauration, Historismus und denkmalpflegerische Gesundbeterei auf einer Treppe wohnen: »Das Alte zu konservieren und das Neue nicht fahren zu lassen, als Periode des europäischen Nihilismus.«[40] Damit aber stellt sich wiederum die Frage, ob überbordende *Renovation als Zeitphänomen* am Ende gar nichts anderes als das Reaktionsmuster jenes »überkompensatorisch abgewehrten Ohnmacht-Allmachtskomplexes« und damit nur Ausdruck der Neurose des okzidentalen Nominalismus ist? Indessen bliebe bei solcher Sicht der Dinge wohl nichts anderes übrig als zu versuchen, es Gottfried Benn nachzutun und sie gleichsam gestaltend zu bewältigen: »Es kommt nämlich darauf an, was man aus seinem Nihilismus macht.« Womit sich auch besagter Zustand aufzuheben begänne. – Bezogen auf unser Anliegen der Patina wäre daraus zunächst einmal zu folgern, sich wenigstens dieses ständigen gedankenlosen Zurechtschminkens von Totengut zu ewigblühender Jugend, des leidigen Prinzips Renovation also, zu enthalten, und sich vielmehr auf eine Position kritischer Restaurierung, wenn nicht besser noch der ausschließlichen Konservierung, zu beschränken. *Denn die Akzeptanz des Verfalls als Prinzip dieser Weltordnung verhält sich nicht grundsätzlich antinomisch zu einem konsequenten Historismus, schließt somit die Erhaltung der Spuren des Auflösungsprozesses – nicht jedoch deren Tilgung – mit ein.*

In Klammern wäre hier vielleicht eine kurze Exegese von Allgemeinplätzen erlaubt: daß nämlich an den Ursachen dieser schleichenden »Sinn«-Werte oder »Legitimationskrise« – oder wie man das Phänomen des unterschwelligen Nihilismus auch nennen wolle – immer wieder herumgerätselt wurde, indem man u. a. auch auf die Sinnentleerung der Arbeitsinhalte verwies: »Wenn von Sinn der Arbeit überhaupt noch die Rede sein kann, dann besteht dieser nun – was wahrhaftig nicht verächtlich gemeint ist – im Empfang der Lohntüte«[41], was dann – und nun bezogen auf das Restaurierungswesen, zumindest auch auf jenes verbreitete gedankenlos-profitliche Zurechtfrisieren von Kunstwerken – als Teil eines snobistisch-modisch-nihilistischen Kulturhüterbetriebes wie insbesondere auch des Kunsthandels zuträfe. Weitaus weniger im übrigen auf die Museen, zumal sich das philosophische Element – allem eventuell möglichen Nihilismus beamteter Apparate zum Trotz – hier immer noch einigermaßen zu behaupten vermochte.

Den vielfältigen Erscheinungen moderner Nihilismen ist ein unlängst erschienenes Werk von Wolfgang Kraus nachgegangen[42], das sich mit verschiedenen Deutungen seitens der Psychologie, Psychiatrie wie auch der Verhaltensforschung auseinandersetzt und (mit Konrad Lorenz) auch die Rolle der Naturwissenschaften untersucht: »Nicht nur Naturwissenschaftler, sondern immer mehr Menschen begannen in völlig anderen Kategorien zu denken. Die Naturwissenschaften haben durch ihren enormen Einfluß zumindest für lange Zeit das gesamte Denken und Erleben, den psychischen Haushalt der Menschen ... verändert ...«[43] Das aber hatte bereits mit der mechanistischen Auslegung der Naturgesetze und dem Laplaceschen Determinismus seinen Anfang genommen. Hinzu traten auch metaphysische Quellen: Prädestination und prästabilisierte Determination, die mit dem Preis der Freiheit des Individuums (und auch der evolutionären Freiheit) bezahlt wurden. Ähnliches geschah durch den wissenschaftlichen wie metaphysischen Indeterminismus, doch begründet aus den Unvorhersehbarkeiten dieser Welt. Insbesondere die naturwissenschaftliche Quelle des Indeterminismus, die Quantentheorie und die Wahrscheinlichkeitsgesetze, revolutionierten die Naturwissenschaften bis in die Biologie. »Die Menschheit ohne Bestimmung« wurde damit in den Existenzialismus abgedrängt und über diesen hinaus in »Trott und Nihilismus«[44].

Über alledem sollte jedoch auch die Rolle der Technik nicht übersehen werden. Deren Konsequenzen aber hatte bereits 1948 Friedrich Georg Jünger untersucht, ohne indessen auf den letztlich vagen Begriff des Nihilismus überhaupt einzugehen: »Jeder Stillstand der Mechanik ruft in dem technisch organisierten Menschen das Gefühl einer unerträglichen Lebensleere wach ..., der er durch gesteigerte Bewegung zu entfliehen sucht. Er seufzt zwar über die unerbittliche Organisation der

Zeit . . ., er verwünscht den Mechanismus der Arbeit, in den er eingespannt ist, aber zugleich ist er auf ihn angewiesen und er kehrt in seinen Vergnügungen zu ihm zurück. Die Bewegung hat einen narkotischen Reiz . . . Er muß stets das Gefühl haben, daß etwas vor sich geht, daß er teil hat an einer Aktion . . . Seine Vorstellung vom Leben ist eine dynamische. Er schätzt es nach der Vitalität ab, die in ihm wohnt . . . Der Mensch, der immer nach Erlebnissen hungert, ist zugleich ein Mensch, der belebt werden will. Das Gefühl der Schwäche, der Ermattung, der Erschöpfung und der Sinnlosigkeit des Lebens überwältigt den einzelnen vor allem dort, wo der Impuls, den ihm die mechanische Bewegung verschafft, sich verlangsamt . . . Die depressiven Zustände bemächtigen sich seiner dort, wo die tote Zeit in sein Bewußtsein dringt . . .«[45]

In der Tat müssen damit so verbreitete Erscheinungen wie Müdigkeit, Depression, Trott und weiter die generationstypische liebenswürdige Unverbindlichkeit mancher Adepten wie deren Motivationsschwund und »Zuschauermentalität« einen wesentlichen Auslöser auch in den uns unerbittlich umgebenden technischen Mechanismen und Zwängen selber haben.

Das alles greift freilich bereits weit über die engen Horizonte restauratorischer Bildungsinstitutionen hinaus, auch wenn damit natürlich zugleich ein Kernproblem unseres Ausbildungswesens berührt wird. Ungeachtet dessen kommt den Siegelbewahrern in diesem Tempel der Patina gleichwohl die Verpflichtung zu, im bescheidenen Rahmen Kräfte zu mobilisieren, indem sie ihren Parteigängern schlechtweg Konträres aus Philosophie, Künsten und Handwerk wie auch aus Kunst- und Naturwissenschaften nahezubringen hätten, um daraus eine menschliche Substanz zu destillieren, die befähigen sollte, gegenüber den mannigfaltigen Herausforderungen unseres technokratisch dominierten Jahrhunderts zu bestehen.

Das freilich ist wiederum ein utopisches Postulat, zumal es sich dabei nicht nur um eine ausschließliche Frage geeigneter Lehrkräfte handeln würde, als vielmehr doch auch um eine solche des Nachwuchspotentials selbst; denn ein paar Ausbildungsjahre werden immer nur Anregungen bieten können und nicht mehr.

Gehen wir überdies davon aus, daß die technischen Prozesse erfahrungsgemäß immer am schnellsten erlernt werden, ja, daß die meisten den technischen Anforderungen auch vollauf zu genügen pflegen, so sind es eben letztlich doch ganz andere Eigenschaften, die erst über höhere Qualifikationen entscheiden: Begabung nämlich und Phantasie sowie Bildung, kurz *geistige Kultur* und Motivation; Bereitschaft zur Aneignung von Wissen also, zur freiwilligen Leistung, stimuliert im täglichen Bemühen, und ganz bestimmt nicht nur zum Erwerb von Fachwissen in der Uniformität und Ortlosigkeit der Massenuniversität.

Belesenheit mit vielseitigen Kenntnissen und Interessen ist deshalb ein wichtiges Postulat; *denn die große Suche nach Identität beginnt nun einmal ganz wesentlich beim Buch, im Konzertsaal und im Museum, und sie findet sich wieder mit tausend Fragen und Entscheidungen in der Enge und Einsamkeit des Ateliers, vor der Staffelei und über dem Mikroskop*. Doch gerade mit dem Lesen ist es nicht immer zum besten bestellt, denn diese Mediengeneration von »postliteraten Analphabeten« – skeptisch, desillusioniert, televisionsgeschädigt, unter atomarer Bedrohung lebend –, der es mitunter buchstäblich die Sprache verschlagen zu haben scheint, greift nur noch selten zum Buch (wenn wir sie als Ganzes betrachten; wobei sich möglicherweise jetzt eine Trendwende ankündigt[46]). Es sollte deshalb unser Anliegen sein, einen Rest von Ganzheitlichkeit zu wahren und zugleich vielseitig anregend zu wirken, um durch interdisziplinäre Förderung wissenschaftlicher Kenntnisse im Sinne eines Studium generale der geistigen Plebejisierung zu wehren und wieder auch das Musische zu pflegen: die Kluft von Science und Art zu schmälern und den homo doctus mit dem homo faber zu versöhnen! Was dann, und dies sei wiederum nur in Gedankenstrichen hinzugefügt – auch in Form eines Basisunterrichts im Zeichnen und Malen erfolgen könnte wie im Kopieren Alter Meister als »reine Kunstbetrachtung« –, indem nun anschauliches Denken, jenes altmodische Sehen-Lernen zu fördern wäre; wenn auch nicht unbedingt das künstlerisch Kreative, sondern eher das Nachschöpferische im Vordergrund zu stehen hätte (dem Musikunterricht vergleichbar). Ja, wie bei solchen Anregungen eventuell auch einmal der diskrete Hinweis auf die nicht unbedingt nur förderliche psycho-ästhetische Wirkung gewisser Radiomusikprogramme am Arbeitsplatz nicht fehlen sollte – während der Arbeit über einem Kruzifixus beispielsweise, mit jenem in maschinellem Stakkato einherstampfenden happy-happy-Geheul, denn auch dies ist nihilistisches Verhalten –, so eventuell auch der vorsichtig dosierte Hinweis auf das Konzert- und Theaterprogramm, auf das klassische insbesondere. Denn der deutsche Idealismus und Neuhumanismus als ethisch-ästhetische Lebensmächte (E. Curtius) sind nun einmal kaum mehr gefragt; mit ihnen ist ein gewaltiges Potential schöpferischer Kräfte verfallen.

Es wurde bereits angedeutet, daß der Prozeß des Werteverfalls als solcher längst in Tradition steht, deren Wurzeln sich über das Fin de siècle bis in die Frühindustrialisierung zurückverfolgen lassen; denn schon 1825 hatte Goethe in einer Notiz an Karl Friedrich Zelter folgendes formuliert: »Alles aber, mein Theuerster, ist jetzt ultra, alles transzendiert unaufhaltsam, im Denken wie im Tun. Niemand kennt sich mehr, niemand begreift das Element, worin er schwebt und wirkt, niemand den Stoff, den er bearbeitet... Reichtum und Schnelligkeit ist, was die Welt bewundert und wonach jeder strebt. Eisenbahnen, Schnellposten, Dampfschiffe und alle möglichen Fazilitäten der Kommunikation sind es, worauf die gebildete Welt ausgeht, sich zu überbilden und dadurch in der Mittelmäßigkeit zu verharren.«

Resümieren wir dies alles, so verbleibt von unserem Postulat wohl nicht viel mehr als ein utopisches Konzept, das sich zwischen Gymnasium, Kunstakademie und Museum, Denkmalpflege und organisiertem Handwerk politisch ohnehin schwerlich durchsetzen ließe.

Über alledem signalisiert sich eine nicht minder bedenkliche Erscheinung, nämlich der schleichende Verfall der Kultur des Sehens: Denn mit der Mehrung des stumpfsinnigen Fotografierens (nicht zu verwechseln mit der Fotografie als künstlerischem Ausdrucksmittel) und der Zunahme eines Angebots an billigen Kunstreproduktionen und Postern, wie auch der Reizüberflutung durch die Medien, in Form eines Dauerregens, als »Bilderfresserei«; durch schreiende Buntreklamen, häufigen Gebrauch der Sonnenbrille u. a. m. geht möglicherweise auch so etwas wie ein Erschlaffen des *inneren Sehvermögens* einher: eine Auszehrung der bildlichen Anschauung und wohl auch tief verwurzelter mythischer Bildkräfte[47] zugunsten vielleicht eines abstrakten, in Chiffren (mit Hilfe von Computern) kodifizierenden Ingeniums, wie es das atomare, das astrophysikalische Weltäon wohl erfordern wird[48]. (Denn ein Weltbild, in welchem die vierte Dimension an Bedeutung gewinnt, dürfte auf einer Fläche oder im euklidischen Raum mit bildnerischen Mitteln nicht mehr darstellbar sein.)

Nicht zufällig wurde jetzt der längst schon »anachronistische« Zeichenunterricht an den Gymnasien abgebaut und ebenso der künstlerische Grundunterricht an einigen mit der Ausbildung von Restauratoren befaßten Kunstschulen – und schon jetzt zeigt sich als Auswirkung ein Mangel an grundlegenden Kenntnissen des darstellenden Sehens. – Entsprechend wurde dafür der kunst- und naturwissenschaftlichen Ausbildung vermehrte Aufmerksamkeit gewidmet, wie sich zugleich auch die Nachfrage junger Restauratoren nach letzterer als überraschend groß erwiesen hat. Und wenn nun derartige Bestrebungen für die wissenschaftliche Förderung des Nachwuchses *unbedingt* zu unterstützen sind, so ist es doch zugleich auch an der Zeit, einmal die Verlustrechnung aufzumachen:

Denn im Zeichen dieser neuen wissenschaftlichen, insbesondere naturwissenschaftlichen Gesinnung tritt nun eine Generation von kühlen Technikern auf den Plan, von sehr präzisen Handwerkern, nicht selten noch mit Hochschulreife, wenn nicht gar mit Hochschulstudium, bar jedoch jener geistigen Kultur, auch des Sehens, auf deren Gefährlichkeit im Zusammenhang mit der Charakteristik des Museumstechnikers verwiesen wurde.

Wir beschließen deshalb dieses Kapitel mit einer Definition nihilistisch-positivistisch-technischer Geisteshaltung des neuen Konservierungsingenieurs:

»Was ihr nicht tastet, steht euch meilenfern;
Was ihr nicht faßt, das fehlt euch ganz und gar;
Was ihr nicht rechnet, glaubt ihr, sei nicht wahr;
Was ihr nicht wägt, hat für euch kein Gewicht;
Was ihr nicht münzt, das, glaubt ihr, gelte nicht.«

Goethe, Faust II,1

Die Patina in der Malerei

»Bei meinem letzten Besuch stellte ich noch weitere Veränderungen fest. Im ›Odysseus und die Sirenen‹ waren die Blautöne nachgedunkelt, andere Farbschichten der Oberfläche waren verblaßt, während die unterliegenden Schichten zum Teil deutlicher hervortraten... Auch einige der in Bister gemalten Köpfe waren blasser geworden. Das Braun im unteren Teil des Bildes hingegen kräftiger. Es hatte etwas von dem Grauton verloren, den es ursprünglich besessen hatte. Die Farben der Faune..., die zuerst sehr stark geleuchtet hatten, waren stumpfer geworden, und ihre Blau- und Grautöne traten mehr zurück. Pablo hat ein Porträt von Sabartes als Faun auf Papier gemalt. Das Papier war, wie ich feststellte, vergilbt und stockfleckig, und die Farben waren matter geworden.«

Françoise Gilot über Picasso

Verwandlungen, bedingt durch Malmaterial und Technik

»Übrigens«, so heißt es in Goethes Farbenlehre, »wird in der Ölmalerei gegenwärtig durchaus ein heller Grund gebraucht, weil Mitteltinten mehr oder weniger durchsichtig sind, und also durch einen hellen Grund einigermaßen belebt, sowie die Schatten selbst nicht so leicht dunkel werden. Auf dunkle Gründe malte man auch eine Zeit lang. Wahrscheinlich hat sie Tintoret eingeführt, ob Giorgione sich derselben bedient, ist nicht bekannt. Tizians Bilder sind nicht auf dunklen Grund gemalt. Ein solcher Grund war rotbraun, und wenn auf denselben das Bild aufgezeichnet war, so wurden die stärksten Schatten aufgetragen, die Lichtfarben impastierte man auf den hohen Stellen sehr stark und verrieb sie gegen den Schatten zu: da dann der dunkle Grund durch die verdünnte Farbe als Mitteltinte durchsah. Der Effekt wurde beim Ausmalen durch mehrmaliges Übergehen der lichten Partien und Aufsetzen der hohen Lichter erreicht. Wenn diese Arbeit sich besonders wegen der Geschwindigkeit bei der Arbeit empfiehlt, so hat sie doch in der Folge viel Schädliches. Der energische Grund wächst und wird dunkler: was die hellen Farben nach und nach an Klarheit verlieren, gibt der Schattenseite immer mehr und mehr Übergewicht. Die Mitteltinten werden immer dunkler und der Schatten zuletzt ganz finster. Die stark aufgetragenen Lichter bleiben allein hell und man sieht nur lichte Flecken auf dem Bild: wovon uns die Gemälde, der bolognesischen Schule und des Caravaggio genugsam Beispiele geben.«[49]

Was derartige Erscheinungen, die hier mit dem Begriff der Patina im weitesten Sinne charakterisiert werden sollen, über die von Goethe erkannten maltechnischen Ursachen hinaus noch ganz wesentlich steigerte, das waren neben dem Nachlassen der Deckfähigkeit und dem dadurch bedingten »Durchwachsen« der dunklen Bildgründe jene unerwünschten Nebenwirkungen der Malmittel: das Verbräunen der Öle und ein Verfärben und Dunkeln der Farben.

Wir kommen deshalb nicht umhin, zunächst einmal einen Blick auf diese Niederungen des Technischen zu werfen und vorab und in aller Kürze die Alterungsmerkmale einiger weniger, besonders charakteristischer Malmaterialien zu betrachten[50]. Da derartige Erscheinungen indessen – auch wenn sie an der Patinabildung ganz wesentlich teilhaben – nur in den allerseltensten Fällen durch restauratorische Eingriffe rückgängig zu machen sind, sollte darauf verzichtet werden, sie mit der gleichen Ausführlichkeit zu behandeln, wie sie schließlich der Darstellung des Problemkreises der Firnisabnahme zukommt.

Beginnen wir mit dem *Bleiweiß*, dem üblichen altmeisterlichen Weißpigment: Es ist ein basisches Bleikarbonat, das in Ölbindung zum Vergilben neigt und in Reaktion mit Ölen überdies Bleiseifen ausbildet, die dann die Ursache zunehmender Transparenz alter Gemälde sind (Abb. 13). Dabei entsteht jenes an Porzellan erinnernde halbdiaphane Kolorit, insonderheit heller halbdeckender Partien, das die Vorzeichnung wieder hervortreten läßt und zugleich jenes unnachahmliche Charakteristikum des Originals gegenüber einer neuen Kopie bewirkt.

Andere Farbpigmente pflegen zu dunkeln, man erinnere sich des *Chromgelbs* der Sonnenblumen Vincent van Goghs, die heute nur noch durch komplementärfarbige grünblaue Hintergründe halbwegs ockerfarben erscheinen.

Wiederum andere neigen zum Schwärzen: So wird das rote Schwefelquecksilber des *Zinnobers* unter Lichteinwirkung fleckenweise in ein malerisches Schwarzgrau zurückgebildet, wie es die einstmals gleichmäßig rot angestrichenen Hintergründe der Gemälde in der Mysterienvilla in Pompeji heute so eindrücklich demonstrieren.

Auch *Grünspan* pflegt durch Oxidation und Sulfidierung zu verbräunen und zu schwärzen und ist damit ganz wesentlich an der Dunkelung altmeisterlicher Gemälde – insbesondere dort, wo er komplementärfarbig über roten oder braunen Gründen aufgetragen wurde – beteiligt. Aus diesem Grunde findet sich schon bei Leonardo da Vinci (Malereitraktat Nr. 195) eine Warnung vor den negativen Eigenschaften des Materials: »Das aus Kupfer bereitete Grün geht, wenn es mit Öl verrieben ist, mit seiner Schönheit in Dunst auf, wenn es nicht sofort gefirnißt wird.« (Abb. 1)

Durch Oxidation und Sulfidierung schlugen überdies auch unzählige Lasurpartien von *Kupferresinatgrün* auf gotischen Bildern und Skulpturen ins Kaffeebraune um, und die gedankenlose Entfernung solcher braunen Krusten muß deshalb auch nichts anderes als ein paar hellgrüne Reste zutage fördern, die dann lediglich zur Untermalung gehören. Kupferresinat, eine durch Verkochung von Venezianer Terpentin und Grünspan gewonnene grasgrüne Harzseife, bewirkte höchste glasfensterartige Lasurfähigkeit, bei allerdings geringer Lösemittelresistenz. Im Gemälde wurde es stets lokal mit hart auftrocknenden Schutzfirnissen versehen, also mit Medien, die offenbar ölhaltig waren und wiederum stark verbräunten. In der chemischen Analyse lassen derartige Lacke dann vielfach auch Kupferanteile erkennen, die entweder auf eine Kolorierung oder auch auf ein Herauswandern von Kupferionen schließen lassen, was zur Folge haben muß, daß eine Trennung von Lasur und Firnis, auch mit analytischen Mitteln, oftmals nur unbefriedigend zu bewerkstelligen ist. Freilich ermöglichen solche Analysen zugleich auch Aufschlüsse über Veränderungen im Aufbau derartiger Grünpartien: In diesem Sinne ist beispielsweise an zahlreichen Gemälden der venezianischen Schule der Zeit um 1500 auffallend, daß in mehr oder minder trockenbraunen Landschaften immer lediglich einzelne Büsche oder Bäume in saftigem Grün erscheinen, wogegen andere nur mehr von warmem Braun sind. In solchen Fällen liegt es nahe, daß einzelne Partien einstmals grüner Lasuren im obigen Sinne umgeschlagen sind; schon eine punktuelle Analyse auf Kupferanteile (insbesondere von zersetztem Kupferresinat) vermag hier Aufschlüsse zu erbringen, inwieweit derartige Zonen einstmals mit mehr oder minder zartgrünen, transparenten und heute völlig verbräunten Resinatlasuren überzogen waren.

Töne von ähnlicher Nuancierung, wie sie altersbedingt aus Kupfergrün entstanden, wurden freilich auch durch wohl berechnete braune Lasuren mittels *Aloe* erzeugt, womit sich das Kapitel derartiger brauner Farben bei genauer Betrachtung unendlich kompliziert: Denn Aloe, ein in Alkohol oder Venezianer Terpentin gelöstes, also körperloses pflanzliches Farbmittel, diente schon Leonardo (Traktat Nr. 196) zur lasierenden Differenzierung und Nuancierung von Kupfergrünuntermalungen. Während es sich somit bei gebräuntem

Kupferresinat, sofern nicht auch dieses durch zusätzliche Lasuren wiederum braun abgedämpft wurde, um eine Alterungserscheinung handelt, kam dem Lasieren mit Aloe über Grün ein konzeptionell ins Warmfarbige dämpfender, malerisch patinierender Effekt zu (wovon später noch die Rede sein wird). Als brauner Lasurton organischen Ursprungs ist dieses Material wiederum wegen seiner Körperlosigkeit für den Restaurator – selbst bei Hinzuziehung naturwissenschaftlicher Analysen – von altersverbräunten Firnissen nur schwer oder vielmehr wohl auch gar nicht zu unterscheiden. Überdies ist Aloe auch gegenüber Lösungsmitteln nicht sonderlich resistent.

Auch das leuchtende *Azuritblau,* ein basisches Kupferkarbonat, war je nach Maltechnik beträchtlichen Veränderungen unterworfen: Während es sich auf gotischen Bildern des Nordens vielfach strahlend blau erhalten hat und gelegentlich nur um weniges nach grün patinierte, sind die Madonnenmäntel zahlreicher italienischer Bilder des 14. und 15. Jahrhunderts häufig bis ins Kaffeebraune umgeschlagen. Unter dem Mikroskop betrachtet, finden sich in solchen Fällen zwar allerorten noch die groben hellblauen Azuritpartikel, allein diese sind stets in tiefbraune Bindemittel eingebettet. Es muß also zu einer Kupferreaktion des Azurits mit öligen Medien aus dem Schlußfirnis bzw. dem Malmittel gekommen sein, wobei sich allfällige Harz–Ölsubstanzen mit Kupferionen derartig anzureichern vermochten, daß sie sich schließlich in ein kräftiges Braun verwandelten.

Katastrophale Veränderungen ergaben sich mitunter bei den blauen Partien im Fresko, denn Azurit konnte hier nur a secco vermalt werden, zumal das Kupferkarbonatblau sich im alkalischen Milieu des Freskos sonst völlig zersetzt hätte. Aus diesem Grunde wurden die azuritenen Himmel italienischer Fresken vielfach zunächst einmal mit einer rostroten Untermalung al fresco versehen und das Azuritblau erst dann in einem zweiten Arbeitsgang in Seccotechnik aufgetragen. Dieses Blau verlor indessen nicht selten durch Zersetzung des eiweißhaltigen Bindemittels seine Haftfähigkeit; womit Farbpartikel sich nach und nach lösten und der rote Untergrund nun mit expressiver Eindringlichkeit wieder zum Vorschein kam.

Auch Lasuren mit *Indigo,* einem Pflanzenlack, den Cennino Cennini beispielsweise zu Anfang des 15. Jahrhunderts im Zusammenhang mit dem technischen Aufbau eines Marienmantels für das Tafelgemälde beschreibt, verbräunten, was sich an den ins Kaffeebraune abgesunkenen Schattenpartien zahlloser Marienbilder des 14. und 15. Jahrhunderts beobachten läßt.

Andere *pflanzliche Lacke,* wie z. B. die aus Rotholz gewonnenen oder auch die gelben, die man aus verschiedenen Blüten wie Safran bereitete, büßten ihre Farbe durch Belichtung gänzlich ein, sie entfärbten sich nach und nach bis auf die gegilbte Eigenfarbe des Bindemittels, das nun den Farbton bestimmte. Katastrophal konnte sich das bei den aus diversen Blaus und gelben Pflanzenlacken ermischten Grüntönen auswirken, worauf im Zusammenhang mit der Problematik altersgegilbter Firnisse noch einzugehen ist.

Waren es mithin so häufig verwendete Farbmittel wie Zinnober und Chromgelb, gelbe und rote Lacke oder Kupferresinat und Indigo, die sich mitunter bis zur Unkenntlichkeit verwandelten, so wurden weitere farbliche Veränderungen noch durch den komplexen Bildaufbau aus sich verändernden Farbschichten bewirkt, und mehr noch, durch unsachgemäßes Ausmischen von unverträglichen Farbmitteln. Was diese gilbenden und verbräunenden Eigenschaften aber im weiteren noch verstärkte, das waren gewisse, maltechnisch stets etwas unberechenbare Brauntöne wie z. B. *Asphalt* (ein in Öl lösliches Bitumen), eine Farbsauce von schwärzlichbräunlicher Tönung, die als abschließendes Lasurmaterial leuchtend braune Patinatöne ermöglichte. In diesem Sinne oberflächlich lasierend verwendet, war Asphalt technisch zunächst einigermaßen unbedenklich; doch keineswegs als Mischfarbe oder gar als Skizzenmaterial im Untergrund des Bildes, wo sich dessen negative Eigenschaften dann geradezu katastrophal bemerkbar machen mußten. Es war dann eben dieses transparente »Feuer«, das sich von Braunschwarz in dickeren Lagen bis hin zu leuchtend hellbraunen Sepiatönen in dünnem Auftrag steigern ließ, das zahlreiche Künstler des 18./19. Jahrhunderts, wie z. B. Füssli, Menzel oder Courbet, regelrecht dazu verführte, gleichsam lavierend und Sepiazeichnungen ähnlich, ganze Bildanlagen damit anzulegen. Sein geringes Durchhärtungsvermögen im Bilduntergrund mußte aber schließlich zur Folge haben, daß darüberliegende erhärtende Bildschichten spannungsreich, in Sprüngen von bis zu Zentimeterbreite, krakelierten. Lagenweise mit anderen Pigmenten ausgemischt, besitzt dieses Bitumen überdies noch weitere negative Eigenschaften, da es mitunter aus tieferliegenden Bildschichten nach oben abwanderte und dann regelrechte Patinakrusten aufzubauen vermochte.

Für den Restaurator ist das Vorkommen von Asphalt deshalb stets ein Alarmsignal, zumal Bitumen sich in Ausmischung mit Harzen, wegen seiner Körperlosigkeit und leichten Löslichkeit von einem verbräunten Schlußfirnis bzw. einer transparenten Braunlasur (z. B. von Aloe) mit optischen Mitteln kaum oder gar nicht mehr unterscheiden läßt.

Diese wenigen Beispiele für das Verhalten altmeisterlicher Malmittel – insbesondere aber der braunen bzw. nach Braun umgeschlagenen – mögen zunächst genügen. Denn zu den Schadensursachen der traditionellen Materialien kamen im Laufe des 19. Jahrhunderts mit dem Aufkommen der industriellen Farbenproduktion noch weitere Mängel hinzu, die in Konsequenz bei individuell-fehlerhafter Maltechnik den Ruin ganzer Künstler-Œuvres zur Folge haben mußten (Hans von Marées). Denn Künstlermaterialien wurden nun nach gänzlich anderen Verfahren hergestellt; wobei selbst noch die abenteuerlichsten exotischen Öle zur Verarbeitung kamen, mit entsprechenden Folgen, die sich alsdann in einer Flut von Beschwerden und Diskussionen in der einschlägigen Literatur widerspiegelten[51]. In diesem Sinne äußerte sich beispielsweise Delacroix: »Tradition ist den Modernen vollkommen verloren gegangen. Schlechte Erzeugnisse, nachlässige Grundierung, schlechte Leinwand, Pinsel, abscheuliche Öle.«[52] Die durch diese Materialien verursachten Verwandlungen in der Farbschicht sind denn auch durch keinerlei Mittel mehr rückgängig zu machen, und eine gewisse Vorstellung vom Ausmaß des Dunkelungsvorgangs pflegen im übrigen nur noch die Kopien namhafter Künstler nach Gemälden alter Meister zu geben: Gustave Courbets Kopie nach der »Malle Babbe« des Frans Hals, Anselm Feuerbachs »Gefangennahme Simeons« nach Rubens oder die Kopien des Hans von Marées, die dieser im Auftrag des Barons von Schack ausführte. Denn alle diese Gemälde sind gegenüber den Vorbildern stark abgesunken und verbräunt. Darüber hinaus mußten die Originale ja bereits ihrerseits erheblich an Helligkeit eingebüßt haben. Da aber die dunkelnden Eigenschaften der Ölfarbe schon seit langem bekannt waren, trug man der Farbenalterung vielfach durch Einsetzen überhöhter Töne Rechnung: »... die Farben und Oele der Malerey zu reinigen; und sind diese auch gereiniget, so setzen sich doch noch mit der Zeit die Oelfarben, welches Setzen die Künstler Patina nennen. Aus diesem Grunde beobachten gute Koloristen die Wirkung der Farben nach dem Auftrocknen, nehmen frischere nach der Wirkung, die Töne etwas höher, um nach gesetzten Farben, mittelst der Patina, eine vollkommenere Übereinstimmung oder Harmonie der Farben fürs Ganze zu erhalten.«[53]

Überdies suchte man bereits seit dem Klassizismus den Unberechenbarkeiten der Ölfarbe auch durch Wiederbelebung der alten Temperatechnik zu begegnen: Da »alle Farben in Öl verlieren und dunkler werden«, so hatte schon Johann Joachim Winckelmann gefolgert[54], solle man doch stattdessen die Fresko- und Temperamalweise wieder mit altem Geiste beleben. Johann Caspar Lavater in Zürich erfand »deshalb ein Mittelding eines Gemenges von Öl- und Wasserfarben, wovon er sich in der Malerey neue Fortschritte verspricht«, wie es in einer der Dresdener Ausgabe von Hackerts Firnis-Studie beigegebenen Notiz heißt[55]. Interessant ist hier besonders der für die Maltechnik sichtlich neue Emulsionscharakter der Tempera, welcher über die traditionellen Temperaturwasser hinausging, wie sie bei Boltz von Ruffach beschrieben werden und auch noch im 18. Jahrhundert üblich waren. Dazu heißt es weiter: »Ahnung und Zufall zeugten und gebaren eine ganz neue Art von Malerey, welche in gewissen Stücken Epoche machen wird. Es ist ein Mittelding, ein glückliches Gemeng von Oel- und Wasserfarbe, von deren Perfection und Perfectibilität man sich, bevor man nicht Proben gesehen hat, keinen Begriff machen kann.« In der Tat erfuhr nun die Tempera, welcher technischen Zusammensetzung auch immer, in der Landschaftsmalerei eine neue Bewertung; indessen blieb es noch weiterhin bei Versuchen. Neue Impulse für die Maltechnik wurden erst wieder mit den Mißständen der Farbenindustrie am Ende des 19. Jahrhunderts ausgelöst, wo sich Arnold Böcklin nun intensiv mit den künstlerischen Möglichkeiten einer Kirschgummifarbe auseinandersetzte und Temperen in der Folgezeit auch industriell in Produktion gingen. Zugleich wurden die maschinell hergestellten Ölfarben wesentlich verbessert. Freilich konnte es bei fehlerhafter Maltechnik und mangelnder Kenntnis der Materialeigenschaften auch weiterhin zu allerlei unvorhergesehenen Farbveränderungen kommen; so sind zahlreiche Ölgemälde Emil Noldes, wie die »Windmühlen«, das »Varieté« oder die »Sächsische Berglandschaft« in München mittlerweile stark nachgedunkelt.

Wir haben gesehen, daß die Klagen über die Farbenalterung bereits in Tradition stehen, und es nimmt deshalb nicht wunder, wenn mitunter recht unorthodoxe

Versuche unternommen wurden, das Überlieferte der Nachwelt gleichsam als Momentaufnahme seines Zustandes zu dokumentieren. In diesem Sinne ließ Ludwig I. von Bayern beispielsweise 1827 die Münchner Gemälde Raffaels auf Porzellantafeln kopieren: »... die Kopien der vorzüglichsten Bilder in Schmelzfarben für die Nachwelt zu erhalten, wenn endlich der Zahn der Zeit die Originale zerstört haben wird.« Aus dem gleichen Grund hatte man bereits während des Barocks die Fresken im Petersdom durch Mosaiken, ein wahrhaft petrinisches Material, ersetzen lassen. Und schon Plinius (XXXV, 102) berichtet über den Maler Protogenes, daß er die Farben im Gemälde viermal auftrug, »gegen Beschädigung durch Verletzung und Alter, damit drei Schutzschichten vorhanden seien, wenn die obere Farbe verschwinde...«.

Fazit: Die natürlichen und durch fehlerhafte Technik bedingten Patinierungsfaktoren im Bilde sind grenzenlos. Künstliche, durch die Restauratoren verursachte, treten noch hinzu, wie in Weiterführung unserer Betrachtung zu zeigen sein wird. Ebenso wäre die Kunstgeschichte des Kolorites noch einmal zu schreiben.

»A good picture like a good fiddle should be brown.«
Sir George Beaumont (1753–1827)

»Wenn sie auch gelb sind von Firnis, so lerne ich trotzdem viel von ihm.«
Paula Modersohn über die Bilder Rembrandts

»Wir kämpfen gegen die Patinierung und die vielschichtige Malweise als Fälschungen antiker Bilder.«
Technisches Manifest der futuristischen Malerei, 11. 4. 1910

Vergilbte und künstlich getönte Firnisse

Neben den Tücken unvorhergesehener Farbenalterung und fehlerhafter Maltechnik – also irreversiblen, aus der Substanz gebildeten Patinen – war es ein nicht minder gravierender Faktor, der auf das Erscheinungsbild eines Gemäldes Einfluß nahm: jener vergilbender Firnisse.

Seit dem hohen Mittelalter wurden Gemälde teilweise oder gänzlich mit transparenten Lacken überzogen, die freilich alle die mißliche Eigenschaft besaßen, zu vergilben, wenn nicht gar zu verbräunen, und deren zunehmende Durchhärtung auch noch eine spätere Wiederablösung erschwerte. Mit neuen künstlerischen Zielsetzungen seit der Renaissance kam es jedoch zu einem Wandel der Maltechniken und damit auch zu veränderten Eigenschaften solcher Schlußfirnisse: Wie das alte so war auch das neue Material zunächst einmal fester Bestandteil der maltechnischen und der künstlerischen Konzeption, indem es den Farben Tiefenlicht und Glanz verlieh und das Gemälde zugleich gegen atmosphärische Einwirkungen und oberflächliche Reinigungen zu schützen hatte. Weichharze, wie Sandarak, leicht löslich in ätherischen Ölen und in Alkohol, besaßen wesentlich bessere Eigenschaften als die alten Öl-/Harzlacke, denn sie garantierten *Wiederauflöslichkeit, Reversibilität,* auch noch nach Jahrzehnten; doch nur eines verbürgten auch sie nicht: Sie vergilbten ebenfalls, wenn auch nicht mehr in so katastrophalem Maße. Überdies kam es neben der üblichen Vergrünung des Blaus zugleich auch zur Nivellierung zarter tonaler Nuancen (transparenter, bräunlicher Lasuren, beispielsweise im Bereich von Bäumen über Himmelblau) und damit zur Vergröberung und Verzeichnung solcher Partien (Abb. 24). Nicht minder beeinträchtigt wurden auch lichte Luftperspektiven: das Verfließen zarter gelblicher und rötlicher Töne im bläulichen Sfumato der Ferne.

Mit der Wiederauflösbarkeit der Firnisse waren freilich von nun an auch eventuelle *Firnisabnahmen* mit berücksichtigt worden, weshalb ein vergilbter Schlußlack nicht unbedingt mehr als integraler und unverletzlicher Bestandteil eines Bildes angesehen wurde (wie allein schon die durch De Mayerne aus dem Anfang des 17. Jahrhunderts überlieferten Reinigungsrezepte für Gemälde vermuten lassen)[56]. Umgekehrt – und dies beleuchtet von neuem die Problematik der Firnisabnahme – rechneten zugleich auch viele Maler mit der Gilbung und Dunkelung ihrer Gemälde, weshalb die

Vergilbung der Schlußfirnisse wohl in vielen Fällen konzeptionell mit in Rechnung gestellt wurde. Die Abnahme solcher Firnisse ist somit immer ein tiefgreifender und nicht mehr rückgängig zu machender Eingriff, der erst nach sehr gründlicher Überdenkung aller technikhistorischen Aspekte erfolgen sollte[57].

Überdies ist die allerorten zur Gewohnheit gewordene unreflektierte Reinigung immer vor dem Hintergrund der modernen Malerei und aus einer Gesinnung des farbstarken Bildes zu verstehen. Zugleich tritt – ausgehend von den angelsächsischen Ländern – noch ein positivistisches Element hinzu, welches das Studium der materiellen Substanz des Kunstwerks betreibt, sich somit den Anschein wissenschaftlicher Objektivierung zulegt und dementsprechend kurzsichtig-verallgemeinernd auch die rigorose Abnahme altersgegilbter Firnisse propagiert[58]. Jede andere Einstellung, »soweit sie vom Allgemeineindruck des Bildes ausgehen will, wird als subjektiv abgestempelt; soweit sie aber den Einfluß der Zeit auf das Bild zu respektieren beabsichtigt, wird sie als romantisch abgetan: zwei Veränderliche, die man eliminieren müßte, um eine objektive Begegnung mit dem Bild zu garantieren«[59].

Aus diesem Spannungsverhältnis war es 1947 zur Cleaning-Controversy[60] gekommen, in deren Folge die Diskussion, die zunächst mit großer Heftigkeit (bis etwa 1965) geführt wurde, freilich nach und nach, bei verhärteten Fronten eingeschlafen ist[61]. Seitdem herrscht trügerische Ruhe, die nun mehr und mehr in einen gedankenlosen *Cleaning-Nihilismus* umschlug, zumal so etwas wie eine alle Aspekte ganzheitlich berücksichtigende Konservierungsästhetik der Patina, über Ansätze älterer Autoren hinaus, nicht mehr weiterentwickelt wurde. Am Beispiel Rembrandts sei das in Kürze demonstriert:

»Die Nachtwache« wurde nach zahlreichen Firnisabnahmen, beginnend mit den Jahren 1687 und 1715 – immer wieder wegen starker Firnisdunkelungen – restauriert, zuletzt 1946/1947 und dann noch einmal 1975[62]. Bereits anläßlich der Firnisabnahme des Jahres 1946 hatte sie sich dabei zur allgemeinen Verblüffung in eine »Tagwache« verwandelt. So vermerkten es jedenfalls die Gazetten; denn die damals abgenommenen Firnisschichten waren von außerordentlicher Dicke gewesen und hatten dadurch wie ein kaffeebrauner Filter über dem Bild gelegen. Bei der letzten, anläßlich einer mutwilligen Beschädigung durchgeführten Restaurierung wurden dann noch einmal weitere Firnislagen entfernt; der Vorgang der ersten Reinigung war somit kein totaler gewesen. Moderate-cleaning oder semicleaning wurde als methodischer Begriff für solche nicht vollständige, wenn auch immer subjektive Firnisabnahmen eingeführt, doch sind derartige Maßnahmen in der Regel mit befriedigendem Ergebnis nicht durchführbar, da sie stets mit Fleckwirkung erkauft werden. So z. B. war Giorgiones »Ländliches Konzert« des Louvre 1955 auf der großen Giorgione-Ausstellung in Venedig in neuem Gewande, nämlich in moderatecleaning-Manier gereinigt, zu sehen, mit fürchterlicher Fleckwirkung gelber Firnisreste. Jahre später muß wohl eine diskrete total-cleaning stattgefunden haben, nach der man das Gemälde anschließend wieder mit einem milde harmonisierenden gelben Firnis versehen hatte. Sichtlich einer total-cleaning unterzogen wurde in den letzten Jahrzehnten auch eine Reihe von Rembrandt-Bildern der Londoner Nationalgalerie. Unzweifelhaft sind hier zuverlässige Restauratoren am Werke gewesen. Doch, ganz offen gesagt, vermag sich der Betrachter stets aufs neue eines unguten Gefühls nicht zu erwehren, zumal einzelne Weißpartien plötzlich und unvermittelt aus warmfarbigem Dunkel herausplatzen! Eindeutige Verputzungseffekte durch überscharfes Reinigen sind dabei nirgends auszumachen; sichtlich wurde restauratorisch präzise gearbeitet – und dennoch will sich das durch reiche Goldtöne bewirkte Harmoniegefühl nicht mehr einstellen, das schon Joachim von Sandrart, noch in unmittelbarer Nähe Rembrandts, beeindruckte, wenn er vermerkte: »Das Kolorit war ganz glühend . . .«

Natürlich ist hier zunächst einmal viel Emotionales im Spiele: Rembrandt anstelle von Goldharmonien in Grautönen zu erleben, die ihn unvermittelt in die Nähe von Frans Hals und Diego Velázquez rücken, das ist ungewohnt, ja vielleicht selbst ein bißchen ärgerlich[63], weshalb sich schon Max Doerner im Zusammenhang mit der Reinigung zweier Rembrandt-Bilder in Wien, die bis auf dieses Graukolorit freigelegt wurden, zu der bissigen Bemerkung verstieg, sie seien bis auf die Tempera-Untermalung verputzt worden[64]! Da indessen auch solche Untermalungen in Temperatechnik für Rembrandt reine Hypothese sind, zeigt diese Meinung eines engagierten Maltechnikers wiederum nur zu deutlich, wie viele Vorurteile und Gewohnheiten an den berühmten »Goldton«, und damit eine Rezeption von Vorstellungen des 18./19. Jahrhunderts, mit im Spiele sein können.

Indes, gänzlich abwegig wird Joachim von Sandrarts Bemerkung nicht gewesen sein, zumal derartig glühende Kolorite auch durch eine Analysenreihe von drei kleinformatigen Gemälden Rembrandts bezeugt sind, die auf vergoldetem Kupfer ausgeführt wurden[65]. Goldgrund aber war nur sinnvoll in einem malerischen Konzept von mehr oder minder lasierend-transparenten, warmfarbigen »Goldtönen«. Freilich gebricht es hier noch ganz allgemein an kunsttechnischen Untersuchungen, wie auch von naturwissenschaftlicher Seite bislang nur wenig Substantielles bekannt wurde[66]. Das aber hat seine Ursache in einer potentiellen Gefährdung der Bilder durch systematische und damit allzu weitgehende Probeentnahmen[67], was wiederum zur Folge hat, daß das subjektiv Interpretatorische bei Firnisabnahmen, auch bei großer fachlicher Erfahrung, nicht auszuschließen ist.

Doerners Mußmaßungen, daß Rembrandt über grautonigen Temperalagen mit transparenten warmtonigen Lasuren gearbeitet habe, wurden in der Cleaning-Controversy wieder aufgenommen; auch wurde die Frage gestellt, ob Rembrandt eventuell seine Schlußfirnisse getönt habe, die durch eine allzu radikale Entfernung des abschließenden Lacks als total-cleaning hätten mit ruiniert werden können.

Hier muß zunächst einmal deutlich zwischen Lasuren und getönten Schlußfirnissen unterschieden werden. Lasuren sind meist ölhaltige Farblagen, also z. B. verdünnte Ölfarben; sie verbinden sich mit der Malschicht, trocknen mit dieser durch und bilden mit ihr eine Einheit, die sich meist gegenüber dem Schlußfirnis durch eine andersartige Materialbeschaffenheit absetzt. Lasuren können aber auch in Harztechnik aufgetragen werden, z. B. durch getönte Firnisse, und haben dann freilich auch den gleichen Löslichkeitsgrad wie der Schlußfirnis.

Getönte Schlußfirnisse[68] (als möglicherweise wohlberechneter Goldton) sind indessen nur für relativ wenige Maler vor dem 19. Jahrhundert einigermaßen gesichert, wie wir noch sehen werden, und es wäre in jedem Fall eigentlich technisch viel sinnvoller gewesen, diese abschließende Konzeption im Ölbild mittels ölhaltiger Lasuren und nicht mit getönten Schlußfirnissen aufzutragen. Als Farbmittel boten sich dazu Pigmente wie Ocker oder Zinnober an, doch auch Farbstoffe wie Safran oder Bitumen und Aloe, die, wie wir gesehen haben, mit dem Firnis eine Lösung bilden. Letztere dienten insbesondere dekorativen Aufgaben, z. B. als Goldlacke über Silber zur Goldimitation oder als rötliche Lasuren auf Musikinstrumenten und Möbeln, und auch vereinzelt als transparente glasurartige Schichten in Bildern, wie etwa bei Joshua Reynolds, auf den noch einzugehen ist. Zu berücksichtigen ist ferner neben der totalen Abtönung eines Bildes auch ein partieller Überzug einzelner Partien, insbesondere im Grün und im Braun, wie beschrieben. Als bindemittelreiche Partien waren diese Zonen zugleich auch besonders intensiver Dunklung, spannungsreicher Veränderung und leichter Löslichkeit unterworfen. Einen grünspanhaltigen Firnis, der mit dem stets ausbleichenden Schüttgelb ins Warmfarbige getönt wurde, schildert beispielsweise De Mayerne (No. 159, Ed. Berger): »1 Unze Grünspan gereinigt, 6 Drachmen Schüttgrün oder Schüttgelb. Reibe dies zusammen mit Leinöl. Ist es gut gerieben, füge Terpentinfirnis und Terpentinöl, leicht erwärmt, hinzu.«

War nun die künstlerische Nutzung derartiger Lacke wegen ihres transparenten und »glühenden« Charakters an und für sich schon verlockend, so boten sie sich natürlich auch zur Imitation alter Patinen und damit auch für die Herstellung von Fälschungen an, wie Friedrich Lucanus[69] berichtet: »Wenn der Firnis sehr stark auf einem Gemälde sitzt, oder die braunere Farbe einen Asphalt-Gehalt anzeigt, der mit Mastix vermischt im Anfange des achtzehnten Jahrhunderts angewandt wurde, um neuen Gemälden bald ein älteres Aussehen zu geben . . .« Wenn nun aber derartige Abtönungen der gesamten Gemälde, und nicht nur einzelner Partien, mit gefärbten Firnissen tatsächlich immer wieder stattgefunden haben sollten, wie noch im weiteren auszuführen ist, und wir uns eigentlich nur über den Umfang solcher Maßnahmen im unklaren sind, so war dafür der Boden an und für sich durch ein in der Renaissance wurzelndes antiquarisches Patina-Bewußtsein in stetig wachsendem Maße bereitet.

Denn von hier hatte schließlich auch die künstliche Patinierung von Bronzen ihren Ausgang angenommen, mit Verfahren, die wohl zunächst überhaupt nur auf einem Mißverständnis antiker Quellen beruhten und die – zumindest in der Anfangsphase – keineswegs sonderlich differenzierte Materialwirkungen hervorbrachten (wie noch darzulegen ist). Delikatere Effekte waren wohl nicht zufällig erst dem Manierismus vorbehalten, dessen transluzide lüsterartige Bronzepatinen ihre Entsprechung im durchscheinenden Kolorit der Florentiner Malerschule, der Schule von Fontainebleau wie auch der niederländischen Manieristen hatten. Wenn Leonardo da Vinci von den zahlreichen und lieblichen Farben spricht, die die Bronze in unendlicher Mannigfaltigkeit hervorbringe, so ist damit eine malerische Grundstimmung angedeutet, die weit in die Zukunft hinauswies, und die über Chiaroscuro und Sfumato schließlich zur künstlichen Patina hinführte. Denn mit den warmfarbigbraunen Untermalungen Leonardos, die an den unfertigen Bildern eindrücklich hervortreten und die bereits alle Bildelemente einem tonig harmonisierenden Kompositionsprinzip unterwarfen, war der Weg in Richtung auf Tizian und Rembrandt vorgezeichnet. Leonardo war es auch, der nun die quattrocenteske Buntfarbigkeit durch das Sfumato dämpfte und einzelne Farben, wie z. B. das Kupfergrün, durch darübergelegte Braunlasuren brach: »Und hättest Du ein Werk mit einfachem Grünspan beendigt, und lasierst diesen nachher fein mit solcher in Branntwein gelöster Aloe, so würde das eine sehr schöne Farbe werden...« (Traktat Nr. 196). Damit ist hier lediglich eine nuancierende Lasur der Lokalfarbe – wenn auch eine gegenüber den Lösemitteln der Restauratoren sehr empfindliche – gemeint, keineswegs jedoch eine generelle Tönung des Bildes, wie sie beispielsweise durch einen harmonisierenden Gelbfirnis erzielt wird. Daß derartige Tönungen indessen schon für die Renaissance nicht völlig auszuschließen sind, bezeugt die Analyse eines Gemäldes Gentile Bellinis[70].

Tizians Ausspruch »Svelature trenta o quaranta«[71], umschreibt den von Leonardo beschrittenen und seither zurückgelegten Weg: Der Bildaufbau erfolgte nun in immer neuen, einander optisch brechenden dünnen Farblagen, den svelature, die sich nur schwer durch den im Deutschen üblichen Begriff der Lasur als mehr oder minder transparente Farblage umreißen lassen, da er vielmehr auch trübe Medien mit einschloß. Freilich handelte es sich dabei stets um Lasuren, also um bindemittelhaltige Farblagen in einem auf die Patina hintendierenden Klima, und nicht um abgetönte Schlußfirnisse, die für das Problem der Firnisabnahme erst von entscheidender Bedeutung sind.

Tizian hält hier eine Mittlerstellung zu neuen hochmalerischen Tendenzen inne, weshalb sich barocke Autoren denn auch nicht zufällig von dessen Spätwerk anregen ließen. Insbesondere die in rauchigbraunes Patinalicht getauchte späte »Dornenkrönung« (heute München) wurde nun eifrig studiert und der Jugend durch Marco Boschini 1674 zur Nachahmung empfohlen[72]; nicht zufällig durch jenen Autor, der schon 1660 die Schönheit einer Gemäldepatina gepriesen hatte, zumal ein solcher Ton die Farben perfektioniere und damit die Qualität des gesamten Bildes steigere[73]. Und mit konsequent malerischer Gesinnung wurden nun zugleich auch die glänzenden Firnisse abgelehnt, wie das schon ein halbes Jahrhundert zuvor der Arzt De Mayerne bezeugt[74], da sie das Auge beleidigen würden. Zugleich häufen sich die Hinweise auf eine Diskussion der Patina, beispielsweise in Baldinuccis »Vocabulario toscano dell' arte«, 1681, wo mit Patina jener dunkle Ton bezeichnet wird, der erst mit der Zeit auf Bildern entstünde, und ebenso bei Carlo Malvasia 1678[75], der die Oberflächentönung als eine gewisse patene definierte, welche die Farbe auf eine wahre und gute Natur zurückführe, womit sie schließlich zur Harmonisierung des Kolorits diene.

Ähnliches bezeugt in Frankreich A. Félibien für die Malerei Charles Le Bruns, wenn er vermerkt, daß der Meister den natürlichen Ton der Farben bräche[76]: »de leur éclat et de leur vivacité naturelle«. Und auch Claude Lorrain scheint in diesem Sinne das Grün seiner Bäume mit Asphaltlasuren abgetönt zu haben, was sodann über Antoine Watteau bis ins 19. Jahrhundert Schule gemacht hat[77], doch davon später (s. S. 64).

Für den frühen englischen Klassizismus formuliert ähnliche Vorstellungen auch der Dichter John Dryden[78], doch wird dabei nicht deutlich, ob hier Lasuren, gebräunte Schlußfirnisse oder vielmehr nur jene durch Farbenalterung bedingten allgemeinen Patina-Effekte angesprochen werden (»mellow your colours and imbrown the tint«[79]).

Berücksichtigt man nun im weiteren, daß die Stellungnahme Boschinis (1660) noch zu Lebzeiten Rembrandts erfolgte, daß die Schrift Malvasias gerade neun Jahre und das Vocabulario Baldinuccis zwölf Jahre nach Rembrandts Tod erschienen, so erhellt dieser Umstand zugleich, daß das geistige Umfeld des Rembrandt-Kreises – zumindest was einzelne Entwicklungslinien anbetrifft –, wie das der 2. Hälfte des 17. Jahrhunderts überhaupt, sehr wohl auf eine bewußt malerisch dämpfende Harmonisierung der Farben (mittels künstlicher und natürlicher Patinen) eingestimmt gewesen sein muß.

Es nimmt deshalb nicht wunder, wenn es nun auch die Sammler waren, die Patinen auf Gemälden zu schätzen begannen, wie das für Leopold de Medici bezeugt ist, der sich 1657 über die Kühltonigkeit eines mittlerweile gereinigten Paolo Veronese-Gemäldes erregte[80].

In derartigen Fällen lag es dann auch nahe, Gemälde, und zwar alte wie neue, wieder mit einem künstlich getönten Firnis zu überziehen. Ein solcher Firnis – hier als originaler Abschluß – wurde bereits im Zusammenhang mit einem Bellini-Gemälde angesprochen. Darüber hinaus finden sich Hinweise bei Federigo Barocchi[81] und dann wieder bei Guido Reni[82], dessen Bilder in der Tat gereinigt sehr kühl erscheinen. Damit aber stellt sich hier wiederum die Frage, ob künstlich getönte Firnisse konzeptionell häufiger als angenommen berücksichtigt wurden oder ob man in der Regel lediglich mit der Gilbung der Schlußfirnisse rechnete. Denn schon De Mayerne zitiert ja auch einen hart auftrocknenden roten Firnis zur Isolierung der »Totfarben«, also der Untermalung, welcher überdies erheblich gilbende Eigenschaften besessen haben muß, denn er bestand aus Bernstein und Leinöl (No. 329): »Dieser Firnis ist sehr rot und derjenige der Lautenmacher.« Das Rezept stammt von einer Malerin, Frau Carlisle, die es wiederum von einem Musiker und Maler namens Lanire erhalten haben wollte. Danach sollten die sogenannten Totfarben mittels eines mit Firnis gefüllten Schwammes flüssig übergangen und dann die nächste Farblage, gleichsam naß in naß, darüber gelegt werden! Dadurch sollten die Farben fließender (weil ölreicher) werden, was ihre vollständige Verschmelzung bewirkt habe. Nach dem Trocknen dieser Farblage sollte anschließend wieder gefirnißt werden, wobei auf die ohnehin gilbende Malschicht erneut natürlich koloriertes Material aufgebracht wurde, dessen schnell gilbende Eigenschaften nur zu bekannt waren, da sie im Instrumentenbau zur Färbung des Holzes genutzt wurden. Daraus kann aber nur gefolgert werden, daß man die patinierenden Eigenschaften konzeptionell in Rechnung stellte, wogegen freilich wiederum über eine Benutzung als Schlußfirnis nichts bekannt ist.

Der Maler Lanire hatte dieses Firnisrezept seinerseits ebenfalls von einer Malerin, der Tochter des Malers Orazio Gentileschi, erhalten, den De Mayerne folgendermaßen kommentiert: »M. Gentileschi, ein vortrefflicher Florentiner Maler, fügt auf der Palette nur einen Tropfen venetischen Ambra-Firnis hinzu, mit dem man Lauten firnißt, und zwar hauptsächlich bei Fleischpartien, damit das Weiß sich ausbreitet und leicht ineinander malt und auch schneller trocknet. Durch dieses Mittel arbeitet er, wenn es ihm beliebt, ohne auf das völlige Trocknen zu warten, und obschon der Firnis rötlich ist, verdirbt er doch nicht das Weiß.« Daraus geht hervor, daß dieser Bernstein-Ölfirnis auch als Sikkativ benutzt wurde. Seine schwach kolorierenden Eigenschaften im Fleisch und im Weiß waren sichtlich kein Hinderungsgrund zu seiner Verwendung, zumal sich an Bildern Gentileschis Vergilbungen aufgrund des vermehrten Bindemittelgehalts im Weiß eigentlich nicht erkennen lassen. Wenn De Mayerne darüber hinaus freilich ausdrücklich vermerkt, daß der Firnis rot sei und als Zwischenfirnis Benutzung fände, so muß er beim lagenweisen Auftrag dennoch eine Tönung ins mehr oder minder schwach Warmfarbige bewirkt haben, die sich wegen ihres Ölgehalts partienweise mit der Alterung verstärkt haben muß. Wenn nun aber eine Schlußmalerei über derartig gefirnißten Partien keine komplette, sondern, wie zu erwarten ist, vielmehr nur eine partielle war, so mußten derartig natürlich warmfarbig kolorierte (und dennoch gänzlich unpigmentierte) Partien beim Auftragen des Schlußlacks mit diesem Zwischenfirnis quasi eine Einheit bilden. Firniskomplexe sind deshalb in solchen Fällen als integraler Bestandteil der Malerei zu betrachten und durch Firnisabnahmen immer gefährdet; was z. B. Spätgeborene wie Eugène Delacroix – sicherlich durch mancherlei schlechte Erfahrung gewitzigt – zu Überlegungen veranlaßte, wie man Eingriffen der Restauratoren entgegenwirken könne. So notiert er am 7. Februar 1863: »Am Gemälde ›Les femmes d'Algier‹ merke ich wie angenehm und wie wichtig sogar es ist, auf dem Firnis zu malen. Man müßte nur ein Mittel finden, den Firnis des Untergrundes gegen die nachfolgenden Firnisabnahmen unangreifbar zu machen, oder zuerst auf der Vorbereitung einen Firnis benützen, der nicht entfernt werden kann.«[83]

Die chemische Analyse *natürlich getönter Firnisse* kann aus begreiflichen Gründen nichts über mögliche koloristische Zielsetzungen aussagen. Neue Aspekte können sich erst dann ergeben, wenn *künstlich kolorierende Elemente* nachgewiesen werden. Dies geschah z. B. im Zusammenhang mit der Louvre-Ausstellung »Restauration des peintures«, 1980, wo erstmals eine Reihe von Analysenergebnissen publiziert wurden, die kolorierende Eisenanteile, doch keine Pigmente, in Firnissen auf Gemälden des 17. Jahrhunderts belegen[84]. Über die Herkunft dieser Eisenanteile, ja selbst über das Alter der Firnisse, konnten freilich keine Aussagen gemacht werden; die Farben schwankten von Blond bei Agnolo Bronzino, über Gelborange bei Guercino bis zu Rot bei Philips Wouwerman und Braun bei Jan Wyjnants. So verdienstlich derartige Analysen also auch sein mögen, so gewinnen sie an Beweiskraft doch erst dann, wenn sie auf breiter analytischer Front betrieben werden, sofern überhaupt, bedingt durch die vielen Restaurierungen, noch genügend unangetastetes Studienmaterial im Originalzustand hinzugezogen werden kann. Denn daß z. B. die strahlend klarfarbigen Gemälde Bronzinos im Originalzustand mit blonden Firnissen überzogen wurden, scheint doch wohl eher unwahrscheinlich zu sein.

Was Rembrandt nun anbetrifft, so hatte Max Doerner[85] behauptet, daß der Meister rote Firnisse, wie sie die Schreiner benützten, verwandte. Doerner beruft sich dabei auf Rembrandts Schüler Samuel van Hoogstraten, doch findet sich in dessen Malerbuch keine diesbezügliche Angabe[86]. Generell dürfte aber entsprechend dem Gesagten anzunehmen sein, daß nicht immer zwischen Lasuren und abschließenden mehr oder minder getönten oder auch nur nachkolorierenden Firnissen unterschieden wurde; insbesondere nicht von jenen Künstlern, die ihre Bilder ständig neuen Überarbeitungen unterzogen, wo also auf einem Firnis eben doch wieder abtönende Lasuren möglich waren, wie dies z. B. Armenini beschreibt[87].

Ähnliches dokumentiert auch eine Studie von J. B. Lebrun[88] aus dem Jahre 1792, nach welcher zu berücksichtigen sei, daß Maler wie Gabriel Metsu, Gérard de Lairesse und Caspar Netscher noch oberhalb des Firnisses *Pentimenti* vornahmen. Derartige Überarbeitungen sind im übrigen natürlich bis in unsere Tage verbreitet; man erinnere sich der späten Bilder des Hans von Marées oder auch noch Karl Hofers, der selbst die Bilder der Sammlung Reinhart in Winterthur lange nach dem Verkauf und zu des Besitzers Entsetzen noch einmal, und nicht immer zu deren Bestem, überging. Das aber entsprach im übrigen immer jenen Naturen, die ein stark reflektiertes Verhältnis zum Kunstwerk hatten; einer der frühesten war wohl Leonardo da Vinci, und ein Musterbeispiel dürfte gerade auch Rembrandt gewesen sein, dessen unendlich gründliche, langsame und in Schichten aufbauende Technik durch Joachim von Sandrart bezeugt ist.

Wir bemerkten bereits, daß das Studium der antiken Literatur, insbesondere der Schriften des Plinius, Pausanias und Plutarch, die Auseinandersetzung mit der Patina seit der Renaissance immer wieder aufs neue stimulierte. Darum lag es nun auch nahe, die berühmte Pliniuspassage (XXXV, 97) über den getönten *Schlußfirnis des Apelles* wiederaufzugreifen[89]; »Nur eines konnte niemand nachahmen: daß er die vollendeten Werke mit einer so dünnen Lasur (von Atramentum-Schwarz) überzog, daß diese infolge des Zurückstrahlens des Glanzes einen anderen Farbton hervorrief und ihn vor Staub und Schmutz schützte, aber erst, wenn man sie in die Hand nahm, sichtbar war; mit großer Berechnung aber (bewirkte er) auch, daß der Glanz der Farben das Auge nicht schmerze, indem man sie wie durch einen Spiegelstein sah, und daß aus der Ferne der gleiche Kunstgriff den allzu leuchtenden Farben unvermerkt einen tiefen Ton verlieh.« Dieser Text mußte wegen seiner Mißverständlichkeit vielerlei Diskussionen auslösen, zumal unter diesem schwarzen Atramentumfirnis sowohl ein künstlich gedunkelter Schlußfirnis als auch eine abschließende Lasur, wie auch ein lediglich die Farben auf die übliche Weise vertiefender Firniseffekt verstanden werden konnte. Mit der Cleaning-Controversy wurde dashalb gerade dieses Material als Kronzeuge aufgeboten und damit auch die vorläufig letzte dieser Diskussionen ausgelöst[90].

Überdies war das Medium des Apelles allein schon durch die vielen Plinius-Ausgaben bekannt und ebenso durch das Vorwort Adrianis zu der 1568 erschienenen Ausgabe der *Künstler-Viten Giorgio Vasaris, der diesen Firnis nun bezeichnenderweise nicht mehr als schwarz, sondern jetzt vielmehr als braun interpretierte,* vergleichbar der Tonigkeit der späten Gemälde Tizians, der Münchner »Dornenkrönung« oder der »Anbetung« in Venedig: »e questo fu un color bruno o vernice«, die zugleich mit ihrem Widerschein die Klarheit der Farben betonen würde (»sua riverberazione destava la chiarezza in alcuni dei colori«).

Die gleiche Interpretation eines nun plötzlich braunen Mediums findet sich dann in einem 1638 erschienenen Werk von Junius, »The painting of the ancients«[91], und wohl ebenfalls nicht zufällig heißt es wiederum 1641 im Werk des Rembrandt-Schülers Samuel van Hoogstraten, daß dieses Material ganz glühend gewesen wäre: »Apelles gebrauchte auf seinen herrlichen Werken einen sehr glühenden Firnis . . . Dieser gab den Farben einen zarten und glühenden Lüster.«[92] Unwillkürlich denkt man beim Lesen dieser Passage wiederum an Joachim von Sandrarts Bemerkung, daß Rembrandts Kolorit ganz glühend gewesen sei, wenngleich sich Sandrart auch über den Aufbau dieses Kolorits in keiner Weise äußert. Daraus nun zu folgern, daß Hoogstraten in seinen eigenen Bildern einen getönten Schlußfirnis benutzt habe, wäre indessen falsch; denn er empfiehlt vielmehr Terpentinöl, Terpentin und Mastix, die freilich vergilbten.

Gemessen am einstmals sichtlich glühenden Lüster Rembrandtscher Malerei wirken zahlreiche seiner Gemälde heute grau und förmlich erloschen, weshalb Max Doerner denn auch kurzerhand darauf geschlossen hatte, daß derartige Bilder bis auf die Untermalung verputzt seien. Was aber auch immer mit diesen Bildern geschehen sein mag – sie müssen sich zumindest altersbedingt stark verändert haben!

Resümieren wir einmal die bisherigen Ausführungen, *so ist die Interpretation des Apelles-Mediums wohl nicht zufällig bis in die Spätphase Tizians zurückzuverfolgen*[93], wohingegen eine konträre Diskussion um Wert und Unwert der Patina im Gemälde sichtlich erst seit dem Barock geführt wurde. In diesem Sinne diskutierte Baldinucci dann beispielsweise die berühmte Plinius-Passage 1691 vor der Accademia della Crusca[94], und die inzwischen eingetretene Polarisation der Meinungen bezeugt gleichfalls ein satyrischer Essay des Malers Mazzoni über die Liebhaber der Patina[95].

Technologisch ist freilich wiederum nur wenig Substantielles nachweisbar, was auf eventuell *kolorierte Firnisse* hinweisen könnte. Lediglich Simon Eikelenberg notiert im Jahre 1700: »Die Firnisse, die für Gemälde gebraucht werden, sollten nicht gefärbt oder koloriert werden, sondern klar und transparent sein«, woraus aber gerade deshalb auf den Gebrauch solcher Firnisse geschlossen werden muß[96].

Wiederum nur ein spärlicher weiterer Hinweis ergibt sich aus einem im Jahre 1716 erschienenen Werk: »Vernix luisant dans lequel on a détrempé la couleur qu'on veut, il est propre pour les Orfévres + les Tableau«[97]. Es handelt sich somit um unterschiedlich tönbare Firnisse, nicht nur auf Gold, sondern vielmehr auch im Gemälde! Das Bindemittel setzte sich dabei aus Kopal und Sandarak zusammen; als Lösungsmittel dienten Terpentinöl, Spieköl und Alkohol.

Von nun an sind Rezepte für farbige Firnisse an und für sich zunehmend belegt, doch immer noch selten eindeutig und ausschließlich für das Gemälde. In den meisten Fällen handelt es sich nämlich nur um Angaben für die Lackierung von Holz, Leder oder Metallen, z. B. als »Goldlack« auf Zinn oder Silber, und damit zur Imitation von Goldwirkungen. Generelle Angaben zur Anwendung im Gemälde macht hier Merrifield[98], beispielsweise für die Schule von Parma. Zugleich häufen sich auch die Hinweise auf Diskussionen um Wert und Unwert der Patina im Bild[99]. Überdies erscheinen patinierte Abtönungen selbst in der Plastikpolychromie, worüber noch im Zusammenhang mit Skulpturenfassungen berichtet werden soll (s. S. 68ff.).

Die berühmte Plinius-Passage inspirierte auch noch in der Folgezeit viele Künstler, wie Joshua Reynolds' Kommentar zu Du Fresnoy belegt, in welchem vom Brechen der Farben die Rede ist, die ungebrochen zu roh erscheinen würden: »from breaking down these fine colours which would appear too raw, to a deep-toned brightness. Perhaps the manner in which Corregio practised the art of glazing was still more like that of Apelles...« Reynolds' Text läßt freilich offen, inwieweit hier auch die üblichen ölhaltigen Lasuren gemeint sind, doch müssen wiederum echte Lasuren, abgetönte Firnisse und gilbende Schlußlacke, je nach künstlerischer Intention, bei ihm durcheinander gegangen sein[100], da abgetönte Schlußfirnisse überdies für seine Malerei ausdrücklich bezeugt sind[101]. Die Notizen, die Reynolds zum technischen Aufbau seiner Bilder machte, geben deshalb auch Einblick in die Extravaganzen und Unberechenbarkeiten künstlerischer Naturen[102], die man denn auch bald als fatale Experimente kritisierte[103]. Selbst Materialien wie *Copaivabalsam* erscheinen in wechselnder Kombination mit anderen, z. B. mit Wachs, und Reynolds' Bilder wurden sichtlich immer wieder auch mit getönten Firnissen abgeschlossen. In diesem Sinne notiert er z. B. gelben Lack, Neapelgelb und Schwarz, »mixed with the varnish«, ferner einen Zinnoberfirnis oder »Varnish alone used with the colours in finishing«, sodann »Ultima con vernice solo e giallo« oder »giallo quando era finito«[104].

Daß es sich in der Tat in vielen Fällen um lokale oder auch um generell gefärbte Schlußfirnisse auf seinen Bildern gehandelt haben muß, das lassen – tritt man vor die Originale – zahlreiche Porträts vermuten, wie jenes des George Clive und seiner Familie in Berlin (1765/1766): Die Inkarnate, insbesondere der doch sehr wahrscheinlich warmfarben konzipierte Porträtkopf des George Clive, stehen heute nach einer Firnisabnahme so eiskalt da, wie nur ein vom Mondlicht beschienener Albino sich präsentieren kann, nämlich fast weiß, mit grünlichen Schatten. Wer aber den Fall Reynolds als technische Ausnahme sehen möchte, übersieht darüber, daß nur von wenigen Künstlern derartig genaue Notizen über ihre Bilder überliefert sind und daß die Grundstimmung des Zeitgeistes durchaus in klassizistischem Verständnis auf harmonisierende Patinatinten gerichtet war. In diesem Sinne hatte sich auch Sir George Beaumont geäußert: »A good picture like a good fiddle should be brown«[105], und Johann Heinrich Füssli hatte um 1774 eine amüsante Zeichnung »Zwei Männer ›smoking a picture‹« geliefert (Abb. 14), ja, ein Zeitgenosse formulierte 1776 in Frankreich, daß der braune Ton im Gemälde die Lichter schwäche und die Schatten dunkle, womit das Ganze indessen nur um so schöner werde, wie es keines Sterblichen Pinsel vermöge[106]. Ähnlich, wenn auch wesentlich skeptischer, formulierte auch Algarotti, daß die Patina gealterter Gemälde diese in den Augen abergläubischer Gelehrter verschönere, und fährt sodann fort: »Wahr ist an einer Seite, sie bringt mehr Accord herein, sie vermindert und lindert die hohen Stellen, aber an der anderen geht darüber die Frischheit und Lebendigkeit der Farben verloren. Ein altes Bild sieht man als ein ganz neues durch einen Schleyer oder in einem blind gewordenen Spiegel...«[107] Anschließend bemerkt er, daß einzelne alte Meister, wie z. B. Paolo Veronese, mit der Alterung ihrer Farben gerechnet hätten.

Was aber nun die künstlich getönten Firnisse im weiteren anbetrifft, so findet sich 1781 in einem »Critical Essay on Oil-Painting« des nach England emigrierten Abenteurers Rudolf Erich Raspe (1734–1794) folgende unmißverständliche Passage: »Many excellent modern artists ... use this ... Van Heyden has probably glazed and varnished his pictures in such a manner. Some Venetian masters are supposed to have done the same.«[108] Zugleich gibt er einen interessanten Hinweis auf die zeitgenössischen Pasticciomaler, die gefärbte Firnisse für Fälschungszwecke verwendeten, wie er zugleich auch Überlegungen zum Firnis des Apelles anstellt.

In einem harmonisierenden Sinn soll auch Jean-Baptiste Siméon Chardin abtönend gearbeitet haben, doch muß vorläufig unsicher bleiben, was unter »teinte pour l'accord harmonieux d'un tableau« verstanden wurde[109]. In seinen Bildern lassen sich jedenfalls harmonisierende, über das gesamte Bild gebreitete Firnislasuren nicht feststellen, sofern sie nicht inzwischen weggewaschen wurden, was dann auf die allermeisten Schlußfirnisse und die damit verbundene Lasurmalerei zuträfe, doch könnten z. B. auch die Hintergründe derartig zusammengestimmt worden sein. Indessen sind deutliche Anzeichen von Verputzungen an vielen Bildern Chardins eigentlich nicht festzustellen.

Klassizistischen Vorstellungen gemäß wurde im übrigen auch die Malerei Giovanni Battista Tiepolos als zu farbstark kritisiert und eine dämpfende Alterspatina als wünschenswert empfunden[110]. In diesem Sinne schildert auch Goethe im ersten Buch von Dichtung und Wahrheit, rückblickend auf die Zeit um 1755, die Sammlerästhetik seines Vaters: »Er hatte die Vorstellung, daß es mit den Gemälden völlig wie mit den Rheinweinen beschaffen sei, die, wenn ihnen gleich das Alter einen vorzüglichen Wert beilege, dennoch in jedem folgenden Jahr ebenso vortrefflich als in den vergangenen könnten hervorgebracht werden. Nach Verlauf einiger Zeit werde der neue Wein auch ein alter, ebenso kostbar und vielleicht noch schmackhafter. In dieser Meinung bestätigte er sich vorzüglich durch die Bemerkung, daß mehrere alte Bilder hauptsächlich dadurch für die Liebhaber einen großen Wert zu erhalten schienen, weil sie dunkler und brauner geworden, und der harmonische Ton eines solchen Bildes öfter gerühmt wurde. Mein Vater versicherte dagegen, es sei ihm gar nicht bange, daß die neuen Bilder künftig nicht auch schwarz werden sollten; daß sie aber gerade dadurch gewönnen, wollte er nicht zugestehen.« Die Diskussion um Wert und Unwert der Patina war also auch im bürgerlichen Frankfurt schon früh im Gange. Und 1787 in Neapel notiert Goethe dann folgendes: »Wir pflegen gewöhnlich die Liebhaberei zu bunten Farben barbarisch und geschmacklos zu nennen...«[111] Daraus zu folgern, daß Goethe ein Anhänger der Patina gewesen sei, wäre freilich voreilig, wie seine Farbenlehre (§ 891–895) verdeutlicht, wo er sich mit der durch den Begriff des Camaieu zu charakterisierenden Grundstimmung des Klassizismus befaßt, die sich seit den 70er Jahren auch beim Porzellan (Abb. 15) in der brauntonigen Sepiazeichnung und beim Möbel allgemein durchgesetzt hatte. Ebenso wich die Starkfarbigkeit beim Porzellan einer zunehmenden Monochromie, und beim Möbel wurde die farbenfrohe Marketerie in gleicher Weise durch Einfarbigkeit in rotbraunem Mahagoniholz ersetzt.

Goethe, der freilich nur das Gemälde im Auge hatte, formuliert das folgendermaßen: »Was man bisher Ton nannte, war ein Schleier von einer einzigen Farbe über das ganze Bild gezogen. Man nahm ihn gewöhnlich gelb, indem man aus Instinkt das Bild auf die mächtige Seite treiben wollte. Wenn man ein Gemälde durch ein gelbes Glas ansieht, so wird es uns in diesem Ton erscheinen. Es ist der Mühe wert, diesen Versuch zu machen und zu wiederholen, um genau kennenzulernen, was bei einer solchen Operation eigentlich vorgeht. Es ist eine Art Nachtbeleuchtung, eine Steigerung, aber zugleich Verdüsterung der Plusseite, und eine Beschmutzung der Minusseite. Dieser unechte Ton ist durch Instinkt aus Unsicherheit dessen, was zu tun sei, entstanden; so daß man anstatt der Totalität eine Uniformität hervorbrachte. Eben diese Unsicherheit ist Ursache, daß man die Farben der Gemälde so sehr gebrochen hat, daß man aus dem Grauen heraus, und in das Graue hinein malt, und die Farbe so leise behandelt als möglich . . . Man findet in solchen Gemälden oft die harmonischen Gegenstellungen recht glücklich, aber ohne Mut, weil man sich vor dem Bunten fürchtet.«

Im Sinne harmonisierender Warmtonigkeit äußert sich auch Wilhelm Tischbein[112] im Jahre 1772 anläßlich eines Besuches in einem Sammlerkabinett; daß die wahre Harmonie der Bilder erst durch eine organisch gealterte Oberfläche gegeben sei: »Der echte holländische Kenner nimmt nichts, als was vortrefflich ist; und dabei müssen die Bilder so sein, als wenn sie eben von der Staffelei des Malers kämen. Ein Bild, das verwaschen ist, nimmt er gar nicht, und ein ausgebessertes Bild sieht er als verdorben an, das keinen Wert mehr hat: es soll so sein, daß es nur mit dem Dunste der Zeit bedeckt ist (De Dost ligt der noch up). Ein solches Bild zu sehen von einem großen Meister, welches das Glück gehabt hat, immer gut verwahrt worden zu sein, das ist eine Freude; denn die Harmonie, welche die Zeit vollendet, nachdem der wissenschaftliche Künstler sie seinem Bilde in den letzten Pinselstrichen gegeben hatte, und das Ganze mit ihrem Hauch zusammenschmelzt, das ist ein Zauber, der entzückt!« Hier wird erneut unmißverständlich von einer generellen Patinabildung gesprochen.

Ähnliches bezeugt Philipp Hackert, der sich auch mit maltechnischen Problemen befaßte und überdies in Neapel mit dem Restaurator Andres zusammengearbeitet hatte[113]. Auch für ihn stellt sich die vollendete Harmonie eines Bildes ohne künstlichen Gelbfirnis erst mit der Farbenalterung ein: »Öfters überläßt man es auch *der Zeit, die durch ihre Patina mitmalt,* den durchsichtigen Ton läßt und das Ganze harmonisch macht. Wollte man dieses durch Kunst gleich anfangs tun, so würde es dem Gemälde mit der Zeit sehr nachteilig werden. Diese Patina ist nützlich und unvermeidlich, denn ungeachtet aller erdenklicher Sorgfalt, Reinlichkeit in Öl und Farben usw., so ist es doch der Natur der Sache gemäß, daß ein Ölgemälde sich auf der Oberfläche ein wenig verändert und nach und nach die kleine Patina bekommt und doch den Silberton behält, wenn er in die Gemälde wirklich gemalt ist. Claudes Landschaften sind wesentliche Beweise davon. Dietrichs Landschaften, wie sie neu waren, schienen grell, jetzt sind sie sehr harmonisch . . .«

Über die Restaurierungsdoktrin des oben genannten Restaurators Andres berichtet dann wiederum Goethe im Zusammenhang mit der Restaurierung von Gemälden: »Den Vorsatz aber, gute alte Gemälde als neu erscheinen zu lassen, wollte er nicht billigen, weil durch angreifendes Waschen und vermeintliches Reinigen der lichten Partien die sogenannte Patina weggehen und zugleich mit ihr die zarten, leisen, über das Ganze verbreiteten Lasuren, durch welche der alte Meister sein Werk geendigt und alle Teile in Harmonie gebracht.«[114]

Es wäre eine wesentliche Bereicherung unseres Bildes von jenem Kreis klassizistischer Italienfahrer, wenn wir etwas über Angelica Kauffmanns Vorstellungen von Patina und Schlußfirnis erfahren könnten. Angelica Kauffmann war ja seit 1776 mit Joshua Reynolds befreundet und deshalb mit dessen Technik wohl vertraut. Doch findet sich lediglich eine besorgte Briefnotiz Goethes aus Weimar vom 18. Januar 1797 über ein Firnisproblem an einem Kauffmann-Gemälde: »Das vortreffliche Bildniß unserer Herzogin . . . hat sein äußeres Ansehen einigermaßen verändert, indem der Firnis entweder verflogen oder eingeschlagen ist, so daß die Lebhaftigkeit der Farben und ihre Harmonie nicht wie zuerst gesehen wird. Es ist nun zwar kein Zweifel, daß ein neuer darüber zu ziehender Firnis das Bild in seinem vorigen Glanz wieder herstellen werde, allein ich bin äußerst sorgsam, man möchte einen falschen Firnis wählen und durch eine falsche Behandlungsart dem Bilde schaden. Wollen Sie daher die Güte haben, mir anzuzeigen, welchen Firnis man zu wählen habe und was etwa bey dem Auftrag desselben zu bedenken sey.« Goethes Bemerkung beweist damit nur, welche Wichtigkeit – sichtlich nach bösen Überraschungen – doch zugleich auch aus der Sicht des Ästheten und Kunstliebhabers dem Schlußfirnis beigemessen wurde, was er dann am 19. Januar 1797 in einem Brief an Johann Heinrich Meyer noch einmal bekräftigt: »Aus beyliegendem Brief an Angelika . . . werden Sie eine Frage über die zu wählende Firnisart finden, worüber ich mir auch Ihre Gedanken ausbitte.«[115]

Parallel zu diesem die Patina begünstigenden klassizistischen Klima wurde diese freilich auch wiederum heftig abgelehnt, wie Stellungnahmen von Jean-Etienne Liotard und William Hogarth[116] bezeugen (Abb. 16), was vor allem bei Liotard angesichts der unglaublichen Farbfrische seiner Pastelle nicht überrascht.

Die Pleinairisten des frühen 19. Jahrhunderts teilten verständlicherweise diesen Standpunkt, weshalb sie auch jegliches Abdämpfen eines frischen Kolorits ablehnten; John Constable beispielsweise disqualifizierte Patinen mit der Bemerkung, daß sie eine geschmacksverbildende Folge des Umgangs mit altersgebräunten Bildern wären[117]. Nicht anders dürfte das Verhältnis der Präraffaeliten und Nazarener zur Patina gewesen sein, zumal deren Palette auf kräftige Farbigkeit eingestimmt war, die durch Patinen nur beeinträchtigt wurde.

Des mittlerweile vollzogenen Wandels zur farbigen Kunst der Nazarener erinnert sich Caspar David Friedrich in einer kritischen Betrachtung um 1830 voller Bitternis[118]: »Es ist einmal die Richtung unserer Zeit, sich überall in starken Färbungen zu gefallen, und auch die Maler überbieten sich einander darin, nicht etwa bloß, daß sie die Backen und Lippen ihrer Bildnisse schminken, sondern sogar die Landschaftsmaler übertreiben die Farben und schminken Bäume, Felsen, Wasser und Luft, wenigstens übertreiben sie insoweit, als sie nicht vermögend sind, mit den geringen Mitteln, so ihnen zu Gebote stehen, die angefangene Schminkerei im Verhältnis zueinander durchzuführen. Als Gegensatz erinnere ich der Zeit, wo man die Farbe fast ganz unbeachtet ließ und die Ölmalereien damals Sepiazeichnungen glichen, denn die braune Farbe war einzig vorherrschend darin. Später wurde diese von der blauen Farbe verdrängt und diese wiederum von der violetten, und endlich kam die in der Landschaftsmalerei fast ganz verdrängte grüne Farbe auch an die Reihe und Anerkennung, die doch in Natur so vorherrschend ist. Gegenwärtig werden alle Farben zugleich in Anspruch genommen. Diese angedeutete Bahn hat der wechselnde Sinn der Menschen seit den letzten dreißig Jahren durchlaufen, um sie vielleicht noch einmal von neuem zu durchlaufen. Übel ist es für diejenigen, so entweder nicht mitkönnen oder wollen.« Das war im Hinblick auf den Galerieton der zweiten Jahrhunderthälfte schlechthin prophetisch.

Caspar David Friedrich firnißte im übrigen seine Bilder mit Mastix[119] und kalkulierte somit eine gewisse *natürliche Firnisgilbung* mit ein. Seine Farben, heute von vornehm gestufter Tonigkeit, müssen sich freilich sehr verändert haben, denn auf die Zeitgenossen wirkten sie mitunter zu ungebrochen, wie Goethe gegenüber Heinrich Meyer[120] bemerkt: ». . . wie er denn auch bei Anwendung der Farben deren Milderung und Übereinstimmung nicht beachtet, so befriedigen seine Bisterzeichnungen das Auge besser als die Gemälde . . .« Auch wenn man hierbei Goethes klassizistischen Blickpunkt berücksichtigt, so müssen Friedrichs Gemälde inzwischen altersbedingt erheblich »zusammengewachsen« sein.

Beide Strömungen, die der Patina und jene den reinen Farben zugewandte, liefen indessen weiterhin nebeneinander her, und etwa seit der Jahrhundertmitte wurde der »Galerieton« jetzt über alte und neue Meister in gleicher Weise gebreitet, wie eine Anleitung zum Restaurieren der Gemälde des Louvre[121] bezeugt, wo ein bis zwei Lagen eines »vernis coloré« zur Beseitigung allfälliger Oberflächenprobleme empfohlen werden. (Vielleicht handelt es sich hier um solche Firnisse, wie sie unlängst durch das Labor des Louvre analysiert wurden.) Selbst eine Ethik der Patina wurde nun entworfen[122]. Beim Möbel entsprach solchen Bestrebungen der Auftrag brauner Schellacksaucen, wie sie sich als Politur bis heute erhalten haben, zumal nun das Pendel des launischen Zeitgeistes ohnehin kräftig zugunsten der Patina auszuschlagen begann. In diesem Sinne hatte schon 1831 Carl Gustav Carus bezeichnenderweise in einem Essay über Claude Lorrain solche harmonisierenden Lasuren beschworen: »Ich rechne aber hierher insbesondere das entschiedene Hervorheben von Ton im Verhältnis zur Farbe . . ., daß Ton . . . stets eine gewisse über ein Natur- und Kunstbild verbreitete Stimmung, eine gewisse das Allgemeine beherrschende Harmonie des Kolorites ausdrückt, welche überall die spezielle Färbung umstimmt, ja zuletzt gewissermaßen sie völlig aufheben kann.«[123] Auch die von Reynolds schon angewandte Methode der Dämpfung aller Farben im Bild durch schichtenweise Abtönung, im Sinne Tizians, hatte ihre Fortsetzung gefunden.

So beschreibt Friedrich Knirim noch eine Harz-Wachslasuren-Technik, die mittels eines »Firnisses« aus Copaivabalsam und Wachs immer neue Schichten von dämpfenden Lasuren über die Untermalung eines Stillebens mit Zitronen legte: »Wenn es nun trocken wäre, so bereite ich mittels des Harzfirnisses eine so dünne Lichtfarbe für die Luft, daß indem ich damit über den ganzen Raum meiner Luft hinführe, der durchsichtige Dunstkreis des Äthers über der ersten Luftfarbe schweben würde. Eben diesen Dunstkreis würde ich über drei der hintersten Zitronen und über ebensoviel Platz vor dem Tisch, als zum Liegen der drei Zitronen nötig ist, auf gleiche Art ziehen und so den Standpunkt dieser Körper bestimmen. Den anderen, zweiten oder dritten Tag würde ich die nehmliche Farbe, aber dünner (d. i. weniger Farbe und mehr Balsam-Wachsfirnis) wieder über den ganzen schon lasierten und getrockneten Teil des Gemäldes ziehen, und zwei oder drei Zitronen, die nächsten an den lasierten, mit überfahren und auch wieder so viel von dem Tisch, worauf solche liegen. Also hätten die drei letzten Zitronen, der Platz auf dem Tisch, den sie einnehmen und die Luft, worunter solche liegen, zwei Dickungen Luft; und die drei vordern eine Dickung. So führe ich fort, bis an die drei vordersten Zitronen, immer einen neuen Ton Luftfarbe über einige dem Hauptlichte nähere Zitronen zu ziehen, und also den Körpern, die am weitesten von dem Hauptlicht sind, durch wiederholtes Überziehen einen immer dickeren Luftraum zu geben.«[124]

Knirims Technik wirkt freilich ein wenig zu theoretisch (sichtlich hatte er den Malereitraktat Leonardo da Vincis eifrig studiert), und es muß dahingestellt bleiben, inwieweit diese Malerei in dünnen Lasuren dann Eingang in die Malpraxis der Jahrhundertmitte gefunden hat. Jedenfalls ist die allergrößte Empfindlichkeit solcher Bilder gegen Reinigungskuren offenkundig, wie das im übrigen auch die restauratorische Erfahrung, z. B. für die englischen Präraffaeliten[125], in vielen Fällen bestätigt! Auffallend ist indessen die Übereinstimmung mit der Maltechnik Joshua Reynolds', da dieser sowohl das Copaiva-Wachsmittel als auch die getönten Lasuren erwähnt. Ungeklärt muß darüber hinaus bleiben, inwieweit Reynolds nicht seinerseits schon in einer maltechnischen Tradition stand, die dann möglicherweise bis ins 17. Jahrhundert zurückzuverfolgen wäre. Als einigermaßen gesichert kann indessen gelten, daß zwischen getönten oder ungetönten Schlußfirnissen und Firnislasuren mitunter kein nennenswerter technischer Unterschied bestehen mußte, folglich eine Firnisabnahme auf solchen Bildern auszuschließen ist. Da über die individuellen Maltechniken sehr vieler Maler aber so gut wie gar nichts bekannt ist, wird vor unbedachten Firnisabnahmen immer wieder nur zu warnen sein! Kein Geringerer als der im Zusammenhang mit der Cleaning-Controversy so heftig kritisierte Helmut Ruhemann riet deshalb von Firnisabnahmen an unberührten Bildern ab[126]. Diese aber dürften mittlerweile ohnehin eine Seltenheit geworden sein, wie sich zugleich die Frage stellt, was die Charakteristika eines unberührten Bildes sind? Das sicherste Indiz dürften wohl immer noch alte unter dem Firnis liegende Retuschen sein.

Resümieren wir dies alles, so nimmt es nicht wunder, daß auch die Klagen über die *Praktiken der Restauratoren* schon in langer Tradition stehen. So bemerkt Tischbein beispielsweise im Hinblick auf die Harmonie seiner Bilder, daß sie durch Unkundige leide und durch Seife, Lauge oder Spiritus leicht zerstört würde: ». . . so geht nicht allein das Zarte weg, sondern auch alle Lasurfarbe, und es bleibt nichts übrig, als das Skelett und ein verdorbenes Bild, das einen betrübt. Bald wird die Zeit kommen, wo man kein so wohl erhaltenes Bild mehr sieht, weil so viel Ungeschickte sich damit abgeben, sie zu vernichten.«[127] Hier wird von zarten Lasurfarben gesprochen, die das Bild abschlossen und die sichtlich von Unkundigen ruiniert wurden. Ähnliches bemerkt auch Eugène Delacroix – im übrigen einer der wenigen Maler, die ständig in Tagebuchnotizen reflektierten – über seine Erfahrungen mit Firnisabnahmen am 27. Juli 1854: »Arnouse . . . sagt mir, daß das ›Massaker von Chios‹ bei der Firnisabnahme nichts gewonnen habe . . . Das Bild wird die Transparenz in den Schatten verloren haben, genauso wie es mit dem Veronese geschehen ist und wie es unausweichlich jedesmal geschieht.« Delacroix wendet sich hier gegen die verbreitete Gewohnheit der Restauratoren, immer nur die Lichter zu reinigen und dadurch die Schatten durch Stehenlassen der Firnislagen ständig zu verdichten. Dann fährt er fort: »Haro sagt, daß er den Firnis abwäscht und nicht mit dem Finger abrubbelt. Wenn er dieses machen würde, hätte er jedoch eine große Schwierigkeit überwunden. Inzwischen hat er mir jedoch die Porträts, die der Onkel Riesener von meinen beiden Brüdern als Kinder gemalt hat, verdorben.«

Über die unselige Gepflogenheit mancher Restauratoren, Firnisabnahmen nur über den Lichtern vorzunehmen, notiert er wenige Tage später noch einmal folgendes: »Die dunklen Farben werden noch dunkler im Vergleich zu den hellen, die mehr Leuchtkraft behalten haben; dies gilt um so mehr, wenn die Bilder oft gereinigt und nachgefirnißt wurden. Der Firnis setzt sich in den dunklen Partien fest und läßt sich nur schwer wegnehmen, seine Stärke nimmt in den schwarzen Partien immer mehr zu . . .« Ähnlich und völlig entsetzt reagierte auch Johann Friedrich Overbeck im Jahre

1865 auf die Restaurierung seines Bildes »Triumph der Religion« im Städelmuseum in Frankfurt, als er feststellte, daß ganze Partien verschwunden seien: »Das sonnige Feiertagslicht, in welchem ich es gekannt und aus meinen Händen entlassen, hat sich in einen ordinären trüben Werktag verwandelt. Der glanzvolle Horizont, von dem sich der ganze Mittelgrund klar abhob, ist verschwunden und nur ein trüber Schimmer zurückgeblieben in den Poren der Leinwand.« Eine Überprüfung ergab sodann, daß das Bild mit einem spannungsreichen Firnis überzogen und dann nach und nach gerissen war, so daß eine Firnisabnahme dieses sichtlich sehr durchgehärteten Firnisses notwendig geworden war. Zwar sollte dabei die oberste Haut der Lasuren angeblich nicht verletzt worden sein – immerhin wird die Existenz von Lasuren ausdrücklich anerkannt –, doch ist jedem Restaurator nur zu gut bekannt, wie schwer, ja nahezu unmöglich eine derartige Abnahme harter und schwer löslicher, wohl kopal- und ölhaltiger Lacke über empfindlichen Harzlasuren ist. Wenn diese Einsicht dem Restaurator des Overbeckschen Gemäldes auch fehlte, so muß zur Ehrenrettung des traditionsreichen Berufsstandes des Gemälderestaurators doch zugleich vermerkt werden, daß seriöses Fachwissen solche Eingriffe schon etwa ein Jahrhundert früher verbot. In diesem Sinne findet sich nämlich bereits in einem Artikel im London Magazine vom April 1758 ein deutlicher Hinweis auf die Gefährlichkeit solcher Operationen: »Denn es ist schlechterdings unmöglich, einen solchen (Öl-/Harz-)Firnis hinwegzubringen, weil er fester und unauflöslicher als die Ölfarben selbst ist... Dergleichen Gemälde muß man so lassen...«[128]

Zurechtmacherei war freilich das viel Üblichere, zumal Restaurierung nun einmal in der Regel durch Kunstmaler betrieben wurde. In diesem Sinne heißt es beispielsweise in einer Anleitung zur Restaurierung von Ölgemälden 1827: »Die Patina ist eine feine verehrungswürdige Sache; der Restaurator, welcher ja ohnedem Künstler seyn muß, wird ihr gewiß eine besondere Hochachtung widmen. Aber in Fällen wo die Patina nicht allein, sondern auch der letzte Farbenton mit einem dunkeln, harten Schmutz chemisch verbunden ist, kann darauf leider keine Rücksicht genommen werden; beide müssen sich dem allgemeinen Besten aufopfern. Da ferner der Restaurator zugleich auch Maler seyn muß, so wird ihm nicht schwer fallen, diejenigen Stellen, welche ihre Patina verloren haben, wieder durch Lasurtöne denen Theilen gleich zu stimmen, welche ihre Patina behalten haben. Eines muß ins Andere greifen, weßhalb ein Restaurator, der sich seiner malerischen Fähigkeiten bewußt ist, in verzweifelten Fällen eher etwas wagen darf, als Einer, bei welchem dieses der Fall nicht ist.«[129]

Wir haben gesehen, wie durch Unkenntnis der Techniken, Gedankenlosigkeit und Gewohnheit Bilder ruiniert oder verfremdet wurden, und dies fortschreitend bis in unsere Tage, wo auch dem Verfasser, der sich aus diesem Teufelskreis der Irrungen nicht schuldlos hinausstehlen möchte, folgender für ihn wenig schmeichelhafter Lapsus unterlief: Ein Jugendwerk des Schweizer Malers Rudolf Koller wurde von einem enorm gebräunten Firnis befreit, wobei sich als Folge dieser Reinigung stark gedunkelte Retuschen, die vorher nur wenig in Erscheinung traten, nun – wie so oft – äußerst störend bemerkbar machten. Es handelte sich dabei um modische Abänderungen an Kostümen. Also wurden auch diese bis auf das vermeintliche Original entfernt, bis der bekümmerte Besitzer den wahren Sachverhalt aufdeckte: Koller hatte im hohen Alter mit einer sichtlich minderwertigen Tubenölfarbe sein Jugendwerk partiell übermalt! Hier war also der letzte, wenn auch sehr verunstaltende Wille des Künstlers in Unkenntnis des wahren Sachverhaltes ahnungslos und kurzerhand geopfert worden!

Diese Beispiele mögen genügen, um auf die unmittelbaren Gefahren von Firnisabnahmen aufmerksam zu machen. Doch kann es selbst bei einer technisch völlig korrekten und ohne Verletzung des Originals vorgenommenen Reinigung zu Dissonanzen im Kolorit kommen. Dies ist immer dann der Fall, wenn ein organisch gealtertes Gefüge altersbedingt durch unterschiedliche Desintegration, Dunkelung etc. in seinen Valeurs durcheinandergeraten ist und erst die Abnahme eines gelben Firnisses die verschobenen Gewichte im Bild störend offenbart. Entsprechendes erlebte der Verfasser einmal mit zwei Gemälden Hobbemas: Nach der Abnahme altersvergilbter Firnisse erschienen Bäume im Vordergrund, insbesondere in den Lichtern mehr oder minder blau und in den Schatten braun, nur eben nicht grün, wie doch zu erwarten gewesen wäre. Der Baumschlag erwies sich dabei als mit Azuritblau ausgemischt; auf den heiklen und unverträglichen Grünspan war, wie so häufig in niederländischen Bildern des 17. Jahrhunderts, verzichtet worden. Nun waren die Bäume natürlich ursprünglich keineswegs blau, sondern deren Grün war vielmehr durch Mischung bzw. Überziehen mit einem verblassenden Pflanzengelb, nämlich Schüttgelb, zustande gekommen, wie es De Mayerne schildert. Dieses Schüttgelb war sodann durch intensive Belichtung vergangen, und nur das Azuritblau hatte sich erhalten. Wenige Reste einer gelbbraunen Firnisschicht, die sich gelegentlich in Vertiefungen derartiger lichtblauer Baumpartien an Gemälden Hobbemas finden, lassen überdies darauf schließen, daß hier mitunter lokale gefärbte Firnisse als körperlose unpigmentierte gelbe Lasur älteren Restaurierungen zum Opfer gefallen sind, wobei die zu solchen Anlässen aufgetragenen Schlußfirnisse ebenfalls wieder vergilbten, aber zugleich durch ihre warmfarbige Tönung ein farbliches Korrektiv bewirkten. Eine Abnahme solcher harmonisierenden Gelbfilter, wie im obigen Falle geschehen, mußte also eine sekundäre farbliche Korrektur zerstören! Denn das Kolorit stand nun, bedingt auch durch das Nachlassen der Deckfähigkeit des Bleiweißes, dunkler und viel zu blau.

Daß man sich im übrigen der ausbleichenden Wirkung des Lichts auf bestimmte Farben, in diesem Falle auf Schüttgelb, schon im 17. Jahrhundert bewußt war, das beweisen nicht nur Notizen De Mayernes[130], sondern auch Darstellungen von Schutzvorhängen im Bild, mit denen niederländische Gemälde des 17. Jahrhunderts vor intensiver Belichtung bewahrt wurden. Frühe Beispiele für solche Bleichpatinen, die vermutlich immer durch das Ausbleichen von Pflanzengelb entstanden (sofern es sich nicht auch um Untermalungen für den Abschluß mit gelben Lasuren im Sinne von Reynolds handelte, und diese mittlerweile durch Restauratoren entfernt wurden), finden sich häufig bei Jan Bruegel, dessen Landschaftshintergründe stets auffallend blau gestuft sind, teils mit leuchtend blauen Schattentönen im Vordergrund, wie z. B. beim kleinen »Windmühlen«-Bild in der Hamburger Kunsthalle. Vergleichbares beobachtet man auch an zahlreichen Bildern anderer Meister, besonders augenfällig vielleicht bei Jan Vermeer, am Wiener Gemälde »Allegorie der Malerei«, wo der Lorbeerkranz des Modells heute leuchtend blau erscheint, wie ebenso an Bildern Pieter de Hoochs und Claude Lorrains. Ähnliche Erscheinungen finden sich auch noch an Bildern aus späterer Zeit, so z. B. bei Antoine Watteau und François Boucher, wie selbst noch an Jacob Philipp Hackerts Landschaftsgouache in München. Ja, ebenso an klassizistischen Tapeten und Textilien aus vielen Jahrhunderten (Abb. 50). Immer aber wurde dabei das Grün zu Blau, wobei Schattenzonen mitunter als braune und schwärzliche Tönungen und Krusten stehenblieben.

Die unreflektierte Abnahme vergilbter Firnisse muß deshalb an derartigen Bildern zwangsläufig mit jener vom Künstler unbeabsichtigten Blauverschiebung bezahlt werden, weshalb die Aufbringung leicht getönter Firnisse, je nach Fall und wie in Frankreich seit eh und je geübt, nicht einfach von der Hand gewiesen werden kann. Solche Maßnahmen werden sich deshalb immer in Fällen anbieten, wo eine radikale Firnisabnahme wegen stark gedunkelter Retuschen und Firnisse unvermeidbar geworden und die farbliche Stimmung des Bildes anschließend durch Blauverschiebung und farbliche Dissonanzen erheblich gestört ist.

Die altersbedingte Desintegration zahlreicher Mineralfarben, die hier mit im Spiel ist, wurde bereits eingangs angesprochen und ebenso die durch fehlerhaften Bildaufbau bedingten Dunkelungen, wie z. B. das Absinken der Mitteltöne über dunklen Bildgründen, das eine clairobscurartige Steigerung der Kontraste von Hell und Dunkel zur Folge hatte. Daß hier dem dämpfenden Gelbfilter altersgebräunter Firnisse eine ausgleichende Rolle zukommt, liegt auf der Hand, wobei einzelne Schulen, wie die englische des 18. Jahrhunderts oder auch die Malerei des deutschen Klassizismus, besonderer Aufmerksamkeit bedürfen.

»Wenn ein frühes Gemälde Krakelees bekam, hätte Braque resigniert und wie es seine Natur war, dies philosophisch betrachtet, während Picasso es genossen hätte: war das nicht Beweis dafür, daß er seine Arbeit mit einem eigenen Willen ausstattete? Und wenn größerer Schaden entstand: ›Tant pis!‹. Ähnlich wenn er eine Tinte oder Farbe entdeckte, die sich leicht zersetzte, so hätte er (Picasso) den Schaden akzeptiert, wenn er seinen boshaften Spaß daran hätte auslassen können. Er konnte dann ermüdenden Bewunderern mit anschaulicher Hingabe versichern, daß sie immer blasser würden, um mit etwas Glück – was für eine Plage für die Restauratoren – eines Tages ganz zu verschwinden.«

J. Richardson, Verbrechen an den Kubisten,
in: MALTECHNIK-RESTAURO, Heft 1, 1984

Verwandlungen der Oberflächenstrukturen, der Stofflichkeit und des Glanz- und Mattcharakters

Gemälde verändern sich nicht allein durch Dunkelung, Vergilbung oder Ausbleichen; der Alterungsvorgang erfaßt vielmehr auch die plastische Substanz des Farbmaterials, ja die des Bildträgers selbst, indem nun durch Schwund und Krakeleebildung, Verwerfung, Abrieb und Runzeln Strukturveränderungen einhergehen, wodurch es schließlich zur Ausbildung plastischer Patinen kommt. Um des besseren Verständnisses solcher Vorgänge willen verweilen wir wiederum zunächst beim Technischen, zumal die hier angesprochenen Phänomene auf eine ebenso unterschwellige wie eindrückliche Weise Einfluß auf die Ästhetik eines Bildes zu nehmen pflegen:

Bildträger, die keinerlei klimatisch bedingten Spannungen ausgesetzt sind, Kupfertafeln beispielsweise, bewirken auch keine zusätzlichen Schwundkräfte innerhalb der Farbschicht, weshalb Krakeleebildungen auf Metalltafeln auch wesentlich geringer ausfallen als auf Holz oder Leinwand. Vielmehr kommt es auf Metallen meist nur zur Ausbildung von Mikrokrakelees, welche mit dem Charakter des Materials von Partie zu Partie wechseln und dann mitunter für das unbewaffnete Auge kaum oder gar nicht mehr erkennbar sind.

Demgegenüber können über Holztafeln und auch auf Leinwänden sehr ausgeprägte Rißnetze entstehen. Der stets etwas flexible Untergrund bewirkt dabei vielfach auch noch die gefürchtete plastische Schüsselbildung der Farbschicht, bei welcher sich die Farbschollen längs der Bruchränder vom Bildträger abzulösen beginnen (Abb. 17). Leinwandgemälde und Holztafeln bilden deshalb, ausgelöst durch materialbedingte Spannungen solcher Bildträger, sehr charakteristische Krakelees aus, die überdies von Partie zu Partie unterschiedlich ausgeprägt zu sein pflegen. So fällt z. B. an Leinwandbildern auf, daß die Krakeleebildung über den vor der Mauerfeuchtigkeit geschützten Zonen (nämlich längs der dahinterliegenden Keilrahmenleisten) häufig weniger heftig verlief. Auch ist das Krakelee von Leinwandgemälden nicht selten markanter gezeichnet als jenes von Holztafeln (Abb. 18). Diese weisen vielmehr häufig sehr fein gezeichnete rechteckige Sprungnetze auf, welche dann faserparallel und quer zur Holzfaser ausgebildet wurden; Leinwände bilden hingegen vielfach unregelmäßige Schüsseln und zudem noch sehr typische Spiralsprünge aus (Abb. 19). Bei Holztafeln finden sich darüber hinaus vereinzelt Fälle, wo das Rißnetz mehr oder minder in parallelen Linien und dann ausschließlich quer zur Faser verläuft. Das ist immer dort der Fall, wo das Holz des Bildträgers durch Austrocknung geschwunden, und ein anschließender Dehnungsprozeß ausgeblieben ist. Die Schwundkräfte der Farbschicht wurden somit lediglich parallel zur Faser aufgehoben, weshalb sie dann auch nur im rechten Winkel zu dieser wirksam werden konnten. Derartige Rißnetze sind unverwechselbare Kennzeichen eines gealterten Originals, dem häufige Klimaschwankungen erspart geblieben sind, und deshalb auch auf keine Weise imitierbar. Demgegenüber verfügt die Fälschung über charakteristische Merkmale forciert gealterter Krakelees, die sie für den Kenner auf den ersten Blick verdächtig macht (Abb. 20, 21).

Freilich finden sich mitunter Fälle, wo sich nahezu gar kein sichtbares Krakelee ausbildete, auf Gemälden Rembrandts beispielsweise, der sichtlich auf gut abgelagerten Hölzern malte, ja selbst noch bei van Gogh, dessen ungewöhnlich solide Maltechnik überrascht, zumal ihm doch nur das »toile ordinaire« und recht simples Studienfarbenmaterial zur Verfügung standen.

Konservatorisch kann solchen plastischen Rißbildungen, insbesondere bei Leinwänden, bis zu einem gewissen Grad durch vorsichtiges *Planieren* in verschiedenen Techniken entgegengewirkt werden. Das häufig geübte Glattpressen von Bildern, vornehmlich in Naßtechnik in Form einer Leim- oder Kleisterdublierung, ist indessen bereits ein sehr weitgehender Eingriff, der bis hin zur völligen Denaturierung, d. h. der sterilen Verebnung der Oberflächen, führen kann. Die Rißbildung wird dabei freilich in keiner Weise gemildert und muß vielmehr in jedem Fall als Alterscharakteristikum in Kauf genommen werden.

Stärker ausgebildete Sprungnetze stellen indessen bereits eine so schwere Beeinträchtigung eines Bildes dar, daß nun auch restauratorische Eingriffe unvermeidlich sind. Das aber ist immer dann der Fall, wenn eine Bildgrundierung störend hellfarben netzförmig freiliegt oder breite Rißbildungen jedes akzeptable Ausmaß übersteigen. Derartige Erscheinungen stellen sich bei fehlerhafter Handhabung der Öltechnik ein, insbesondere immer dann, wenn in einer Skizze bzw. Untermalung Materialien verwendet wurden, die nicht vollkommen durchhärteten und die anschließend mit Farblagen überdeckt wurden, welche ein höheres Maß an Trockenspannung entwickeln. Sie sind für die experimentelle Frühzeit der Ölfarbe im 15./16. Jahrhundert typisch, z. B. für Pietro Perugino. Doch finden sie sich auch noch an Gemälden des 18., 19. und 20. Jahrhunderts, etwa im Werk Antoine Watteaus, zu dessen Bild »Gesellschaft im Freien« schon 1750 der Restaurator P. F. Gerhardt bemerkte, daß es »sehr aufgesprungen und sehr beschädigt sei«[131]. Die Sprungbildung muß somit schon früh aufgetreten sein.

Insbesondere bei Asphalt-Untermalungen mußte es dann zu jenen charakteristischen Sprüngen kommen, die nach und nach geradezu katastrophale Ausmaße anzunehmen pflegten, wie das mitunter an Gemälden Johann Heinrich Füsslis oder Adolph von Menzels zu beobachten ist. Denn hier konnten sich selbst Krakelüren von bis zu Zentimeterbreite ausbilden (Abb. 22). Aber auch in der Frühzeit der Ölfarbe waren solche Erscheinungen nicht selten. Es bildeten sich z. B. in Lasurpartien, insbesondere im Rot von Schattenzonen, vielfach Sprungnetze aus, sogenannte Krokodilskrakelees, so bezeichnet wegen der an Krokodilspanzer erinnernden Strukturen. Auch hier mag bereits Asphalt im Spiel gewesen sein, den schon Leonardo da Vinci erwähnt, zumal auch dessen frühes Verkündigungsbild von Monte Oliveto (Abb. 26) Rißbildungen aufweist, die auf Asphalt zurückgeführt werden können. Ja, selbst einem maltechnisch so subtilen Künstler wie Hans Holbein, dessen Bilder vielfach makellos erhalten sind, blieben derartige Erfahrungen nicht erspart.

In Fällen extremer Sprungbildung liegt es denn auch auf der Hand, eine Ausretuschierung solcher Krakelees vorzunehmen; womit eine Restaurierung freilich auch allzu leicht in den Bereich interpretatorischer Manipulationen hineingeraten kann, ja in diffizilen Partien wie in Köpfen, Händen und zeichnerischen Details geradezu verunmöglicht wird.

Holbeins d. J. »Solothurner Madonna« lieferte da ein überaus lehrreiches Beispiel (Abb. 2), wo sich der Restaurator Andreas Eigner im Jahre 1867 anläßlich der Restaurierung einer solchen Mühsal unterziehen mußte: »Es ist dies eine kolossale Arbeit worüber meine Augen schier zu Grunde gehen . . . Alle diese Millionen Sprünge mußten einzeln ein jeder mit Farbe ausgefüllt werden, und die Farbe jedes einzelnen Sprüngelchens wieder nach der Modellierung gebrochen werden.« Doch scheint das alles letztlich nicht befriedigend ausgefallen zu sein, denn tatsächlich lasierte der Restaurator schließlich das Gemälde nach Gutdünken zurecht: »Es erübrigt nur noch die Ergänzung der feinen Modellierung durch durchsichtige Lasurfarbe und die Aufgabe der Zusammenstimmung der Harmonie.« Was Wunder also, wenn sich schließlich etwas vom Plüsch der Gründerjahre mit eingeschlichen hatte[132].

Wir haben gesehen, daß sich gleichsam individuelle Krakeleebildungen für einzelne Schulen oder Maler, bedingt durch deren Maltechnik, nachweisen lassen. Berücksichtigt man diesen Umstand, so sind restauratorische Eingriffe, die eine tiefgreifende Veränderung altersbedingter plastischer Strukturen bewirken, abzulehnen, zumal ein umfangreiches Anschauungsmaterial für die Folgen derartiger Manipulationen existiert: aus dem Bereich der berüchtigten *Gemäldeübertragungen* beispielsweise, wo man Holztafelgemälde durch Abhobeln der schadhaften Tafeln kurzerhand bis auf die Grundierung dünnte, um sie anschließend auf Leinwände zu übertragen. In der Regel kam es dann zur zusätzlichen Ausbildung typischer Leinwandkrakelees, die nun das ursprüngliche durch die Holztafel bewirkte Rißnetz noch ein weiteres Mal überlagerten, wie im Falle von Leonardos Felsgrottenmadonnen geschehen: Während nämlich das englische Exemplar[133] als Holztafel fast 500 Jahre nahezu makellos überdauerte (Abb. 27), bewirkte eine solche Übertragung der Farbschicht des Louvre-Gemäldes (Abb. 28) im Verlauf von etwa 100 Jahren die Ausbildung sekundärer Leinwandkrakelees. Die Folgen waren katastrophal[134].

Dem Bereich solcher altersbedingten Strukturveränderungen zuzurechnen ist ferner auch die *Verdünnung hauchzart aufgetragener Malschichten* durch laufenden zeitbedingten Abrieb, wie auch durch das, was die *Reinigungsmethoden* der Restauratoren durch Abmessern und Abbeizen, ferner durch *Pressen, Bügeln und Planieren* bewirkten. Alles zusammengenommen hatte jenen unfreiwilligen »Altersimpressionismus« zur Folge, bei welchem sich ursprünglich perfekt Glattes nach und nach in Malerisches zu verwandeln pflegte oder wo umgekehrt auch lebhaft Strukturiertes in unbeabsichtigte Glätte umgeschlagen ist (wir werden dieser Problematik bei den polychromierten Skulpturen noch einmal begegnen).

Auf die Gefahren der *Verputzung von Lasuren* im Zuge einer Firnisabnahme wurde bereits verwiesen. Im folgenden soll deshalb deren *strukturverändernde Wirkung* betrachtet werden. Lasuren pflegen sich in der Regel bei Anputzung durch Lösungsmittel der Restauratoren nicht vollkommen aufzulösen. Vielmehr kommt es – vornehmlich bei glatten Holztafeln – zum Aufreißen einstmals lackartig glatter Flächen und damit zur Ausbildung borkiger Strukturen, oder – insbesondere bei groben Leinwänden – zum Abrieb der Lasuren auf den Leinwandkuppen, wo nun die Untermalung zutage tritt. In der Regel handelt es sich dann um undefinierbare braune Reste jener eingangs geschilderten Farblösungen von Aloe oder Asphalt, um jenes verbräunte Kupferresinat, oder auch einmal um verbräunte Pflanzenlacke (jedenfalls um Farblagen), die, wie wir gesehen haben, unter dem Mikroskop betrachtet mehr oder minder Saucencharakter haben, einem gealterten Firnis vergleichbar.

Schlechthin untrennbar – selbst für das mikroskopbewaffnete Auge des Erfahrenen – können derartige Komplexe aber immer dort werden, wo eine dünne, braunkolorierte Schicht oberflächlich, d. h. lediglich auf den Leinwandkuppen, durch Reinigung aufgerissen wurde (an den späten Gemälden Tizians beispielsweise) und wo derartige Effekte dann auch für ein Stilmittel gehalten werden können. Oder ähnlich immer dort, wo Braunpartien, alterszernagte mehr oder minder braune Baumsilhouetten beispielsweise (Abb. 23), nun mit einem ohnehin fleckförmig reduzierten, braun patinierten Himmel unentwirrbar zusammenfließen.

Eine klärende Bereinigung derartiger Strukturen und Fleckpatinen mittels Skalpell und Mikroskop pflegt dann das Dilemma nicht selten noch zu verstärken (gerade unter dem Mikroskop, wo alle Relationen von Form und Farbe verlorengehen müssen): indem nun ein dick impastierter Kumulus beispielsweise plötzlich und unvermittelt farbfrisch hervortreten kann, wogegen die dünnen Mitteltöne des Himmels in ihrer Sprenkelpatina zurückstehen. Ja, dies alles pflegt nicht selten noch mit dem Farbton angeputzter Grundierung durchsetzt zu sein, so daß sich die erhoffte Klärung der Form partout nicht mehr einstellen will. In derartigen Fällen aber wird das erschreckend Interpretatorische solcher Restaurierungsvorgänge wiederum offenkundig, und eine noch so »wissenschaftlich objektivierte« Präparation bewirkt schließlich nichts anderes als eine mehr oder minder schleichende Verfremdung des Bildes – durch einen zwar gezielten aber letztlich immer subjektiven Eingriff! Da dieser überdies stets in sehr kleinen Schritten erfolgt, werden diskrete, doch stetig fortschreitende Manipulationen in der Regel während des Arbeitsvorgangs durch den Restaurator überhaupt nicht mehr wahrgenommen!

Solchen Vorgängen ähnlich, gestalten sich die Dinge

vielfach auch bei der *Abnahme altersgebräunter Firnisse von an und für sich intakten und auch lösungsmittelresistenten Gemälden,* zumal es auch hier zu tiefergreifenden *Strukturveränderungen* kommen muß; beispielsweise durch das Belassen von Firnisresten im Leinwandkorn, insbesondere bei grobkörnigen Geweben, was dann eine vom Künstler nicht beabsichtigte Leinwandstruktur zur Folge hat. Umgekehrt können auch die den Pinselduktus betonenden Patina-Effekte gedämpft werden, wobei dann eine gewisse Glätte der Malschicht und geringere Differenzierung der Oberfläche entstehen. Freilich gehörten derartige Strukturen zunächst einmal keineswegs zum Original – ja diesem fehlte vielmehr im farbfrischen Zustand häufig durchaus jene reiche Mikrotextur des Alters, diese markant herausgehobene Zeichnung der Leinwandstruktur, der Pinselborsten, Wischer und Drücker. Andererseits müssen viele Maler doch mit derartigen Effekten gerechnet haben, wie sie diese mitunter selbst durch Hineinreiben hauchdünn tönender Lasuren künstlich betonten: Tizian beispielsweise, dessen gelegentlich locker hingestrichene und mehr oder minder monochrome Farbflächen sichtlich erst auf diese Weise ihren strukturellen Reichtum entfalteten. Ähnliches findet sich auch noch an Gemälden der Moderne (Abb. 29).

Gehören also die durch Restauratoren mechanisch oder auch chemisch bewirkten Veränderungen an Gemälden in den Bereich künstlich verursachter Patinabildung, so bedeuten auch *die restauratorischen Zutaten,* also die Übermalungen und Retuschen[135] ihrerseits nicht minder interpretatorische Verwandlungen; freilich mit der Einschränkung, daß sie in den allermeisten Fällen noch mehr oder minder reversibel sind. Schleichende, vom Betrachter nicht wahrnehmbare, stets subjektive Eingriffe sind sie allzumal, und dieses trifft letztlich dann selbst auch noch auf die sogenannte »wissenschaftliche« Retusche zu, bei welcher der Grad der Beschädigung des Originals stets auch das Ausmaß der Verfremdung mit impliziert. Das aber ist in der Tat nur eine Frage des Zerstörungsgrades, wo Restaurierung schließlich immer nur Zurechtgemachtes bewirkt. Unterschiedlich sind dabei lediglich die Spielregeln solcher Verwandlungsästhetik, wo denn auch eine museale, eine solche des Kunsthandels – wenn wir einmal pauschalieren dürfen – oder bestimmter Sammler wie auch gewisser Restauratoren zu unterscheiden ist. Gemeinsam ist ihnen die Sicht des Zeitgeistes, der auch den spitzesten Restauratorenpinsel noch inspiriert. Das beginnt bereits mit dem Vorgang des Ausfleckens, wo nun z. B. abgeriebene, durchgeschliffene Leinwandkuppen, welche die Grundierung störend durchsetzen, wieder säuberlich punktuell-farblich integriert werden. Je mehr aber solche Leinwandkuppen den abgeriebenen originalen Farbfilm durchbrechen, um so mehr bedarf es dann auch des ausfleckenden Pinsels und um so intensiver wird schließlich der Vorgang der Verfremdung sein, zumal die Summierung derartiger Retuschenflecken nun einmal unweigerlich mit Strukturveränderungen erkauft werden muß. Das aber trifft in besonderem Maße auf solche Gemälde zu, bei denen durch scharfes Putzen oder durch zeitbedingten Abrieb Fleckwirkung entstand (z. B. auch im Fresko), und wo sich malerische Perfektion nun wiederum in pittoresken »Altersimpressionismus« aufzulösen begann.

Was aber diesen Vorgang des Ausfleckens noch im weiteren fragwürdig machen muß, das ist der Umstand, daß eine komplettierend retuschierte Partie stets auch die Perfektionierung weiterer Partien nach sich zu ziehen pflegt, da sich diese durch Kontraststeigerung um so störender bemerkbar machen würde. Ein Circulus vitiosus des Immer-weiter-retuschieren-Müssens wird dann die unausweichliche Folge sein, und mit ihm das stufenweise verfremdete Surrogat!

Neben solchen durch allerlei altersbedingte Verluste und restauratorische Eingriffe verursachten Strukturveränderungen wirken sich nicht minder gravierend auch noch weitere diskrete *Wandlungen der Stofflichkeit* aus: Hierzu gehören altersbedingte wie künstliche Verschiebungen im Oberflächen- bzw. Tiefenlicht – wenn pastellig wirkende Leimfarben, beispielsweise durch unbedachtes Firnissen, den Charakter von gefirnißter Tempera, der Ölfarbe ähnlich, angenommen haben, oder wenn gar über luftiges Azurit oder über Polimentgold gefirnißt wurde (wie es mit zahllosen mittelalterlichen Goldgrundbildern geschehen ist, die spätzeitlicher Unverstand kurzerhand in Staffeleibilder umdeutete). Geradezu katastrophal sind die Folgen bei den ungefirnißt konzipierten Tüchleingemälden[136], bei Albrecht Dürers »Fürlegerin« in Berlin beispielsweise und auch noch bei den in Leimfarben gemalten Bildern Otto Muellers, denen eine Firnissung jeden Reiz zu nehmen pflegt. Das gleiche gilt auch noch für Wachsbehandlungen; etwa für Dublierungen in Wachstechnik (was wiederum mit Bildern Otto Muellers geschah).

Was Wunder also, wenn sich pastellig Luftiges nun in dumpfe Fettigkeit verwandelte und auch der Helligkeitsgrad solcher Bilder ganz wesentlich abgesunken ist. In geringerem Maße kann dieser Effekt selbst noch bei Ölgemälden eingetreten sein, insbesondere immer dort, wo jene auf stark saugenden Gründen konzipiert und somit auf Mattcharakter angelegt waren. Ähnliches gilt für Bilder, die auf ungrundierten Leinwänden ausgeführt wurden (Ferdinand Hodler) und wo die Leinwand dann nach und nach das Öl der Farbe absorbierte. An solchen Bildern mußte die Leinwand schließlich zonenweise verbräunen, was sich besonders bei teilbemalten – ursprünglich weißen – Geweben (wie z. B. dem feinen Langentaler Leinen F. Hodlers) überaus störend bemerkbar zu machen pflegt.

Altersbedingt sind auch die Glanz-/Mattrelationen zahlreicher moderner Bilder durcheinandergeraten: denn einstmals Glänzendes wurde nun halbmatt, Halbmattes verwandelte sich in pastelliges Matt und ursprünglich gänzlich Mattes begann sodann, bedingt durch die Desintegration alternder Bindemittel, in einen Zustand pastellig abkreidender Oberflächen überzugehen. Das Aufbringen eines Firnisses aber, eines an und für sich in Jahrhunderten bewährten Oberflächenschutzes, muß in solchen Fällen zum Ruin des Bildes führen.

In der Tat sind die Glanz-/Mattrelationen zahlreicher moderner Gemälde durch Firnissen kurzerhand vereinheitlicht und damit verdorben worden. Denn für viele moderne Künstler war dieses differenzierte Spiel von Glanz- und Mattpartien ein wesentlicher Teil ihrer künstlerischen Konzeption, weshalb sie das Firnissen mit vereinheitlichenden Glanzlacken ablehnten. Max Beckmann beispielsweise soll nach dem Zeugnis seiner Witwe[137] das Firnissen mit dem allzu üppigen Gebrauch des Pedales beim Klavierspielen verglichen haben: »Es ist nicht gut immer fortissimo zu spielen, es ist auch nicht gut, immer pianissimo zu spielen; ausgiebiger Gebrauch ein und desselben Stilmittels macht ein Stück monoton und langweilig.« Hier also wurde das nuancierte Spiel der Oberflächen als bewußtes Stilmittel eingesetzt. Freilich muß auch immer wieder berücksichtigt werden, daß sich auf Grund der Farbenalterung und Durchtrocknung der Malmittel nach und nach jene vom Künstler unbeabsichtigten Veränderungen der Glanz-/Mattrelationen einstellten und daß sich zahlreiche Gemälde innerhalb von Jahrzehnten sehr verändert haben müssen, z. B. Bilder Ernst Ludwig Kirchners[138], Pablo Picassos, George Braques oder Ernst Wilhelm Nays[139].

In diesem Sinne sind heute zahlreiche Gemälde Nays durch Austrocknung und pastelliges Abkreiden der Ölfarben derartig gefährdet, daß man um ein vorsichtiges Fixieren solcher Partien nicht mehr herumkommt. Daß gedankenlos-vereinheitlichendes Firnissen hier die Probleme nur noch zu verstärken pflegt, braucht nicht mehr betont zu werden, und in der Tat stellt sich bei derartigen Gemälden (Braques oder Picassos beispielsweise, die auf diese Weise ruiniert wurden) ein weit größeres Problem: nämlich die Frage nach einer überhaupt noch möglichen Entfirnissung. Das aber hängt ganz wesentlich vom verwendeten Firnismaterial ab.

In jedem Falle aber empfiehlt es sich, in solchen Fällen mit größter Behutsamkeit vorzugehen. Denn nicht nur die desintegrierten Farbkomplexe sind hier gefährdet, sondern vielmehr auch die Lasuren, und damit Partien, die einmal, wie bei George Braque oder Amedeo Modigliani, mit getönten Firnissen glänzend herausgehoben waren. Denn es waren ja gerade diese ambivalenten Beziehungen von Farbe, Glanz- und Mattigkeitsgrad, die Braque anstrebte, und die er, darin Beckmann ähnlich, mit »Poesie« apostrophierte[140].

Haben wir uns nun den vielfältigen Veränderungen an Farb- und Firnisschichten wie auch den Folgen unreflektierter restauratorischer Maßnahmen für den Charakter der Gemäldeoberflächen etwas gewidmet, so soll abschließend und in Kürze noch die *Bildrückseite* in die Betrachtung mit einbezogen werden.

Beginnen wir mit den *Leinwandgemälden*[141]: Auf die Folgen von Planierungsmaßnahmen für die Farbschicht wurde bereits verwiesen. Daß diese nicht nur die Malerei, sondern vielmehr auch den Bildträger, d. h. die Leinwand, mit zu beeinträchtigen pflegen, liegt auf der Hand. Denn Leinwände sind nun einmal keine starren Bildträger; sie entwickeln vielmehr im Lauf der Zeit ihren eigenen textilen Habitus, indem sie sich verziehen und verbeulen, wodurch jene typische »plastische Patina« der Oberflächen entsteht. *Planierungen* und vor allem die üblichen *Dublierungen* bewirken deshalb – sofern es sich nicht um eine durch erhebliche Defekte verunstaltete Leinwand handelt – einen sterilen Verebnungseffekt, der in gewissem Sinne stets auch mit der Aufgabe des textilen Charakters erkauft werden muß. Der stumpfsinnige Perfektionismus solchermaßen (insbesondere in Kleisterdublierung) behandelter textiler Bildträger mag dann zwar am Markt mitunter geschätzt sein, ein Merkmal des organisch gealterten Originals ist er aber keineswegs. Darum erübrigen sich auch die allermeisten Dublierungen, die wegen ein paar Löchern oder Rissen gedankenlos und profitversprechend vorgenommen werden, und das erst junge *Verfahren des Verschweißens* der einzelnen Fäden einer Bruchstelle ist dann der konservatorisch wie ästhetisch viel unbedenklichere Eingriff[142]. Denn das Original wird hier nicht kurzerhand auf die übliche Weise mittels Leinwand oder Glasgewebe zugeklebt, von der Verfärbung und Penetrierung der Faser mittels Wachs, Beva oder Kunstharzen einmal gänzlich abgesehen.

Zu verurteilen ist im weiteren auch der gedankenlose Ersatz alter, häufig noch originaler *Keilrahmen* zugunsten von etwas mehr Perfektion durch moderne Konstruktionen. Denn in vielen Fällen wäre es durchaus lohnenswert, diese Zeugnisse oftmals origineller Handwerksarbeit einer stabilisierenden Behandlung zu unterziehen.

Was für Leinwandgemälde zutrifft, das gilt grundsätzlich auch für die *Holztafel*[143], zumal restauratorische Eingriffe in die Konstruktion des Bildträgers auch hier nicht selten mit Veränderungen der Bildebene erkauft werden! Der schwerwiegendste Eingriff dürfte dabei die früher viel geübte Trennung einer beidseitig bemalten Tafel in zwei Bildhälften sein, deren Rückseiten nun gänzlich ungeschützt den Einwirkungen des Klimas ausgesetzt sind. Verwerfungen, oftmals binnen Stunden, bei einem plötzlich niedergehenden Platzregen beispielsweise, waren dann eine weitere Konsequenz, womit wiederum stabilisierende Maßnahmen provoziert wurden. Diese erfolgten nun in der Regel als *Parkettierung* der Rückseiten, also durch Aufbringen eines flexiblen Lattenrostes, der freilich die sogenannte Waschbrettbildung bewirken mußte: wellenförmige Verziehungen der Holztafel zwischen den mit Parkett-Trägern beleimten Zonen und den unbeleimten Intervallen. Parkettierungen, aus welchen Ursachen auch immer und welchen Typs, haben deshalb ihre Grenzen und Nachteile und sollten unbedingt vermieden werden, sofern, wie beim Leinwandgemälde, gewisse Verwerfungen und die daraus resultierenden störenden Oberflächenreflexionen noch einigermaßen zu akzeptieren sind. Glaubt man diese Toleranzschwelle freilich überschritten, werden Eingriffe in den hölzernen Bildträger nicht mehr zu vermeiden sein, wobei dann das geringste Übel zu wählen ist:

Als radikalste Methode bietet sich dazu die flächendeckende Beleimung mittels *Balsaholzklötzchen* (und Wachsklebern) an, was eine möglichst ebene, durch keinerlei Waschbrettbildung beeinträchtigte Fläche garantiert. Der Nachteil des Verfahrens liegt neben der Verseuchung der Bildrückseite mit dem Klebemittel in der totalen Beleimung; sein Vorteil besteht darin, daß die Rückseite ohne gewaltsame Verebnung stabilisiert werden kann. (Wir blicken im übrigen mit dieser Methode, die keineswegs der Weisheit letzter Schluß sein kann, auf eine etwa 20jährige recht gute Erfahrung zurück, da sie die geringste mechanische Belastung ausübt. Bei starkem Arbeiten des Bildträgers pflegt sich dieser außerdem schadlos von der Balsaholzlage zu trennen.)

Das konventionell gerostete Parkett hat demgegenüber diese Vorzüge nicht. Als sogenanntes Florentiner- oder Flachparkett bzw. als Hochparkett setzt es zunächst eine gewaltsame Verebnung der Rückseite durch Hobeln oder lokales Schleifen voraus und bedingt somit neben den Nachteilen der Waschbrett- und der Rißbildung längs der Leisten noch einen wesentlich tiefgreifenderen Arbeitsgang, selbst wenn es, wie bei italienischen Arbeiten häufig, dank zierlicher Profile handwerklich reizvoll ausgeführt ist. Ebendiese etwas nostalgische Handwerklichkeit aber ist es, von welcher die Verführung zu solchen Eingriffen (vornehmlich im Handel) auszugehen pflegt.

Individueller arbeitende Systeme mit punktuell aufgebrachten Halterungsklötzchen vermeiden die Nachteile solcher Parkette und sind deshalb dem Florentiner Parkett in jedem Falle vorzuziehen.

Metallkonstruktionen sind für das Museum akzeptabel, für den Handel dagegen wohl nur in den seltensten Fällen, da sie jene gediegene Handwerklichkeit vermissen lassen. Ihr Aussehen erinnert vielmehr an Sprungfedermatratzen, und das ist nicht jedermanns Sache. Ihr Vorzug liegt indessen in ihrer leichten Justierbarkeit, durch welche das gefürchtete Verklemmen der Laufschienen vermieden werden kann. In Fällen geringerer Verwerfung der Tafel erübrigt sich dies alles ohnehin, und es genügen federnde, am Rahmen befestigte Halterungen, insbesondere wenn stabilisierende Raumklimata gewährleistet sind.

Die Absicherung bruchgefährdeter *Brettfugen* erfolgt am besten mittels kleiner Klötzchen in Eichenholz, die faserparallel, also nicht sperrend (d. h. quer zur Faser), aufgeleimt werden. Eine Beleimung mittels Schwalbenschwänzen, wie früher vielfach üblich, ist zu vermeiden, auch wenn diese den Eindruck zweckmäßiger Handwerklichkeit hervorrufen, zumal derartige Stabilisierungen auch noch mit einer Beschädigung der Holztafel und lokal auftretenden Spannungen erkauft werden. Ähnliches gilt für gewaltsame Gratungen.

Holzwurmgeschädigte Tafeln werden durch festigende Tränkungen stabilisiert. In Fällen von leichtem Befall erfolgt das durch Imprägnierungen mittels Paraloid B 72, das nur geringe Verfärbung zur Folge hat, ja selbst mit Leim, was dann freilich zu Spannungen führen kann. Bei schwerem Befall sind in erster Linie Kunststofftränkungen angezeigt, z. B. durch Epoxidharze, die keiner nennenswerten Spannungsbildung unterliegen, aber dafür auch irreversibel sind und zu Dunkelungen führen müssen. Bei aktivem Holzwurmbefall ist schließlich eine Behandlung mit Kombinationen von Härtungsmitteln und Giftstoffen, wie sie die Industrie anbietet, nicht zu vermeiden.

Schließlich noch ein Wort zu den früher üblichen *Übertragungen holzwurmgeschädigter Gemälde auf neue Bildträger:* Wie bereits im Zusammenhang mit der Übertragung von Leonardos Felsgrottenmadonna erörtert, sind derartige Maßnahmen fast immer zu vermeiden und heute ins Reich der Restaurierungshistorie zu verweisen. Italienische Übertragungen im Gefolge der Florentiner Flutkatastrophe gingen gar so weit, selbst noch die Originalgrundierung mit den letzten Holzresten zu entfernen und durch neue (weiße) Grundierung zu ersetzen. Daß durch derartige Eingriffe die farblichen Relationen vollkommen durcheinandergeraten mußten, insbesondere an den altersbedingten Dünnungen der Farbschicht, wo die Grundierung nun längs der schüsselförmigen Ränder der Krakelees wieder gelblich hervortrat, bedarf keiner weiteren Diskussion.

»Ein Gemälde ganz abscheuern heißt nicht dasselbe restaurieren sondern verderben, und es ist allemal am sichersten die Patina oder denjenigen Farbenton welche ihm die Zeit gegeben hat, stehen zu lassen...«

Heinrich Meyer, Restauration von Kunstwerken,
in: PROPYLÄEN 1799

Maximen und Reflexionen zu einem Kodex der Firnisabnahme

Wir haben gesehen, daß es einen archimedischen Punkt, von dem aus alle konservatorischen Entscheidungen zu fällen wären, eine generelle konservierungsästhetische Doktrin also, unter den gegebenen Umständen gar nicht geben kann, weshalb auch jedweder Versuch von vornherein zum Scheitern verurteilt ist, so etwas wie einen verbindlichen Kodex der Firnisabnahme entwerfen zu wollen. Wenn nun im folgenden dennoch andeutungsweise und gleichsam nur als differenzierender Denkanstoß zum Nutzen und Nachteil der Firnisabnahme, deren Problematik anhand einzelner Schulen, Künstler oder auch besonderer Fälle noch einmal diskutiert werden soll, so geschieht dies um der Demonstration der unendlichen Komplexität der Aspekte dieses Kapitels willen.

Blicken wir zunächst auf die *mittelalterliche Malerei,* so entstand sie in einem geistigen Klima der Antipatina: denn juwelenartig leuchtende Lokalfarben bedurften keiner malerischen Dämpfung, zumal sakrale Kunst ohnehin im milden Dämmer des Kirchenlichts, farbiger Glasscheiben und flackernder Kerzen gesehen wurde, und selbst in Bürgerhäusern, bedingt durch relativ kleine Fenster, recht eingeschränkte Lichtverhältnisse herrschten.

Was aber als Folge der Farbenalterung und Firnisgilbung heute abgesunken und eingestimmt in milde Patina erscheint, das vermag das intensivere »pleinairistische« Licht unserer Museen in gewissem Maße noch zu reaktivieren, wobei sich Schäden freilich auch schonungsloser offenbaren und die Verfremdung zum musealen Exponat nun eine perfekte ist.

Zugleich vermochte sich vieles im Schutz dieses Dämmers und lichtdämpfender Patinen wiederum bis zur Makellosigkeit zu erhalten: *Rogier van der Weydens* Damenporträt in London beispielsweise, das sich nach unlängst vollzogener Reinigung förmlich wie zur Entstehungszeit präsentiert. Gleiches kann sowohl für die Malerei *Jan van Eycks* wie ebenso für jene der Deutschen gelten: für *Stephan Lochner, Meister Bertram, Konrad von Soest* und auch für *Konrad Witz,* bis hin zu *Albrecht Dürer, Lucas Cranach* und *Albrecht Altdorfer.* Daß die Gewinne dabei die Verluste in der Regel aufwiegen, bezeugt eindrucksvoll die unlängst gereinigte »Alexanderschlacht« Altdorfers, die nun wieder in juwelenhafter Farbigkeit erstrahlt, selbst wenn Einzelheiten altersbedingt abgesunken sind. Nicht minder können noch die glasigen Kolorite *Hans Holbeins d. J.* durch Firnisabnahmen gewinnen, weshalb ihre Reinigung wohl allgemeine Zustimmung findet.

Ähnliches gilt für die frühen Italiener, für *Antonello da Messina* und generell auch für die meisten Trecentisten und Quattrocentisten: für *Ambrogio Lorenzetti, Giovanni di Paolo* oder *Lorenzo Monaco,* wenngleich sie immer auch partienweise, insbesondere in den Schatten der azuritenen Marienmäntel, ins Braune umgeschlagen sind. Firnisabnahmen betonen deshalb hier zugleich auch alterungsbedingte Kontraste, z. B. im hellen Blau, gegenüber den einstmals indigofarbenen und heute vielfach nur noch kaffeebraunen Schattenpartien.

Unter Braunfirnissen und Patinen leiden auch die Bilder *Fra Angelicos, Paolo Uccellos, Filippo Lippis, Benozzo Gozzolis, Ghirlandajos* oder *Sandro Botticellis,* deren strahlende Klarfarbigkeit durch Firnisabnahmen im allgemeinen wiederum gewinnen kann. Es sei hier nur an das Reinigungsergebnis von Botticellis »Primavera« der Uffizien erinnert, die sich aus sumpfigen Brauntönen zu mitunter strahlender Farbigkeit wandelte. Dabei sollte man sich freilich bewußt sein, daß die heute gedämpft bräunlich harmonisierten Grünpartien einmal wesentlich kräftiger angesetzt waren, weshalb sich einzelne Blumen, Gewandungen etc. jetzt zu diesen in völlig veränderten Relationen befinden, was durch die Reinigung noch verstärkt wurde.

Dasselbe gilt auch für die Venezianer, für *Giovanni Bellini* beispielsweise, wo die frühen, in strichelnder Temperamanier gemalten Bilder wohl ohne zu große Skrupel gereinigt werden können (wenn typische Problempartien, insbesondere wiederum im Grün, in die Entscheidung mit einbezogen werden), wogegen bei den späten in Öltechnik entstandenen Gemälden von Fall zu Fall zu entscheiden wäre, da deren Nähe zu Tizian einen komplexeren Bildaufbau erwarten läßt. Auch *Andrea Mantegnas* gedämpft strahlendes Kolorit leidet schwer unter braunen Filtern.

Doch schon *Leonardo da Vinci* ist hinsichtlich Bildaufbau und Maltechnik ein Sonderfall, vornehmlich seiner Versuche mit einem neuen Gemäldefirnis wie auch seines neuartigen Bildaufbaus wegen, der über einer brauntonig alle Bildelemente vereinheitlichenden Untermalung schließlich lagenweise mit zarten luftperspektivischen Sfumatolasuren abgeschlossen wurde. Die Komplexität dieses technischen Verfahrens, im Verein mit sehr unterschiedlichen Alterungsschicksalen und den Kuren der Restauratoren, mußte hier endlich zu sehr verschiedenartigen Erhaltungszuständen führen: vom völligen Ruin der Anghiarischlacht über die quasi-Ruine des Abendmahls und die nicht vollendeten Gemälde (Anbetung und Hieronymus) bis hin zu den im Erhaltungszustand so unterschiedlichen Felsgrottenmadonnen, deren eine radikal gereinigt (London), deren andere stattdessen mit braunen Saucen »harmonisierend« zurechtgetönt wurde (Paris). Blicken wir auf das englische Exemplar, so wirkt es heute farblich kalt: Die Gesichter sind fahl, wie vom Mondlicht beschienen, und etwas von der kühlen Ratio naturwissenschaftlich objektivierter Reinigungskünste scheint sich hier niedergeschlagen zu haben. Kühlfarben lapislazulistrahlend steht auch der Mantel Mariens, wogegen die azuritenen Teile in der fernen Landschaft (nämlich immer dort, wo die Untermalung freiliegt) heute warmtoniggrünlich herausfallen. Der Gesamteindruck ist somit zwiespältig und es kann eigentlich nicht überraschen, daß selbst die Urheberschaft Leonardos angezweifelt wurde. Akzeptiert man die Kälte des Inkarnats als letzten künstlerischen Willen, so muß hier die Frage gestellt werden, ob Leonardo gar einen harmonisierenden gelblichen Firnis berücksichtigt hat, zumal er in technischen Dingen ja ein sehr unorthodoxer Kopf gewesen ist. Warmtonig steht dagegen das Pariser Exemplar, und die künstlich patinierte Unisonostimmung verbreitet das Gefühl wohligen Abendlichts, was uns in unterschwelliger Rezeption der Harmonievorstellungen des 19. Jahrhunderts immer noch befriedigt und sich durch die originale Warmtonigkeit der im Untermalungszustand braun in braun stehengebliebenen Gemälde geradezu bestätigt findet. Eine Firnisabnahme am Pariser Gemälde könnte somit bestürzende Überraschungen durch unerwartete Kühltonigkeit bereiten[144], weshalb man auf diesen Eingriff denn auch bis heute verzichtet hat.

Mit der Malerei des 16. Jahrhunderts differenzieren sich die Problemstellungen: Soweit diese noch in koloristischen Traditionen der Spätgotik steht, bleibt alles beim Alten. Viele kalttonige Bilder, wie jene *Jan Mabuses* – hier in Kombination kalter Inkarnate mit dunkel strahlendem Blau –, gewinnen ohne Zweifel, wenn man von altersbedingten Veränderungen der Details, der Augäpfel beispielsweise, die nun immer bläulich erscheinen, einmal absieht. Doch schon die Bilder der *Schule von Fontainebleau* werden nach der Reinigung durch ihre Grautonigkeit nicht immer Zustimmung finden. Hingegen gewinnen die italienischen Manieristen, *Agnolo Bronzino* und *Jacopo da Pontormo* beispielsweise, ungemein, was das Manieristen-Kabinett der Uffizien eindrucksvoll demonstriert (wo nach langem Zögern mit Reinigungsaktionen wohl nicht zufällig begonnen wurde).

Auch *Michelangelo* erweist sich koloristisch als Manierist, was die derzeit ausgeführten Restaurierungsarbeiten an der Decke der Sixtinischen Kapelle offenbaren. Denn anstelle der gewohnten, zum Grau tendierenden, dumpfen erd- und steinfarbigen Valeurs erscheinen hier nun reine und ungebrochene Töne: Kombinationen von Grün-Gelb-Rosa oder Gelb-Lila und Grünblau, die diese Malerei nun in die Nachbarschaft seines (freilich vergilbten) Tondos und in die von Rosso Fiorentino, Pontormo und Bronzino stellen – selbst wenn Kritiker nun entsetzt Gummibärchen- und Fruchteisfarben festzustellen glaubten und dies den Künsten der Restauratoren anlasteten. Da die Restaurierungsarbeiten sich indessen nur auf das Ablösen von aufsitzendem Schmutz und Ruß beschränken, dürften Probleme allenfalls bei den a secco aufgesetzten Tönen zu erwarten sein, zumal die Verschmutzung hier eine tieferwirkende sein könnte. Dennoch dürfte dieser Restaurierung, da ja nur aufsitzende Schmutzpatinen entfernt werden, rückhaltlos zuzustimmen sein.

Doch schon die Venezianer geben mit ihrer wesentlich malerischeren Gesinnung zunehmend restauratorische Probleme auf: Die Bilder *Lorenzo Lottos, Giorgiones* und des frühen *Tizian* werden im allgemeinen noch durch Reinigung gewinnen – man überzeuge sich vor Tizians »Assunta« in der Frarikirche in Venedig –, doch sind die »rembrandtesken« späten Bilder, die »Pietà« der Accademia oder die »Dornenkrönung« in München, technologisch bereits so überaus komplexe Gebilde, daß hier allergrößte Vorsicht geboten ist. Gerade das Münchner Exemplar der »Dornenkrönung« verdeutlicht ja diesen Entwicklungsweg Tizians zur »Patina«: Das den 70er Jahren zugehörige Bild ist nach Komposition und Abmessungen eine Wiederholung des Louvre-Bildes aus den 30er Jahren, doch ist es nun in jenes malerisch-rauchige Dämmerlicht getaucht, das barocke Patinastimmung vorwegzunehmen scheint. Der Firnis des Apelles – nach der Adriani-Ausgabe Vasaris von brauner Farbe – ist hier mit zu berücksichtigen.

Daß *Jacopo Tintorettos* Bilder sich – durch das Malen auf roten, braunen, ja violettbraunen Gründen – altersbedingt sehr veränderten, hatten ja schon Goethes Zeitgenossen erkannt, da sie nun wieder den Übergang zum weißen Bildgrund vollzogen. Hinzu kamen schadensverursachend sichtlich unbeständige Malmaterialien, wie verblassende Lacke und verbräunende Mineralfarben, vielleicht auch minderwertige Öle. Denn Tintorettos Gemälde sind nicht nur enorm gedunkelt, sondern vielmehr auch partienweise »auseinandergefallen«. Reinigungsmaßnahmen, wie jetzt in der Scuola di San Rocco in Venedig durchgeführt, fördern deshalb immer wieder den desolaten Zustand schonungslos zutage. So z. B. steht im »Versucher« scharfes Grün unvermittelt gegen kaltes Rosa und solchen Partien gegenüber, die in dunkles Braun umgeschlagen sind, überdies noch in Kontrast zu scharfem Weiß. Was darüber hinaus diese venezianischen Restaurierungen nicht anziehender macht, sind die allerorten belassenen Felder gegilbten Firnisses als Nachweis streng wissenschaftlicher Arbeitsweise (und Dokumentation kleiner restauratorischer Eitelkeiten!).

Ähnliche Probleme bereitet im übrigen auch die Malerei *Paolo Veroneses*. So präsentiert sich z. B. das große »Gastmahl im Hause des Levi« der Accademia heute in gereinigtem Zustand dergestalt, daß anstelle milder Gelbstimmung wegen eines nunmehr »abgenommenen« und einmal wohl nicht grundlos übermalten Himmels – einzelne Zonen nun unvermittelt herausplatzen: insbesondere die grünlichblauen Himmelspartien und ein kaltes Gelb im Vordergrund, wodurch die milde Harmonie des Vorzustandes zerstört ist. Gewiß, ein solcher Befund vermag in einem »wissenschaftlichen« Sinn den Überlieferungszustand objektiver zu dokumentieren (nämlich ohne die Interpretation älterer Restaurierungen und den milden Filter gegilbten Firnisses), künstlerisch wird er indessen kaum zu befriedigen vermögen. Denn anstelle der einstmals putzenden Malerrestauratoren waren hier nun die neuen Technokraten am Werke: die einen so bedenklich wie die anderen! Indessen hatten die alten Malerrestauratoren zumindest noch aus einer Position subjektiv-künstlerischer Ganzheitlichkeit heraus gehandelt. – Freilich ist zugleich sachlich zu differenzieren: Veroneses Bilder sind in kühltonigen Kontrasten von Grau, Grün, Gelb, Rosa und Mittelblau komponiert, weshalb in Fällen besseren Erhaltungszustands wiederum ganz anders zu entscheiden ist.

In gleicher Weise beeinträchtigt wird die ekstatische Buntfarbigkeit *El Grecos:* Dabei ist wiederum zu berücksichtigen, daß violettgraues Inkarnat, Grünblau, Kanarigelb, Kupfergrün und helles Rot, wie bei allen farbstarken Bildern durch Reinigung immer nur dann zu gewinnen pflegen, wenn dabei nicht auch größere Komplexe älterer Verputzungen mit aufgedeckt werden und die Verluste die Gewinne übersteigen. Das aber wurde beispielsweise im sehr hellen Frühlingslicht anläßlich der Münchner Ausstellung spanischer Malerei 1982 deutlich, wo sich an der Münchner »Entkleidung Christi«, bei unbezweifeltem Gewinn an farbigem Reichtum, nun auch die Kehrseite solcher Maßnahmen offenbarte: Einzelne Partien, wie z. B. das Rot des Mantels Christi, wirkten jetzt uneinheitlich, ja zerrissen, zumal – insbesondere im Gewand auf der Brust Christi – die Untermalung nun kaltfarben und weißlich zutage trat und Reste von Lasuren in Vertiefungen noch erahnen ließen, was verlorengegangen war. Lehrreich war da die Gegenüberstellung mit dem Budapester Exemplar, dessen gelblicher Firnis übergroße Härten und Verluste zu mildern vermochte. Das ist freilich zugleich ein über diesen speziellen Fall weit hinausweisendes Problem heller Präsentationsbedingungen, das sich aber bei mildem Oberlicht, wie jetzt in der Alten Pinakothek, bereits wieder erheblich abschwächt.

Blicken wir nun auf die Niederländer, insbesondere auf *Peter Paul Rubens,* so kann bei aller Vorsicht wohl folgendes postuliert werden: Die frühen klarfarbigen Bilder, von der Art des Selbstbildnisses mit Isabella Brant, können mehr oder minder alle unbedenklich gereinigt werden. Stark brauntonige Bilder, wie die Schäferszene in München, mit viel Braun im Inkarnat des Schäfers im Vordergrund und im Gewandschatten, werden lediglich kontrastreicher, so daß eine Reinigung zunächst wenigstens keine Nachteile erwarten läßt. Hingegen können die buntfarbigen Werkstattbilder mit bösen Überraschungen aufwarten, wie die »Nilpferdjagd« in München jetzt offenbart, deren Reinigung peinlich-süßliche, blau-grün-rosa Kolorite in den Inkarnaten aufdeckte.

Ähnliches gilt ebenso für die Malerei von Jacob Jordaens.

Anthonis van Dycks rauchig-malerische Palette ist demgegenüber in höherem Maße auf »Patina« eingestimmt: Beim Vergleich der Inkarnate fällt hier die harmonische Warmtonigkeit auf, denn die Kontraste von Rosa und grünlichen Tönen, die für das Rubensatelier so typisch sind, fehlen. Ein Gelbfilter »harmonisiert« somit auch nicht eventuelle Diskrepanzen, weshalb bei einer Firnisabnahme mit weniger Überraschungen zu rechnen ist.

Bleibt auch der Eindruck gereinigter Gemälde des Rubenskreises zwiespältig, so ist der Gewinn bei vielen niederländischen Kleinmeistern evident; insbesondere bei den buntfarbigen, wie *Jan van Huysum,* in dessen Blumenstilleben strahlend lapislazulifarbige Wickenblüten im Kontrast mit weißen porzellanenen Malven erscheinen – denn all diese Maler des 17. Jahrhunderts beabsichtigten nicht, die naturalistische Gegenstandsfarbe ins »atmosphärisch« Brauntonige zu übersetzen. Auch ihre Bildgründe sind fast immer von kühlem Grau.

Schwieriger sind wiederum die warmtonigen Maler wie *Jan Josephsz van Goyen* zu beurteilen. Zwar erscheinen hier häufig durchaus auch zarte Silbergrau- und Grüntöne, doch sind sie stets in die warme Grundstimmung des ungrundierten Eichenholzbretts eingebunden, weshalb sich bei einer Abnahme trüber gegilbter Firnisse (und häufiger Übermalungen) dann als böse Überraschung die Poren des Eichenholzes auszuwirken beginnen. Störende Dünnungen der ohnehin hauchzarten Farbschicht pflegen noch hinzuzukommen; viele Reinigungen führten somit nicht selten zum weitgehenden Ruin, der erneut durch Retuschen und Übermalungen kaschiert wurde.

Salomon de Koninck war 1947 mit je einem ungereinigten und einem gereinigten Exemplar auf der Ausstellung »Cleaned Pictures« vertreten, und es ergab sich hier im Vergleich folgendes Bild: Auf dem ungereinigten Exemplar waren die Figuren des Vordergrundes in die braunen Töne der Umgebung eingeschmolzen, auf dem gereinigten fielen sie dagegen eher heraus. Daß warmtonige Bilder indessen insgesamt weniger Veränderungen unterliegen als kälter gestufte, das zeigt auch die Erfahrung im Umgang mit den beiden *van Ruisdaels:* Salomons Gemälde, insgesamt warmtonig-silbriger, bergen in der Regel weniger Überraschungen als jene Jacobs, dessen Malweise im übrigen derjenigen bereits angesprochenen Hobbemas ähnelt. Wie bei diesem wurden nämlich die Lichter des Baumschlags in bläulichen Tönen über braunen Untermalungen angelegt, um sodann mit transparenten gelblichen Lacken abgeschlossen zu werden – mit Lasuren also, die freilich inzwischen in vielen Fällen ein Opfer des Reinigungszwangs der Restauratoren geworden sind. Doch ist es auch nicht ausgeschlossen, daß mitunter eine direkte Ausmischung mittels transparentem gelben Lack zu einem milden Grün erfolgte. Dieser aber müßte dann wegen seiner Lichtempfindlichkeit im Laufe der Zeit verblaßt sein, weshalb solche Partien denn auch heute nicht selten in hellem Blau anstelle von Grün erscheinen. Wohl nicht grundlos wurden niederländische Gemälde vielfach im 17. Jahrhundert hinter schützenden Vorhängen bewahrt.

Wenn nun also die ausbleichenden Eigenschaften des gelben Lacks hinlänglich bekannt waren und sichtlich dennoch in Kauf genommen wurden, so muß dies seine Ursache einerseits in der Unverträglichkeit des Kupfergrüns gehabt haben, andererseits aber doch wohl auch in einer gewissen Mitberücksichtigung der Firnisgilbung, die das Verblassen der gelben Lacke einigermaßen auszugleichen im Stande gewesen wäre. Freilich beeinflußte eine Firnisgilbung hinwiederum die empfindlichen bläßlich-blauen Smaltetöne, die für die Himmelspartien niederländischer Bilder dieser Zeit so typisch sind. Denn Smalte hatte als violettblaues Kobaltglas nur geringes Färbevermögen, was indessen gerade die vornehme Tonigkeit derartiger Bilder bedingte. Daraus ist zu schließen, daß eine Firnisgilbung ursprünglich zumindest für diese Malerei wohl nur in geringem Maße mit einkalkuliert wurde[145]. Wenn nun also an Bildern des *Ruisdael-Hobbemakreises* nicht nur die übliche Bräunung der Bindemittel, sondern vielmehr auch eine Verblassung, ja Vergrauung stattgefunden hätte, so ist daraus im weiteren zu folgern, daß mäßig vergilbte Firnisse als farbliches Korrektiv zu erhalten sind. Wo diese indessen durch häßliche Verbräunung und stark gedunkelte Retuschen verunstaltend wirken, wäre von Fall zu Fall die Wiederaufbringung eines leicht getönten Firnisses zu erwägen. Auf ähnliche Erscheinungen bei *Jan Vermeer* und *Pieter de Hooch* wurde bereits verwiesen.

Nicht minder problematisch bleibt auch stets die Reinigung von Gemälden der spanischen Schule: Bei *Jusepe de Ribera* beispielsweise wird die durch Verseifung der Mitteltöne entstandene Veränderung in einen Clairobscur-Kontrast gesteigert, weshalb die Lichter nicht selten kalkig und damit viel zu hart, mithin in Kontrast zu schwarzbraunen Partien, stehen, die sich ihrerseits durch Schwärzung komplementärfarbig aufgetragenen Kupfergrüns verstärkt haben. Milde, dämpfende Gelbfilter sind hier demzufolge durchaus zu vertreten. *Diego Velázquez'* kühle »impressionistische« Palette gewinnt dagegen eindeutig, insbesondere in den graurosa Kontrasten; zugleich bleibt der Eindruck freilich immer auch zwiespältig: So hatten sich beispielsweise an den 1947 in London ausgestellten Bildnissen Philipps IV. die Gewandteile hinsichtlich Farbe und handschriftlicher Frische verbessert, zugleich aber waren die Valeurs der Inkarnate »auseinandergefallen«. Ähnlich diskrepant bleibt der Eindruck bei der gereinigten Londoner Venus, deren rosige Inkarnattöne nun etwas ins Süßliche tendieren. Doch ist das natürlich stets eine Frage subjektiver Einstellung. Denn generell ist bei Velázquez zumindest eine durch die Sehschule des Impressionismus geförderte Erwartung von Graukoloriten mit zu berücksichtigen, die durch allfällige Schmutzpatinen noch gesteigert werden. Die Frühwerke, wie die »Übergabe von Breda«, zeigen demgegenüber noch ein glühend venezianisches Kolorit.

Zwiespältig ist wiederum der Eindruck bei den meisten gereinigten *Rembrandt*-Gemälden: Durch Abnahme des harmonisierenden Gelbfilters, dessen Goldton zugleich immer auch altersbedingte Dissonanzen mildert, werden diese zunächst auf die übliche Weise kontrastreicher ins Hell-Dunkel gesteigert. Mithin erscheinen nun im Wechsel mit warmem Braun auch reiche Grautöne, die über helles Grauweiß bis in kräftig impastiertes leuchtendes Weiß übergehen. Hier stellt sich dann erneut die Frage im Sinne Tischbeins, ob »alles Zarte« bereits anläßlich älterer Reinigungen entfernt wurde, weshalb die Schäden nun durch erneute Wegnahme eines harmonisierenden Filters verstärkt ins Auge springen müssen; und inwieweit darüber hinaus noch starke bindemittelbedingte Veränderungen stattgefunden haben. Bilder der warmfarbigen Spätzeit, nach 1645, gewinnen jedenfalls relativ wenig, da nur die Hell-Dunkel-Harmonie etwas stärker kontrastiert, wofür aber die bewußten Mißklänge bei den abgesunkenen Mitteltönen in Kauf zu nehmen sind. In diesem Sinne hat die »Badende Frau« von 1655 – anläßlich der Ausstellung »Cleaned Pictures« in London erneut gereinigt – weder an Farbe noch an Struktur wesentlich hinzugewonnen. Gewinn und Verlust hielten sich auch bei der »Ehebrecherin« von 1664 die Waage, wo warmtonige Nuancen in den mittleren Tonlagen zunahmen, doch das Hell-Dunkel zugleich auch härter wurde. Diese plötzlichen Härten aber sind es, die bei Rembrandt immer wieder nach dem Verlust von nuancierenden Lasuren fragen lassen. Beim gegenwärtigen Stand unseres Wissens über die Kunst Rembrandts sollte deshalb lieber zunächst einmal von radikalen Reinigungen abgesehen werden, sofern nicht ein beträchtlicher analytischer Apparat zur Verfügung steht und ein unmittelbarer Anlaß gegeben ist.

Blicken wir auf die Italiener des 17. Jahrhunderts, so wurde bereits auf die Kühltonigkeit *Guido Renis* verwiesen, dessen Bilder durch Abnahme zumindest schwach gegilbter Firnisse keineswegs eindeutig zu gewinnen vermögen.

Auch die Malerei *Claude Lorrains* bereitet in diesem Sinne ihre Probleme, die jenen im Zusammenhang mit Jacob van Ruisdael geschilderten ähnlich sind: Der Baumschlag Lorrains beispielsweise wurde zunächst sichtlich in indigofarbenen Blautönen unterlegt, deren weitere Nuancierung und Schattierung alsdann mittels gelblicher und bräunlicher Lasuren zu einem warmfarbigen Grün erfolgte. In den tiefen Schatten steigern sich diese Farblagen dabei zu relativ dicken, heute vielfach schwarzbraunen Krusten, deren Krakeleebildung dann an Asphaltsprünge erinnert. Zu scharfe Reinigungen, denen viele Gemälde des Meisters unterzogen wurden, fördern deshalb stets nur diese Untermalung zutage, mit dem Ergebnis, daß die altbekannte Verschiebung ins Blautonige stattfindet. Ob überdies Ausmischungen mit Schüttgelb im Laufe der Zeit ebenfalls einer Bleichung ausgesetzt waren, das sei dahingestellt. Zahlreiche Bilder, die beiden Hagar-Gemälde in München beispielsweise, weisen denn auch heute im Blattwerk der Vordergründe die übliche viel zu blaue Nuancierung auf. Firnisabnahmen an Bildern Claude Lorrains begünstigen deshalb in erster Linie das Kolorit ferner Landschaftsausblicke: zartes Gelb und bläuliche Dünste, wobei ferne Hügelzüge an Differenzierung ungemein gewinnen, was indessen nicht selten mit der Verblauung der Vordergründe erkauft wird.

Nicolas Poussins Bilder sind technisch sichtlich verschiedenartig aufgebaut und haben sich dementsprechend auch unterschiedlich erhalten. So sind z. B. im Gemälde »Apollo und Daphne« der Alten Pinakothek in München die Mitteltöne in den Inkarnaten sehr abgesunken, im »Midas und Bacchus« dagegen nicht. Die Entfernung harmonisierender Gelbfilter aber muß stets zur Betonung derartiger Kontraste führen. Das gleiche gilt beispielsweise auch für *Annibale Carracci,* bei dem – wie häufig ebenso in der spanischen Malerei (Ribera) – sehr dunkelbraune Gründe durch verseifte Halbschatten hindurchwirken können. Auch hier wird ein Gewinn an Farbigkeit und spitzer Lichter mit einem zunehmenden Auseinanderklaffen der Hell-Dunkel-Werte erkauft, so daß von Fall zu Fall entschieden werden muß. Gleichmäßig schwach helltonig gegilbte Firnisse zu entfernen ist deshalb in keinem Fall zu empfehlen!

Das durch die roten und braunen Bildgründe bedingte Dilemma setzt sich auch im 18. Jahrhundert noch fort, wobei freilich die individuelle Maltechnik auch hier für das Ausmaß der farblichen Desintegration von entscheidender Bedeutung ist. Das macht z. B. ein Vergleich der Bilder *Antonio Canals* (Canalettos) mit jenen *Francesco Guardis* deutlich: Canalettos Kolorit ist in den Dunkelheiten bei weitem nicht so ins Braune umgeschlagen; auch spricht der rotbrauntonige Untergrund seiner Bilder in den Helligkeiten meist längst nicht so mit wie bei Guardi, dessen Gemälde (z. B. in Venedig) mitunter geradezu erloschen sein können. Scharfe Reinigungskuren mögen hier ein übriges dazu getan haben, wobei die helleren und kühltonigeren Gemälde Canalettos jedenfalls in der Regel sichtlich viel weniger gelitten haben. Indessen beeinträchtigen Gelbfilter bei diesen die Gesamtwirkung auch nachhaltiger als bei Guardi, wo lediglich die Hell-Dunkel- und Kalt-Warm-Kontraste durch Reinigung wesentlich gesteigert werden können. Im übrigen gilt für diese einstmals gewiß lichte, atmosphärische Malerei der Lagunenstadt, daß der zeitbedingte Patinierungseffekt enorm sein muß, was wohl für die meisten Werke des 18. Jahrhunderts generell zutrifft. Dies zeigt sich auch im Vergleich der Ölbilder mit den Pastellen *Liotards,* der *Rosalba Carriera* u. a. m., deren Frische und Intensität an die Farben der zeitgenössischen Porzellanmalerei erinnern, wogegen die Gemälde *Fragonards* und *Chardins* vielfach etwas Schattenhaftes angenommen haben müssen.

Nicht minder abgesunken sind auch die Kolorite *Watteaus, Nicolas Lancrets, Jean-Baptiste Paters* und auch *Bouchers*. Dessen Pompadour-Porträt in München ist von Partie zu Partie unterschiedlich gealtert, wie ein Vergleich der noch relativ kühlen Inkarnatpartien mit jenen des hell-pariserblauen Kleides, die sichtlich ins Grüne umgeschlagen sind, deutlich macht. Anstelle von ursprünglich licht-kühlem Blau steht heute nur mehr dumpf-grünlich erloschenes Hell- und Mittelblau. Umgekehrt wirkt Bouchers Hamburger »Kleine Landschaft« eigentümlich blautonig, wobei sich hier nicht nur einzelnes, insbesondere im Vordergrund (wie bei Boucher üblich), sondern vielmehr das gesamte Bild ins Blaue verschoben haben muß.

Auf die technische Komplexität der Gemälde *Joshua Reynolds* wurde bereits verwiesen, und es empfiehlt sich deshalb hier von Reinigungen gänzlich abzusehen; im Gegensatz zu den Bildern *William Hogarths*, der, ohnehin ein Gegner der Patina, auf harmonisierende Oberflächentönungen verzichtete. Auch *Thomas Gainsboroughs* Malerei wirft nicht im entferntesten jene Probleme auf, wie sie bei Reynolds gegeben sind.

Unsicherheit bereiten indessen wieder die deutschen Klassizisten, wo, wie wir gesehen haben, durchaus auch getönte Firnisse möglich waren. *Philipp Hackert* (der einen Essay über die Gemäldefirnisse[146] verfaßte) benutzte freilich nur Mastixfirnis, von dem er jedoch nur zu gut wußte, daß er kräftig vergilbt.

Was die Vorromantiker und Romantiker anbetrifft, so werden die kühlfarbigen Landschaften von *Joseph Anton Koch* bis *Ludwig Richter* und auch die lichtfarbigen Visionen *Philipp Otto Runges* in der Regel durch Firnisabnahmen nur gewinnen, wofern dieses technisch zu vertreten ist. Inwieweit diese Maler indessen mit der Patinierung ihrer Kolorite rechneten, muß zunächst dahingestellt bleiben. Das gleiche gilt für die Malerei von *Kobell, Amerling* und *Wasman* und meist auch für *Blechen, Dillis, Rottmann* u. a. m. Auch die klarfarbig konzipierten *Nazarener* pflegen in der Regel durch Reinigung keine negativen Überraschungen zu bereiten, soweit sie nicht im Kolorit ohnehin etwas dissonant angelegt sind.

Auch auf *C. D. Friedrich* wurde bereits verwiesen. Er benutzte einerseits gilbenden Mastixfirnis, dessen Eigenschaften ihm sicherlich bekannt waren, andererseits müssen auch seine Farben, wie Goethes Brief an Heinrich Meyer vermuten läßt, einer gewissen Dunkelung und Harmonisierung unterworfen gewesen sein, so daß eine Firnisabnahme wohl eher eine farbliche Korrektur bewirken würde, und zwar gerade der dunklen Bilder mit ihrer ohnehin dezenten Farbigkeit. Das aber könnte auch auf viele andere zeitgenössische Maler zutreffen, und gründliches Quellenstudium ihrer Maltechnik läßt hier noch manche Erkenntnis erwarten.

Die Bilder *Goyas* und *Ingres'* sind bei beiden kalttonig gestimmt; Graurosa und Schwarz bei Goya bedürfen deshalb keineswegs eines Gelbfilters, desgleichen nicht die Blaupartien in den Bildern von Ingres. Beide Maler haben ohnehin mit dem zeitbedingten Nachpatinieren ihrer Kolorite gerechnet und die Tonskalen entsprechend höher und kühler eingesetzt. In diesem Sinne heißt es bei Goya: »el tiempo que es también quien pinta«[147] und bei Ingres: »Le temps, disait-il, se changera de finir mes ouvrages«[148]. Ingres kalkulierte dabei sowohl die Farben als auch die Firnisalterung mit ein, da erst der leicht goldene Ton die Bilder mit einem Schleier schmücke[149], auch scheute er sich nicht vor abschließenden Firnislasuren[150]. Solche dünnen Farblagen zwischen einzelnen Firnissen sind im übrigen auch für *Eugène Delacroix* bezeugt[151], der die Farbenalterung ebenfalls in Rechnung stellte: »Die Zeit löscht die Pinselzüge aus, die ersten ebenso wie die letzten und gibt dem Werk seine definitive Haltung.«[152] Prüft man überdies die Palette dieses Malers anhand seiner Notizen, so fällt der hohe Anteil an Farblacken auf, insonderheit roter, grüner und gelber, die heute von der Palette völlig verschwunden sind. Dabei ist es immer wieder gerade der gelbe Lack, der in flächigem Auftrag und in geringer Mischung verwendet wurde. Auch *Théodore Géricault* soll mit sehr dünnen, gelben Harzlasuren großflächig abtönend gearbeitet haben[153], was dann seit der Mitte des Jahrhunderts als sogenannter Galerieton wieder üblicher wurde. Freilich sind die meisten derartigen Firnisse von Restauratoren inzwischen längst wieder entfernt worden, weshalb sich diese Bilder heute scheinbar problemlos präsentieren, zumal sie längst altersbedingt warmfarbig zusammengewachsen sind.

Durch Farbdunkelung veränderten sich auch die Bilder *Jean-François Millets* und *Gustave Courbets* ins Brauntonige. Bei Courbet kam noch eine in vielen Schichten pentimentierende Maltechnik als Ursache hinzu, überdies die reichliche Verwendung von Asphalt. Gegilbte Firnisse müssen deshalb das Dilemma nur verstärken, und die aus der Farbschicht mitunter nach oben gewanderten Asphaltanteile nicht minder, deren Abnahme freilich bereits ein sehr tiefgreifender Eingriff ist.

Bei den Deutschen finden sich getönte Firnisse bzw. abtönende Lasuren z. B. bei Malern wie *Hans von Marées* (Porträt A. von Hildebrand und hier als koloriende Lasur über dem Inkarnat) und beim späten *Franz von Lenbach,* deren Bilder dementsprechend mit Vorsicht zu behandeln sind; auch wenn die Gemälde dieser Maler inzwischen in ihrer Farbsubstanz starken Veränderungen unterworfen sind, so daß die Abnahme eines solchen Firnisses gelegentlich auch als Korrektur wirken könnte. Dabei wird freilich zugleich auch der Denaturierungseffekt verstärkt. Bei *Marées* ist dieser Patinierungsfaktor überdies noch durch übermäßigen Gebrauch von Malölen bedingt, so daß seine Bilder förmlich erloschen sind, wobei sich die dicken, nur mangelhaft getrockneten Malschichten verwarfen und beim Trocknungsvorgang ein plastisches Verziehen der Malleinwand bewirkten; zonenweiser Schwund in langen Runzeln kam noch hinzu. Gemälde wie die »Hesperiden« sind daher spannungsreich verbeult und auf einen Ton von dunkler Bronze abgesunken; das »Goldene Zeitalter« und das Münchner Selbstbildnis sind überdies stark geschrumpft und krakeliert. Nur die Frühwerke, wie das »Selbstbildnis mit Lenbach«, blieben von den Auswirkungen einer derartig unsoliden Maltechnik verschont. Neben konservatorisch stabilisierenden Eingriffen, die sich bereits zu Rettungsmaßnahmen ausweiten konnten, wäre bei den späten Bildern wenigstens der Versuch zur Aufhellung zu unternehmen. Ähnliche Schwächen beobachtet man an Werken *Franz von Stucks*.

Ein Opfer seiner handwerklich nicht sehr soliden Naß-in-Naßtechnik wurde auch immer wieder *Wilhelm Leibl,* der – um langer Trockenzeiten willen – Mohnöl als Malmittel benutzte. Vergleicht man Leibls Malerei mit jener seines Freundes *Johann Sperl,* vor allem aber mit Bildern *Wilhelm Trübners,* so werden die Folgen stark patinierender Malmittel nur zu deutlich, insbesondere wenn man noch berücksichtigt, daß sich die Bilder dieser Maler ihrerseits allesamt verändert haben müssen.

Daß qualitativ mäßiges Malmaterial allein nicht der Grund eines derartigen Verfalls sein muß, bezeugt das Werk *van Goghs,* dessen Bilder, gemessen an vielen Gemälden *Paul Cézannes* oder *Paul Gauguins* – vom Chromgelb einmal abgesehen –, immer noch über eine erhebliche Leuchtkraft verfügen und überdies nahezu keine Krakelees ausgebildet haben. Bei diesen Malern, wie auch letztlich beim gesamten Kreis der Impressionisten, sind Firnisabnahmen denn auch gewiß kein Diskussionsgegenstand. *Edouard Manets* Gonzales-Porträt in London beispielsweise, mit kühlweißem Kleid und dem weißen Rausch des Blumenbouquets, oder das »Frühstück im Atelier« in München sind in kühlen Grautönen konzipiert, die durch Gelbfilter sehr erheblich an Brillanz verlieren.

Nicht minder durch gelbe Firnisse beeinträchtigt werden auch die Bilder *Arnold Böcklins,* die, teilweise in Kirschgummi-Technik gemalt, durchaus auf Kühltonigkeit angelegt sind, wie neuere Firnisabnahmen an Bildern der Schackgalerie offenbaren.

Das gleiche gilt auch für die farbstarken Gemälde der *Fauves* und der deutschen Expressionisten, soweit sie sich gefahrlos reinigen lassen. Nicht alle diese Maler malten in Ölfarben, die inzwischen mehr oder minder stark durchgehärtet sind und die Roßkur einer Firnisabnahme deshalb leichter überstehen. Auch *Ernst Ludwig Kirchners* »Wachs-Ölfarbe« härtete noch kräftig durch, ebenso die »Wachsfarbe« *Cuno Amiets,* die vermutlich eine wachshaltige Ölfarbe war (und sogar noch den Strapazen einer Heiztischdublierung zu widerstehen vermochte). *Otto Mueller* jedoch malte vielfach in Leimfarben, die durch Wachsdublierung oder Firnissung jeden Reiz verlieren, und denen keine restauratorische Kunst mehr ihre alte Leuchtkraft zurückzugeben vermag.

Doch damit überschreiten wir bereits die Grenzen klassischer Kunsttechnologie: Waren nämlich die Techniken der Künstler des 19. und frühen 20. Jahrhunderts noch einigermaßen überschaubar, was Material, Bildaufbau und auch die Mal- und Restaurierungstechniken anbetrifft, so steigern sich die Probleme mit der Malerei des 20. Jahrhunderts fortschreitend ins Unberechenbare. Denken wir doch nur an die Kunst der Collagen (aus Zeitungspapier, das vergilbt und sich zersetzt, aus Leinwand, Blech und anderen Materialien). Was Wunder also, wenn wir es hier nun mit einem Kosmos von Individualitäten zu tun haben, wobei jede und jedes ihrer Bilder unter speziellen konservatorischen und konservierungsästhetischen Gesichtspunkten gesehen werden muß.

Mit *Amedeo Modigliani* beispielsweise wird gar der Goldton noch einmal wiedererweckt, wie Ludwig Meidner in seinen Erinnerungen an Modigliani berichtet: »Um diesen Bildern Tiefen und Transparenz zu verleihen, überzog sie Modigliani, wenn sie getrocknet waren, mit farbigen Firnissen dergestalt, daß so ein Bild zuweilen mit zehn Firnisschichten bedeckt war und mit seinem durchsichtigen Goldton an alte Meister erinnerte.«

Ähnliches ist auch für *Henri Rousseau* bezeugt, der in hart auftrocknende Firnisse zugleich noch die Schlußlasuren legte[154]. In beiden Fällen würde eine gewaltsame Firnisabnahme nur den Ruin des Bildes bedeuten! – Ein Sonderproblem solcher Reinigungen ist die Entfernung von Schmutzpatinen auf ungefirnißten Bildern, da sie sich oftmals stark mit korrodierten Oberflächen verbunden haben. Viele modernere Maler schätzten ja den trockenen Effekt magerer Ölfarben, so z. B. malte *Ferdinand Hodler* auf das ungrundierte dünne weiße Langentaler Leinen, das sich dann mit Ölen anreicherte und in unbemalten Partien von Weiß nach Mittelbraun umschlug. Daß das Firnissen solcher Bilder neben der völligen Denaturierung der Oberflächen nur zur Verstärkung derartiger Brauneffekte führen mußte, liegt auf der Hand. Zahlreiche Bilder von *Hodler, Albert Marquet, Kirchner* oder *Nay* lassen sich im übrigen wegen des oftmals sehr festsitzenden Schmutzes nicht einfach und fleckenlos reinigen. Bilder von *Nay* und *Otto Dix* beginnen überdies bereits bei wäßriger Reinigung durch Desintegration der Bindemittel abzufärben – *Kirchner* und *Cuno Amiet* haben diesen Nachteil wegen des Wachsgehaltes der Malmittel nicht, doch bereiten auch sie auf andere Weise Schwierigkeiten, insbesondere wieder bei der Verwendung wäßriger Reinigungsmittel. Die größte Gefahr liegt auch hier in einer nicht mehr zu beseitigenden Fleckwirkung von Grauwerten, ferner in einer dann durch Firnissung bedingten Vereinheitlichung der Mattigkeitsgrade, denn keiner dieser Meister verfügt, dort wo er unberührt erhalten ist, über gleichmäßig matte Oberflächen. Auf dieses Spiel von matten, halbmatten und glänzenden Partien wurde ja bereits im Zusammenhang mit den Gemälden *Kirchners, Beckmanns, Braques* oder *Picassos* verwiesen (vgl. auch Abb. 29).

Die Patina polychromierter Skulpturen

»In seinen Göttern malt sich der Mensch«.
Schiller, Antrittsvorlesung in Jena, 1789

Das Original und seine Verwandlungsstufen

Anders als beim Gemälde, wo über die üblichen Restaurierungen hinaus wohl niemand ernstlich auf den Gedanken gekommen wäre, ein Werk von Tizian, Rubens oder Rembrandt durch gänzlich flächendeckende Übermalungen zu »renovieren«, war dies beim dreidimensionalen Bildwerk, der polychromierten Skulptur (also dem Bild höherer Realitätsstufe), eine über Jahrhunderte praktizierte Selbstverständlichkeit. Das aber lag zunächst einmal in dem Umstand begründet, daß Figuren, die der Verwitterung schutzlos ausgesetzt waren, ohnehin in kurzen Intervallen einer Erneuerung ihrer Polychromien bedurften, und daß selbst zahlreiche Innenfiguren altersbedingt periodisch solchen Neufassungen unterzogen werden mußten. Renovierungssucht und Modetrends kamen noch hinzu.

Der Faßmaler verstand deshalb seine Arbeit mehr oder minder im Sinne einer Staffiermalerei, indem er vom hohen Mittelalter bis in unsere Tage weitgehend lokalfarbige Anstriche zonenweise oder auch gänzlich flächendeckend erneuerte, wobei er nur einzelne Partien, wie z. B. die Inkarnate, malerisch nuancierte – beispielsweise durch Verteilen eines Wangenrots innerhalb rosiger Inkarnatpartien wie auch durch malerische Andeutung von Adern, Haaren, Bartstoppeln, Blutbahnen u. a. m.

Neufassungen, bei Außenfiguren in der Regel etwa alle zwanzig bis dreißig Jahre aufgetragen, bei Innenfiguren in etwas größeren Intervallen, waren deshalb eine Selbstverständlichkeit, mit der sich eine jede Generation – um an Schiller anzuknüpfen – auf eine nur für sie charakteristische Weise aufs neue und gleichsam als Verwandlungsstufe des flüchtigen Zeitgeistes »in ihren Göttern« malte. Daraus folgert, daß die Frage nach der Originalität von Polychromien zu allen Zeiten von ziemlich untergeordneter Bedeutung war und daß erst die moderne Forschung diesen die Rangordnung von Gemälden zuerkannte.

Fassungen wurden jedoch nicht immer und überall periodisch erneuert, so daß sich weniges auch über die Zeiten unverändert zu erhalten vermochte, was der Forschung dann als willkommenes Anschauungsmaterial diente. Hinzu kam die Kunst der Restauratoren, durch die zahlreiche alte Polychromien auf dem Wege der Abnahme späterer Nachfassungen wieder zurückgewonnen werden konnten: unverfälscht und mit allen jenen typischen Spuren des Alters, eben jener Patina, wie sie uns im folgenden beschäftigen wird. Dazu sollen zunächst einmal die üblichen Fassungstechniken in kurzem Überblick ins Gedächtnis gerufen werden:

Außenfassungen bedurften solider Anstriche: Als Grundierungen auf Stein verwendete man zunächst einmal ölige Tränkungsmittel wie die »olige Mennige« – eine rote Grundierung, vornehmlich bei gotischen Figuren – und auch magere Ölfarbenanstriche verschiedenster Art, die sich mit dem Stein verbinden sollten. Derartige Grundierungen, wenn auch von unbekannter technischer Beschaffenheit, lassen sich schon an antiken Marmorskulpturen, und hier stets in partiellem Auftrag, nachweisen.

Vergoldungen und andere Metallauflagen waren ebenfalls nur auf Ölbasis, also als nichtpolierbares Mattgold, einigermaßen dauerhaft zu erzielen. Hinzu traten deckende Anstriche in Öl und transparente Öllasuren, in der Antike wohl auch die Bemalung in Enkaustik und Tempera. Als Schlußfirnis kamen wiederum nur wetterbeständige Harz- oder Öllacke in Betracht.

Bei *Innenskulpturen,* ob nun aus Stein, Stuck oder Holz, war man demgegenüber wesentlich freier in der Wahl der Materialien; dies wiederum bewirkte eine reichere Palette materialbedingter Effekte, wie sie z. B. durch das Poliment-Glanzgold erzielt wurden, das sich bei Außenfiguren – da es nicht wetterbeständig war – freilich verbot. Und ebenso nutzte man zahlreiche wasserempfindliche Leim-, Eiweiß- und Temperatechniken, mit reizvollen Kontrasten von Glanz- und Mattwirkungen, die bei Außenfiguren wiederum aus dem gleichen Grund entfielen: luftiges, in Leim gebundenes Azurit beispielsweise, das nun mit glänzenden und matten Metallauflagen korrespondierte sowie mit lackartig-feurigen Öllasuren, als Lüster über Metallfolien, und dies im Gegensatz zu nur zart schimmernden Inkarnaten.

Hochglänzende Lackfirnisse wurden demgegenüber in keinem Fall als ein die gesamte Oberfläche abschließendes Medium angesehen; sie wurden vielmehr nur für den lokalen Farbenabschluß genutzt. Das gleiche mag auch für die mittelalterliche Goldgrundtafel gegolten haben, die erst durch späteren Unverstand zum »Staffeleibild« umgedeutet wurde, da man den metallenen Charakter der Glanzvergoldungen vielfach durch Gemäldefirnisse verdarb. Mit ihrem Auftrag wurden dann zugleich allfällige Verschmutzungen auf der Metallschicht fixiert, insbesondere in den feinen Punzierungen.

Wie die *Polychromien der Antike* und dann wieder der romanischen und gotischen Architekturskulptur, ja selbst noch die barocker Gartenplastik beschaffen waren, vermag neben Darstellungen im Gemälde andeutungsweise nur noch die restauratorische Archäologie zu beantworten. Denn daß es sich dabei in der Tat vielfach um ein Problem der Archäologie handelt, bezeugen unansehnliche Reste, die sich an geschützten Partien vieler solcher Figuren erhalten haben und sich ohne die Sonde des Restaurators heute nur mehr als staubiggraue und borkige Krusten präsentieren. Allenfalls das Skalpell des Restaurators vermag dann mit Hilfe des Mikroskops über die einstmalige Farbigkeit solcher Partien Aufschluß zu geben. Naturwissenschaftliche Untersuchungen treten fallweise hinzu.

Daß schon die antike Skulptur mehr oder minder farbig gefaßt war, dürfte hinlänglich bekannt sein. Inwieweit ihre Polychromie indessen im Laufe der Zeit Veränderungen unterworfen war, das freilich wurde lediglich durch die Erhaltungsumstände bestimmt. Die Malerei ägyptischer Grabskulpturen vermochte im trokkenen Wüstenklima Jahrtausende nahezu unbeschadet zu überstehen, bewitterte griechische Marmorskulpturen dagegen nicht. Lediglich spärliche Reste ihrer ursprünglichen Farbigkeit blieben erhalten, doch ohnehin immer nur dort, wo Skulpturen bald nach ihrer Entstehung tief ins Erdreich gerieten oder auch einmal konservierend vermauert wurden (Mauer des Themistokles). Überdies haben unsachgemäße Behandlungen in vielen Fällen das Wenige, was sich erhalten hat, bis auf geringe Spuren reduziert, wie zahlreiche Hinweise von Ausgräbern vermuten lassen, die noch wesentlich mehr Farbreste beobachteten, als heute erhalten sind. So zeigen z. B. alte Aufnahmen des »Blonden Kopfes« im Akropolismuseum noch Bemalungsreste der Augen, die sich inzwischen weitgehend verloren haben, wobei dahingestellt sei, ob man diese hat verkommen lassen, oder inwieweit selbst noch in jüngerer Zeit durch emsiges Reinigen einem klassizistischen Ideal blütenweißer Marmorskulpturen nachgelebt wurde. Abgewaschen wurden beispielsweise auch die Farbspuren der 1811 ausgegrabenen Skulpturen des Aphaia-Tempels in Ägina, bei der Restaurierung durch Thorvaldsen[155], und jene bei den nach London durch Lord Elgin verbrachten Marmoren des Parthenon.

Indes scheinen selbst jüngste Restaurierungen in dieser Hinsicht noch nicht sonderlich kritisch zu reflektieren, zumal die Skalpelle der Restauratoren meist nur zutage fördern, was ohnehin gesucht wird. In diesem Sinne präsentiert sich heute an dem vor wenigen Jahren aufgefundenen spätarchaischen Kouros aus Merenta des Athener Nationalmuseums zwar ein säuberlich quadratisch präpariertes Dokumentationsfeld mit stehengelassener Sinterpatina, doch drängt sich zugleich die Frage auf, ob hier nicht mit geschäftiger Ahnungslosigkeit Reste eventueller Färbungen des Marmors durch emsiges Abschaben der versinterten Oberfläche gleich noch mitentfernt wurden[156]. Die teilweise gelbliche Epidermis des an und für sich rein weißen Marmors könnte ja schließlich als die übliche Rotbraunpatina vom Farbton der attischen Erde wie auch als Überbleibsel kräftig bräunlich getönter Hautfarbe gedeutet werden. Denn der Gedanke an eine bräunliche Polychromie des männlichen Inkarnats ist durch zahlreiche Indizien nahegelegt, beispielsweise durch die Vasenmalerei des 6. Jahrhunderts, wo stets nur die Inkarnate der Frauen weiß angelegt wurden, oder, eindrücklicher noch: durch die Metopen des Tempels E von Selinunt mit ihren auf die weiblichen Inkarnate beschränkten Einlagen weißen Marmors in einen an und für sich braunen und minderwertigen Kalktuff, der sichtlich aus steinkonservatorischen Gründen gänzlich mit einer weißen Schlämme überzogen und anschließend bemalt wurde. Die männlichen Inkarnate marmorner Skulpturen könnten somit durchaus analog hauchdünn färbelnd behandelt worden sein, wie das auf ähnliche Weise selbst noch für die Bronzeskulptur zu vermuten ist.

Am häufigsten findet sich ein Rot, insbesondere an Haaren und Augen (Abb. 30), wie auch an Hintergründen, Sockeln und dekorativen Partien, das, wie allein schon sein Vorkommen an den Haaren und in der Iris der Augen vermuten läßt[157], wohl nur partiell zu Grundierungszwecken diente. Es bewirkte sichtlich eine innige Verbindung mit der Steinoberfläche; doch läßt dessen Farbton nicht auf die später hierfür übliche Mennige, sondern vielmehr auf Zinnober schließen. Seine Verwendung in den Haaren legt auch eine Grundierung für Vergoldungen nahe[158]. Gold, im Sinne des Mittelalters die höchste Existenzform der Materie, besaß schon für die Antike eine ähnliche Bedeutung. Goldene Haare der Marien und Engel, wie an zahlreichen romanischen und gotischen Polychromien üblich, könnten somit selbst schon in der griechischen Skulptur verbreitet gewesen sein, zumal das Gold auch hier, wie beim späteren Goldgrund, das ewig Unzerstörbare symbolisierte: Gold, in welches sich Zeus im Danae-Mythos verwandelte, war beispielsweise nach Pindar eine Substanz, die aus eigener Kraft fließe, ja, der Dichter sagt ausdrücklich: »Des Zeus Kind ist das Gold, nicht Motte noch Wurm zerfrißt es.« Ähnlich heißt es bei Euripides, daß es in sich das himmlische Licht »zeusentstammter Helligkeit« trüge[159]. In diesem Sinne könnte deshalb selbst auch das Gelb des »Blonden Kopfes« noch als Untermalung für eine Vergoldung verstanden werden. Neben derartigen Rot- und Gelbpolychromien haben sich vereinzelt, wie bei den neuen Grabungen in Aphrodisias, auch dunkle, auf das Haar beschränkte Fassungen gefunden.

Schwieriger zu deuten sind Reste von warmem Braun, vom Farbton der attischen Erde, das sich allerorten als Patina findet, und das, wie bereits vermerkt, immer wieder auch mit der Farbe eines männlichen Inkarnats durcheinandergehen kann: an der Stele des Aristion (Nationalmuseum Athen) beispielsweise, wo es, scharf auf das Gesicht begrenzt, indessen schon auf den Armen nicht mehr nachzuweisen ist. Starken Veränderungen unterworfen war auch das sichtlich einmal kräftige Grün textiler Dekors zahlreicher archaischer Koren (Akropolismuseum, Abb. 31), denn dieses erscheint lediglich noch als mehr oder minder stumpfes grünliches Braun[160]. Gelegentliche Anflüge von Blau[161] deuten auch auf die Verwendung von Ägyptischblau, mit kräftig grünlichem Stich.

Fröhliche Buntfarbigkeit also war sicherlich das Archaische, und der Marmor mag hier mehr oder minder die Funktion eines partiellen Bildträgers gehabt haben, wie in der mittelalterlichen europäischen Skulptur. Doch besaß dieses alles auch für die Klassik noch in gleicher Weise seine Gültigkeit? Verhaltene Besinnlichkeit und Verinnerlichung durch »edle Einfalt und stille Größe« werden hier doch wohl eine diskretere Polychromie zur Voraussetzung gehabt haben. Da den Meisterwerken der Klassik im Gegensatz zu den archaischen nach dem Persersturm jedoch eine schnelle Beerdigung erspart blieb, blichen ihre Farben langsam, aber desto gründlicher durch die Jahrtausende dahin. »Der Fries der Panathenäen der Cella des Parthenon«, so notierte Leo von Klenze im Jahre 1838, »zeigt noch Spuren eines blauen ganz eintönigen Grundes und einzelne Gewandfärbungen von grünen und roten Tönen, sowie Vergoldungen, Bronze und vielleicht anderen Metallschmuck.«[162] Diesem stetigen Auflösungsprozeß sollten im übrigen schützende Oberflächenbehandlungen entgegenwirken, die beispielsweise durch Gemische von Punischem Wachs[163] vorgenommen wurden, wobei man möglicherweise gerade die Inkarnatpartien einer besonderen Politur unterzog, wie das Andeutungen Vitruvs (VII, 9) vermuten lassen. Auf ähnliche Weise, nämlich durch Frottieren, wurden ja später auch die Inkarnate gotischer Skulpturen mit einem zarten Glanz versehen, was vielleicht noch in Kenntnis entsprechender Überlieferungen geschah. – Farbspuren[164], durchsetzt mit Resten eines weißen Grundierungsschlickers, finden sich darüber hinaus recht häufig an hellenistischen Terrakotten. Es muß sich dabei um Totalpolychromien gehandelt haben, die in Kaltmalerei von morbider Nuancierung ausgeführt wurden: in Blaßblau, zartem Grün, hellem Violett, Rosa und blassem Gelb. Als Pigmente dienten dabei in erster Linie mineralische Farbmittel, die wesentlich erhaltungsfähiger waren als organische (wie z. B. Safran oder pflanzliches Rot).

Nicht besser steht es um unsere Kenntnis *mittelalterlicher Außenpolychromien,* denn auch hier haben sich in der Regel nur sehr spärliche schmutziggraue Krusten an vor Wetter geschützten Partien erhalten. Diese erweisen sich überdies bei genauerer Untersuchung fast immer auch noch als sehr komplexe Gebilde, die aus zahlreichen Schichten von Übermalungen aufgebaut sind, wenn nicht, wie beim »portail peint« der Kathedrale von Lausanne (um 1220)[165], ausnahmsweise ganz besonders günstige Umstände konservierend mitwirkten. Farbspuren, wie sie sich auch an der Goldenen Pforte in Freiberg, Sachsen (um 1230), den »protiro« der Kathedrale von Ferrara (um 1270), an San Marco in Venedig, wie auch am Südportal des Augsburger Domes (um 1360) fanden, sind deshalb von erheblicher Bedeutung. Beachtung sollte schließlich selbst noch Fragmenten zuteil werden – wie jenen der Portalfiguren von Notre-Dame in Paris (um 1200)[166] oder den Bruchstücken eines Lettners des Kölner Domes, die unlängst aus Fundamenten der Zeit um 1300 geborgen wurden, weshalb sie eine überraschend fröhliche Buntfarbigkeit von leuchtend flächigem Azuritblau, Ockergelb und kräftigem Zinnoberrot bewahrten. Freilich handelt es sich bei letzteren Fragmenten um Innenfiguren, die indessen Rückschlüsse auf das Aussehen von Außenpolychromien zulassen.– Das sind aber in der Tat Ausnahmen, und man muß sich stets vergegenwärtigen, daß allfällige Neufassungen, die mit dem Anspruch auf eine gewisse Wetterbeständigkeit – zumindest von zwei Jahrzehnten – aufgetragen wurden, auch eine möglichst gründliche Beseitigung älterer bröckliger Polychromiereste erforderten, so daß sich in der Regel lediglich noch in Vertiefungen Indizien für eine Rekonstruktion ursprünglicher Farbigkeit finden. Es liegt dabei ebenso auf der Hand, daß Anhaltspunkte, beispielsweise für eine eventuelle Ornamentik, auf diese Weise überhaupt nicht mehr zu gewinnen sind.

Analogieschlüsse liefern da immer wieder nur die wesentlich besser dokumentierten Innenskulpturen, wenn man von einigen wenigen Darstellungen in Gemälden und von Hinweisen auf Fassadenrissen (Straßburg) einmal absieht.

Das alles ändert sich auch bei den barocken Außenskulpturen nicht grundlegend, da sich auch hier – lediglich an geschützten Partien – meist nur noch borkige, krümelige Schichtreste, oftmals von einigen Millimetern Stärke, finden. So lassen sich z. B. an den Gartenfiguren für Schloß Seehof (von Ferdinand Dietz, im Germanischen Nationalmuseum) Reste von zwölf Farbschichten nachweisen, woraus sich für durchschnittlich alle zwanzig Jahre eine Neufassung errechnen läßt. Wenn nun derartig unansehnliche Krusten auch nicht selten eine Beeinträchtigung der plastischen Substanz darstellen, so sind sie dennoch einer Prüfung durch einen Restaurator wert, zumal sie die einzigen Dokumente älterer Bemalungszustände sein können, was für die Neupolychromierung abgegossener Skulpturen, beispielsweise im Rahmen eines Altstadt-Sanierungsprogramms, von Bedeutung sein kann (denn nicht überall herrschen schließlich museale Bedingungen).

Wenn eingangs vom *Altersimpressionismus* historischer Fassungen die Rede war, so wurde damit bereits angedeutet, daß auch das Erscheinungsbild von Innenpolychromien im Laufe der Jahrhunderte starken Veränderungen unterworfen war, insbesondere weil hier zu den Auswirkungen des Zahns der Zeit noch die periodischen Kuren in den Horrorkabinetten der Faßmaler-

Restauratoren kamen. Und es wurde auch bereits angesprochen, daß die häufigen Renovationen von Fassungen bis auf den heutigen Tag dem jeweiligen Zeitgeschmack angepaßt wurden, was wiederum mit einer weitaus größeren Sorglosigkeit als beim Gemälde geschah. Denn dort wurde zwar farblich retuschiert und gelegentlich auch einmal übermalt (ein Hintergrund beispielsweise), doch war das keineswegs die Regel.

Humanistisch-klassizisierende Tendenzen führten seit der Renaissance zur Ausbildung der unpolychromierten Holzskulptur. Das wiederholte sich trendweise bis in den Barock und erneut wieder während des Klassizismus und Historismus. Purifizierende Holzfreilegungen durch Ablaugung der Polychromien waren deshalb insbesondere seit dem 19. Jahrhundert gang und gäbe, was nicht selten wegen allfälliger Holzkombinationen auch mit Überraschungen verbunden war, denn für die polychromierte Skulptur besaß das Schnitzwerk ja lediglich die Funktion eines »Bildträgers«. Das aber führte im weiteren dazu, daß man Anstückungen anderer Holzsorten aus dieser klassizisierenden Sicht vielfach – bis in unsere Tage – als spätere Zutaten abqualifizierte. Zugleich wurden bei solchen Eingriffen nicht selten auch summarisch ausgeführte Details aufgedeckt – Augen ohne Lider, ungegliederte Haarmassen etc. –, da die feinplastische Differenzierung dieser »Holzkerne« nun einmal eine in vielen Fällen vertraglich geregelte Angelegenheit der Maler und nicht der Bildhauer war.

Parallel zur Umdeutung der polychromierten Holzfigur in ein Zeugnis altdeutscher Bildhauerkunst verlief während des 19. Jahrhunderts auch deren Musealisierung, indem man Schnitzaltäre nun vielfach bedenkenlos auseinanderriß, ja die Gesprenge mitunter fortwarf und selbst noch manches Gehäuse vernichtete. Auch wurden Gemälde und Skulpturen nicht selten in die Schonbezirke getrennter Galerien verwiesen und abteilungsweise spezialisierten Kustoden unterstellt, die sie nach ihren Stilmerkmalen bestimmten und sorgfältig in Werkstatt- und Meisterarbeiten schieden.

Darüber hinaus wurden abgelaugte Holzskulpturen seit dem 19. Jahrhundert auch vielfach dem jeweiligen Geschmack ihrer Besitzer angepaßt, wobei es dann mittels brauner Lasuren, Lackierungen und Wachsbehandlungen bis zur totalen Denaturierung und Verfremdung zum »Stilmöbel« kommen konnte. Restauratorische Imprägnierungen zur Festigung des Holzes taten ein übriges, insbesondere durch die berüchtigten Wachs- und Kunstharzvolltränkungen, durch welche das Schnitzwerk schließlich zum »Kunststoffobjekt« umfunktioniert wurde.

Und geprägt durch die Sehschule des Impressionismus wurden Polychromien, die ja stets flächendeckend mit perfekt geglätteten oder polierten, also mehr oder minder unmalerisch konzipierten Oberflächen versehen waren, nun durch gänzlich unreflektierte, geschmäcklerische Restaurierungen ins Hochmalerische umgedeutet. Unterschwellig mitprägend wirkte sich dabei zugleich – als parallel laufende Zeitströmung – das nostalgische Panoptikum der Flohmärkte und Antiquitätenramschläden aus, dessen Ästhetik nun die breiten Massen entdeckten.

Hinzu kam der ohnehin schleichend fortschreitende Alterungsprozeß: die diskrete Verfremdung durch natürliche Alterung der Werkstoffe, durch klimatische Einwirkungen und immerfortwährendes Putzen der Kirchendiener und emsiger Hausfrauen, was schließlich – analog zum Gemälde – zu jener langsamen Verschiebung ins Malerische führen mußte. Besonderer Abnutzung waren dabei stets jene Partien ausgesetzt, die in ohnehin weniger resistenten Techniken aufgebaut waren. Das waren zunächst die eminent wasserempfindlichen *Polimentvergoldungen,* deren Bindemittel, wie quellfähige Proteine, durch Feuchtigkeitseinwirkungen, mechanischen Abtrag und besonders durch feuchte Reinigung beeinträchtigt wurden. Beim Polimentgold führte das zur Verdünnung der Goldblättchen, wobei sich die überlappenden Ränder häufig länger kräftig golden erhielten als die einfachen Blattstärken; hier machte sich auch mit zunehmendem Abrieb die meist rote Polimentierung bemerkbar. So kam es schließlich zu jener diskreten Verschiebung einstmals gleißender Goldflächen in ein malerisches Rotbraun. Krakelees traten hinzu, die sich überdies in vielen Fällen, wie beim Gemälde, schüsselförmig-plastisch hochmarkierten, weshalb sie in diesen Zonen wiederum einem verstärkten Abrieb ausgesetzt waren. Und nicht selten wurde längs dieser Schüsselränder auch noch das Poliment durchputzt, wodurch hier der gelblichweiße Kreidegrund angeschliffen wurde – um nun seinerseits als Gitterstruktur in Erscheinung zu treten. In solchen Fällen war das Poliment mit wenigen Goldresten nur noch innerhalb der Schüsselbildung in Flecken erhalten. Im Extremfall konnte es schließlich zu einem fast totalen Abrieb, auch der Polimentschicht, bis auf die Grundierung kommen; diese verwandelte sich in ein von Krakelees durchsetztes, malerisch strukturiertes bräunliches Grau.

Ein besonderes Kapitel sind in diesem Zusammenhang noch die Vergoldungen auf weißem Untergrund (fälschlich als weißes Poliment bezeichnet), wie sie in der deutschen Romanik und dann wieder im Weichen Stil verbreitet waren. Diese Vergoldungen verwandelten sich durch Abrieb schließlich in ein schmutziges Grau (Abb. 78).

Waren Polimentvergoldungen gegenüber Wassereinwirkungen äußerst empfindlich, so waren es die in Öltechnik aufgebrachten *Mattvergoldungen* gegenüber den Lösungsmitteln der Restauratoren nicht minder: Mattgold an gotischen Innenskulpturen in Korrespondenz mit Glanzgoldflächen war freilich immer nur auf kleinere Partien, wie z. B. auf die Haare der Marien und der Engel, beschränkt. Als Unterlage diente meist ein brauner Anstrich, der, wenn die Goldfolie durch altersbedingte Dünnung oder die Kuren der Restauratoren an Leuchtkraft verlor, mehr und mehr in Erscheinung trat, was bewirkte, daß intaktes Goldhaar an gotischen Figuren eine Seltenheit geworden ist. Das verbreitete brünette Haar der Marien ist jedenfalls ein vom Faßmaler meist gänzlich unbeabsichtigter Alterseffekt, denn der Maler hatte allenfalls eine dunkelfarbige Unterlage in den Vertiefungen gänzlich unvergoldet belassen, wo sie dann die Schattenbildung zu verstärken hatte.

Wir haben damit am Beispiel der Vergoldungen gesehen, wie sich der ursprünglich konzipierte Kontrast perfekten Glanz- und Mattgoldes nach und nach in immer malerischere Nuancierungen aufzulösen begann, was zugleich mit der Entwicklung eines aufs Pittoreske tendierenden Sehens einherging, ja dieses unterschwellig mit beeinflußt haben muß. Das gleiche gilt für die übrigen Metalle, insbesondere für das Silber, dessen Matteffekte bereits die römische Antike schätzte (wie Plinius XXXIII, 131, berichtet), sowie für Zwischgold und Bronzeauflagen. Letztere erfuhren in den 30er Jahren des 18. Jahrhunderts eine neue Wertschätzung (vgl. S. 77), indem man sie nun als Schlagmetalle zur Imitation von Bronzegüssen, in Form von malerisch patinierten Schlagbronzeblättchen, dem sogenannten deutschen Golde, einsetzte. Was also bislang als mehr oder minder unbeabsichtigte Patina-Erscheinung aufgetreten war, verkehrte sich nun im Licht einer hochmalerischen Gesinnung in die gezielte Patinierung des nun als gröblich und derb empfundenen allzu glänzenden Metalls.

Ein besonderes Kapitel altmeisterlicher Faßtechnik stellen die *Musierungen* dar: Bei diesen handelt es sich um zarte matte Aufträge eines halbtransparenten weißlichen Mediums, mit welchen Buchstaben und Ornamente lasierend auf Gold und Silber aufgemalt wurden. Der unterschiedliche Reflexionsgrad des glänzenden Untergrundes und der Musierung bewirkte dabei ein reizvoll malerisches Spiel. Freilich war diese Technik leicht angreifbar, nämlich immer dann, wenn der Glanz der Unterlage nachließ und die Leserlichkeit damit beeinträchtigt wurde. Vor allem beim Silber pflegten sich starke Veränderungen einzustellen, zumal der Untergrund nach und nach schwärzte, und nur noch die musierten Partien wegen der Schutzwirkung des Malmittels ihren mattsilbernen Charakter bewahrten. Auf diese Weise konnte es schließlich zu einer völligen Umkehrung des Erscheinungsbildes kommen.

Ähnlich verändert haben sich in der Regel auch die *Brokatimitationen* gotischer Skulpturen, die sogenannten Preßbrokate: strukturierte Massen der Periode von etwa 1450 bis 1530, die sich in gleicher Weise auch im Gemälde finden. Solche Brokatierungen wurden vielfach durch Pigmentzusätze braun, rot oder gelegentlich auch weiß gefärbt und dann vergoldet, versilbert und farbig gefaßt. Freilich blieben auch diese nach dem Erhärten gegen mechanische Beanspruchung empfindlich und versprödeten zudem; auch zeigten sie sich gegen die Lösungsmittel der Restauratoren wenig resistent. Ihre plastische Struktur bedingte ferner ein Festsetzen von Staub und dieser wiederum die häufigen Reinigungsaktionen der Kirchendiener. Was Wunder also, wenn die kunstvollen Brokatornamente heute in den allermeisten Fällen bis zur Unleserlichkeit zerstört und gute Beispiele selten sind (Abb. 32, 33). Überdies: So wie beim Gold der Abrieb längs der Krakeleeschüsseln am intensivsten war, war er es hier auf den Erhöhungen der Brokatierung. Dadurch aber wurde die geschlossene Metallschicht an solchen Stellen durchbrochen und das zeichnerisch präzise Ornament mit den Tönen des Untergrundes malerisch durchsetzt. In den nächsten Stadien kam es dann zu mehr oder minder vollständigem Abrieb der Metalle, so daß nun malerische Rot- und Brauntöne dominierten, vielleicht noch durchsetzt mit allfälligen Resten der farbigen Fassung der Ornamente; Krakeleebildungen und Ausbrüche traten hinzu, bis eine mehr oder minder graubraune und borkig-rissige, ungleichmäßig strukturierte Masse übrig blieb, die dann zum Regelfall wurde. Wiederum – wie bei den Golddamastgründen der Altäre – verwandelte sich also perfekt flächig Ornamentales in reizvoll Malerisches, in einem Vorgang, der sich in ähnlicher Weise auf den farbigen Partien vollzog:

Hier ist zunächst zu resümieren, *daß das farbige Erscheinungsbild gotischer und meist auch barocker Figuren* durch zu höchster Leuchtkraft getriebene Lokalfarben, Glasfenstern gleich, bestimmt war, und daß in der Skulpturenpolychromie ins Malerische gebrochene Töne erst sehr langsam mit dem 17. Jahrhundert an Bedeutung gewannen. Demgemäß erfolgte der Farbaufbau bis in den Hochbarock in gotischer Tradition, mehr oder minder einfarbig deckend oder lasierend über leuchtkräftigen Untermalungen. Die deckenden Partien waren dabei stets durch die typische Eigenfarbe von Mineralpigmenten bestimmt, wie z. B. durch Bleiweiß, Kupferblau, Kupfergrün, Zinnober, Mennige und Blei-Zinngelb. Lasuren erfolgten alsdann mit mineralischen Farben von höchster Transparenz, wie z. B. durch das empfindliche Kupferresinat oder auch durch blaue und rote Lacke pflanzlicher oder tierischer Herkunft von nicht minder intensiver Leuchtkraft. Ausmischungen mit anderen Pigmenten – um der Differenzierung und Nuancierung der Palette willen – blieben dabei noch lange Zeit eine Ausnahme, wodurch die häufige Simplizität derartiger Fassungen wiederum deutlich wird. Zu diesem durch leuchtende Lokalfarbigkeit bestimmten Erscheinungsbild kamen noch die perfekt gleißenden Goldgründe, Versilberungen, Lüsterungen und ebenso perfekt ornamentierte Brokatierungen, radiertes Dekor u. a. m., wodurch eben jener gänzlich unmalerische, dekorative, gleichsam »volkskundliche« Charakter zustandegekommen sein muß, wie er auch für neu angefertigte Kopien typisch ist. Da jedwede Alterserscheinung, wie z. B. Krakeleebildung, zunächst einmal fehlte, hätte ein derartiges Erscheinungsbild für den durch die Sehschule des Impressionismus hindurchgegangenen Spätgeborenen (wäre er in die Entstehungszeit der Originale versetzt worden) wohl wegen seiner Perfektion etwas Bestürzendes gehabt. Der Kopist, mit diesen Problemen in ständiger Konfrontation, kommt deshalb ohne künstliche Alterungsspuren, gelben Firnis, Abrieb etc. zu keinem halbwegs akzeptablen Ergebnis und dann immer nur zu Näherungslösungen, die den Kenner freilich kaum zu täuschen vermögen, weil ihnen stets das Odium des Surrogats anhaften muß.

Indes, verweilen wir noch einen Augenblick bei den charakteristischen Alterungsmerkmalen bestimmter *Lokalfarben;* beim *Weiß* gotischer Skulpturen beispielsweise, das sich in vielen Fällen, wie etwa an den weißen Tüchern der Marien, in eine gelblich-graue Masse verwandelt hat, und dies im Gegensatz zum wesentlich reineren Weiß der Gemälde! Es liegt deshalb nahe, hier an Bleiweiß-Verschnitte[167] zu denken, wie sie für Anstrichzwecke in Frage kamen, und diese Tatsache wirft wiederum ein bezeichnendes Licht auf die Einschätzung solcher Polychromien, deren Erneuerung man sich ja ohnehin schon sicher war.

Nicht minder charakteristisch ist auch das *Azuritblau* gotischer Skulpturen: das Blau der Madonnenmäntel, insbesondere des Futters glanzgoldener Heiligengewänder, und dasjenige der gestirnten Baldachinhimmel. Trotz einiger wohlerhaltener Fälle von strahlender Bläue, mit leicht grünlichem Stich, hat es sich freilich an zahllosen Beispielen in ein farbloses Graugrün, ja bisweilen zu Bleigrau verwandelt, und es erweist sich damit vielfach als nicht minder erloschen wie das ursprüngliche Gleißen des Goldes. Da Azuritblau überdies sehr häufig auf grauen, weniger auf braunen Untergründen in Leimtechnik aufgetragen wurde, besaß es, verursacht durch den dunklen Untergrund und die nahezu unbeeinträchtigte Reflexion der Farbkristallpartikel, ursprünglich einmal pastellig luftigen Charakter. Diese Eigenschaft konnte sich freilich durch unbedachtes Firnissen auch ins Gegenteil verkehren, indem nun anstelle eines Gouache-Effekts der einer Ölfarbe zustandekommen mußte. Denn die Firnissung bewirkte jetzt ein Tiefenlicht und damit ein Hindurchschimmern des dunklen Untergrundes durch die Azurschicht. Der gleiche Effekt entstand, wenn Azuritpartien einmal in Öltechnik übermalt und später wieder durch Restauratoren freigelegt wurden. Denn die Ölabsorption ist in derartigen Fällen, wie beim »kaputtgefirnißten« Tüchlein- und Leimfarbengemälde[168], nur noch teilweise rückgängig zu machen, weshalb das Ergebnis schließlich nur ein reizloses Grau ist. Verstärkt wurden derartige Effekte noch durch den Abrieb des pastelligen Azuritblaus, wobei die dunkelgraue Unterlage in Erscheinung treten mußte (Abb. 78).

Bis zur Unkenntlichkeit verändert haben sich auch alle blauen Lüsterungen mit *Indigoglasuren,* wie sie sicherlich bis zur Erfindung des farbbeständigen Pariserblaus üblich waren. Denn sie überlieferten sich lediglich als dumpfes Grün, und nichts spricht dafür, daß blaue Lüster erst mit dem 18. Jahrhundert weite Verbreitung fanden.

Auf die Problematik des *Kupfergrüns* wurde bereits im Gemäldekapitel eingegangen (vgl. S. 35f.); für die Skulpturenfassung gilt das in gleicher Weise.

Beim Rot waren die Veränderungen demgegenüber weniger gravierend. Zwar schwärzt *Zinnober,* doch diente er in vielen Fällen – wie auch die orangefarbigere *Mennige* – lediglich als Untermalung für kräftig rote Lasuren, deren beste Sorten, wie *Kermes* und *Cochenille,* sich häufig recht gut erhalten haben und die Untermalung schützend bedeckten. Eine gewisse Dunkelung und Verbräunung fanden zwar in allen Fällen allein schon durch das Bindemittel der Lasuren statt, doch waren dabei im wesentlichen die billigen handelsüblichen *Rotlacke,* die aus Rothölzern bereitet wurden, Veränderungen unterworfen. Bedingt durch das Ausbleichen des Farbstoffs und die Bräunung des Malöls verwandelten sich diese dann nach und nach in ein dumpfes Braun, wie wir es ähnlich auch von den Möbelbeizen und den Textilfarbstoffen her kennen.

Was nun die Wahl der Bindemittel anbetrifft, so weicht die Vielfalt kombinierter Materialien mit dem Barock zunehmend einem technischen Einerlei. Jedenfalls scheint seit dem 18. Jahrhundert auch in der Skulpturenpolychromie die *Ölfarbe* zu dominieren, und zwar mit den für dieses Material so typischen Alterungserscheinungen. Damit ging zugleich ein Verlust an materialbedingten Oberflächenreizen einher, wie sie nur durch das sehr komplexe Zusammenwirken verschiedenster Techniken zustandekommen konnten. Längst verlorengegangen war z. B. der zarte emaillierte Schmelz der »frottierten« Inkarnate, wie er an gotischen Skulpturen allgemein üblich war, der sich wohl nur mit *Temperabindemitteln* oder auch mittels Aufstrichen bestimmter Firnisse (Eiweiß?) erzielen ließ. Derartige Oberflächen wurden im übrigen wegen ihrer splittrigen Substanz vielfach ein Opfer der Skalpelle der Restauratoren.

Wir haben gesehen, wie die Alterung des Materials, die oftmals zahlreichen Nachfassungen und die mehr oder minder gedankenlosen Eingriffe der Restauratoren zu einer nachhaltigen Verfremdung des ursprünglichen Erscheinungsbildes polychromierter Skulpturen geführt haben. Auf diese schleichende *Uminterpretation* durch weitgehend unreflektierte Eingriffe wurde ja bereits mehrfach verwiesen. *Wissenschaftliche Restaurierung* hatte sich dabei lediglich als die jüngste, die letzte Verwandlungsstufe des wankelmütigen Zeitgeistes herausgestellt. Dies aber bedarf noch einer Differenzierung. Blicken wir deshalb noch einmal auf die »impressionistische« Phase der Restaurierung zurück, wo Hochmalerisches gerade en vogue war: Organisch Dahingealtertes wurde hier als pittoreske Verfallserscheinung verstanden, wobei die Restauratoren diesem »Altersimpressionismus« durch unpräzise Freilegung von Übermalungsschichten, nämlich durch Stehenlassen jüngerer Schichtreste und Vermessern des Originals Rechnung trugen, indem sich schlampige Präparationsvorgänge nun in einer diesem Altersimpressionismus gemäßen Ästhetik trefflich bestätigt sahen. Diese Phase befindet sich heute im Endstadium: Die kühle Ratio einiger Richtungen der modernen Malerei und deren perfekt »plakative« Farbigkeit wie zugleich auch neue Erkenntnisse der Kunstwissenschaft über das Wesen altmeisterlicher Polychromien bewirkten nämlich mittlerweile eine Wende: Ausgangspunkt dafür waren die »archäologischen« Forschungen in vielen Ateliers auf breiter Front, wo nun unter den Mikroskopen so etwas wie die Kunstgeschichte der Polychromie entdeckt wurde; Zug um Zug entstand damit das Bild einer seit dem hohen Mittelalter in stetigem Wandel befindlichen Fassungskunst.

Die Realisierung dieses neuen Ideals weitgehend unmalerischer Perfektion durch den Restaurator bedurfte freilich sehr langwieriger Arbeitsmethoden, denn »abgekürzte« Präparationsvorgänge mußten zwangsläufig beschädigen, was möglicherweise noch erhalten war (Abb. 34). Steigende Preise für Skulpturen am Markt ermöglichten indessen, im Zusammenwirken mit diesem neuen Verständnis für die Bedeutung der Polychromie, auch finanzierbare Verfahren, die jetzt freilich mehr oder minder alle für den mikroskopischen Bereich entwickelt wurden, zumal nur auf diese Weise ein Plus an Perfektion und eine Minderung der Gefahren unkontrollierter Maßnahmen gesichert ist. Freilich war es zugleich der Geist der Technik, der in der Mikrooptik nun das Skalpell des Restaurators führte, worüber sich das Blickfeld für die Sphäre des Künstlerischen zwangsläufig in gleicher Weise verengte; bei unbezweifeltem Gewinn an wissenschaftlicher Objektivität wie wachsender Gefahr, sich in nicht enden wollenden technischen Prozessen zu verlieren. – Traten schließlich noch perfektionierende Retuschen und trefflich erneuerte Glätte hinzu, war die Mitwirkung des Zeitgeistes immer unterschwellig im Spiel, weshalb solchen Restaurierungen zuweilen das Odium des aseptisch Ordentlichen, der Hygiene des Plastikzeitalters, anzuhaften pflegt.

Zugleich aber mußten diese mit uferloser Akribie betriebenen Arbeitsgänge irgendwann auch ihre Grenzen haben, da der immense Zeitaufwand, der mit derartigen Maßnahmen nun einmal verbunden ist, ohnehin immer nur die Bearbeitung besonders kostbarer Stücke ermöglichte; keineswegs jedoch jener aus der Masse mittelmäßiger Qualitäten, die damit auch weiterhin ein Opfer abgekürzter Restaurierung wurden. So offenbarte sich hier wiederum das Dilemma aller Denkmalpflege: der Anspruch auf restauratorische Präzision und Perfektion – jedoch bei beschränkten Mitteln und angesichts eines riesigen Bestandes an Skulpturen, woraus im weiteren zu folgern ist, daß auf Restaurierung, wo vermeidbar, verzichtet werden sollte.

Patina als Stilmittel

Diesem Bereich sind nur Patinen zuzuordnen, die nicht auf natürlichem Wege, wie beispielsweise durch Alterung von Blattmetallen, entstanden sind. Künstliche Patinen als Spielart der Polychromie sind demgegenüber wohlberechnetes Stilmittel. Entwicklungsgeschichtlich betrachtet, setzen sie nicht nur ein hochentwickeltes Patina-Bewußtsein voraus, sondern vielmehr auch einen Materialillusionismus der polychromen Skulptur, wie er wohl erst mit dem Hochbarock üblich wurde. Das freilich schließt nicht aus, daß man Materialien, wie Stein oder Bronze, samt den für sie charakteristischen Oberflächen mitunter schon früher illusionierte. So z. B. wurden Steinfassungen bereits an hölzernen Skulpturen des Veit Stoß vermutet[169], und ebenso scheint Bronze schon vereinzelt zu dieser Zeit imitiert worden zu sein. In diesem Sinne habe beispielsweise Baccio Bandinelli eine Skulptur anläßlich des Besuches von Papst Leo X. in Florenz dergestalt »polychromiert«, daß sie der Farbe nach aus Bronze schien[170]. Bezeichnenderweise handelte es sich dabei um den Bestandteil einer triumphalen Kulisse, die, wie die festlichen Bauten des Barock, lediglich zu kurzer Nutzung konzipiert wurde.

Fassungen mit Patinacharakter sind beim derzeitigen Stand der Forschung kaum bekannt, was seine Ursache in den häufigen Nachfassungen polychromierter Skulpturen haben muß. Und erst mit dem 18. Jahrhundert, das schließlich die Imitation von Marmor, Porzellan, Stein und verschiedenen Metallen souverän handhabte, häufen sich dann auch die Hinweise auf solche Bemalungen.

Zwei Techniken waren verbreitet: die Nuancierung farbiger Untergründe mit *Bronzepulvern* zur Imitation von patinierten Grünbronzen und die *Graphitfassung* zur Nachahmung von Bleigüssen. Je nach künstlerischer Intention wurden dabei Bronzetöne, von Rotbraun über Gelb- und Dunkelbraun bis nahezu Schwarz und Grün variiert, Bleigüsse dagegen in einem dunkel nuancierten Grau.

Delikatere Metalleffekte waren indessen erst über *Ganzmetallauflagen* zu erzielen: In diesem Sinne wurden die Figuren des Liborius-Festaltars aus dem Dom zu Paderborn[171] mit Auflagen von Blattgold und Schlagmetallen sowie mit Bronze- und Goldpuder versehen und dann farblich dergestalt patiniert, bis »vieler Malerpensel stumpff gemacht, bis sie das aufgelegte Gold wieder gedämpfet und durch die übergestrichenen Farben glänzend genug hervorscheinend gemacht«, so daß der Metallcharakter dadurch nicht gänzlich in einer oberflächlichen Patina-Imitation verloren ging. Die Figuren dieses Altars sind denn auch sehr eindrucksvolle Beispiele delikater spätbarocker Patinafassungen (Abb. 35): Ihre puderbronzenen Inkarnatpartien, heute dunkelbraun, haben sich sichtlich altersbedingt von ursprünglich vermutlich hellen Tönen nach Braun verschoben. Neben dem Glanz- und Mattgold des Panzers in Polimenttechnik über rotem und gelbem Poliment und dem Pudergold der Haare, die man sichtlich nicht künstlich patinierte, waren es besonders die Schlagmetallauflagen der Mantelaußenseiten, die einer intensiven Abtönung unterzogen wurden, wobei man kalte Metalleffekte nun mit grünlichbräunlichen, ja selbst violettbräunlichen Lasuren nuancierte.

Unbeantwortet muß die Frage nach einer analogen patinierenden Behandlung des Silbers bleiben: Moderne Kirchenmalerwerkstätten pflegen den Glanz des frisch angelegten Metalls mit Hilfe von Schwefelleber-Dämpfen (durch künstlich bewirkte Grautöne) etwas zu nuancieren. Diese Technik dürfte bereits in einer gewissen Tradition stehen, was zumindest mit dem beginnenden Historismus anzunehmen wäre. Indessen gebricht es an Hinweisen für den Barock, zumal Versilberungen dieser Zeit vielfach geschwärzt und überdies längst wieder gedankenlos erneuert wurden.

Die Metallpatinen

»Die Patina ist eine stoffliche Veränderung des Erzwerkes, welche als Farbe in die Erscheinung tritt. Das echte Lustgefühl an der Patina ist ein naturwissenschaftliches Erlebnis mit malerisch-ästhetischem Einschlag, jedoch weniger ein historisches, noch ein plastisch-räumliches . . . Es handelt sich bei der Behandlung des Patinaproblems nicht um eine objektive Feststellung eines Vorhandenen, sondern um eine Ansicht über das Wesen und den Wert einer Veränderung jenes objektiv Vorhandenen . . . Wer der Entzückung vor basisch kohlensauren Kupferoxyden von Zeit zu Zeit bedürftig ist, kommt eher auf seine Rechnung, wenn er diese Stoffe im Wege des Edelsteinhandels für wenig Geld an sich bringt. Mit Erzplastik hat das garnichts zu tun. Wir, die wir die Erzform der Antike suchen, fühlen dagegen im Anblick der Patina, wie die Form unaufhaltsam dahingeht, mit ihrem Stoff.«

Kurt Kluge, Die antiken Großbronzen, Bd. I, 1927

Die natürliche Patina von Bronzen, Messing und Kupfer

Mit dezenten Anlauftönen kündigt es sich an: Der spitze Glanz polierter Metalle erlischt. Bronze, Messing und Kupfer verfärben sich nach und nach zu stumpfem Braun, das sich fortschreitend zu mittlerem Grau verdichtet, um sich schließlich in pastelliges Grün zu verwandeln. Das Metall kehrt in seine ursprüngliche Existenzform, die des Erzes, zurück, wobei sich nach Jahrzehnten erst jene geschätzten, hochmalerischen, malachitgrünen Rieselpatinen entfalten, die immer dort, wo sie nicht direkt beregnet werden, in Dunkelzonen überleiten, indem sich hier nun Ruß und Industrieschadstoffe zunehmend festsetzen, wobei es auch zur Ausbildung schwärzlicher Krusten kommen kann. Saure Regen tun ein übriges und führen zu mehr oder minder grauen Belägen anstelle der einstmals üblichen grünen Kupferkomplexe aus Sulfaten, Karbonaten und anderem. Nur in Ausnahmefällen entstehen dann auch jene gleichmäßig glasiggrünen Patinen von quasi metallischem Charakter – wobei dieser Prozeß an Bronzen sehr viel langsamer abläuft als beim Kupfer. Direkt beregnete Partien bewahren sogar noch jahrzehntelang ihre metallene Oberfläche.

Unter Innenraumbedingungen erstreckt sich dieser Vorgang verständlicherweise über noch sehr viel längere Zeiträume und führt dann nur sehr langsam über Gelb- und Brauntöne zur Ausbildung von Dunkelpatinen. Feuchtluft, also nicht direkt hinzutretende Nässe, bewirkt überdies (bei immerfort währender Einwirkung) jene schwärzlichen Matteffekte, wie wir sie von alten Glocken kennen. Der Vorgang ist der einer langsam fortschreitenden Farbveränderung, bis hin zu dunklen und gänzlich matten Mineralbildungen, und macht überdies auch bei künstlich patinierten Bronzen nicht unbedingt halt. Daraus folgert, daß auch überlieferte künstliche Patinen nicht mehr unbedingt der Vorstellung ihrer Schöpfer entsprechen müssen, weshalb hier der zusätzliche Alterungseffekt nicht aus dem Auge gelassen werden darf.

Bei bodengelagerten Bronzen wird das Ausmaß der Patinabildung durch die metallurgische Komposition im Zusammenwirken mit dem umgebenden Milieu bestimmt: Die schwärzlichen Anlauftöne von Bodenfunden beispielsweise werden durch saure Milieus verursacht, wie sie durch die eventuelle Lagerung in Moorböden gegeben sind. Es entstehen sehr dünne schwarzbraune Überzüge, wobei das Metall meist nur wenig korrodiert, und sich bei Lagerung in einem mit Humus- oder Gerbsäure angereicherten Erdreich mitunter gar keine Patinen entwickeln.

Anders die grünen und blauen Patinen: Diese pflegen eine Stärke bis zu mehreren Millimetern zu erreichen, wobei sich bläßlich-grünblaue, weiche und oftmals noch mehlige und krakelierte, ja selbst abblätternde Schichten ausbildeten. Freilich findet sich unter solchen Patinen, die überdies noch mit dem Erdreich verwachsen sein können, nicht selten auch (durch größere Härte gegenüber der aufsitzenden Mineralschicht ausgezeichnet) eine zuvor mineralisierte, aber doch intakte originale Oberfläche; unter welcher dann freilich in Millimeterstärke komplexe blaßblaue, grünliche und selbst rote Krusten (wiederum in wechselnden Lagen) verschiedener Härte ausgebildet sein können.

Ein unlängst aus dem Süßwasser geborgenes Bronzeschwert, das man sich ursprünglich blank – weil durch Ziselierung verdichtet und geglättet – vorzustellen hat, soll diesen Prozeß zonenweiser Mineralbildung verdeutlichen (Abb. 36): Von der originalen Oberfläche hatten sich unter Kalkkrusten nur wenige braune Reste mit feinen Gravuren erhalten; das meiste dieser vollkommen mineralisierten Epidermis war bereits abgefallen. An deren Stelle trat vielmehr eine bläßlichhell mineralisierte, um etliches tiefer gelegene Lage in Erscheinung, die nun, überraschend genug, ihrerseits noch Spuren der Gravuren bewahrt hatte, obgleich die Originalsubstanz doch bereits um etwa einen Millimeter reduziert war. Konservierungsästhetisch dürften in solchen Fällen wohl kaum wesentliche Meinungsverschiedenheiten bestehen, wenn der Versuch gemacht wird, die äußerste, vielfach noch mit dem Erdreich verbundene Kruste bis zur »originalen« Oberfläche zu entfernen, auch wenn diese bereits vollkommen mineralisiert sein sollte und Kupferionen, also eigentlich Originalsubstanz, an das umgebende Erdreich abgegeben hat. Denn oftmals bewahrten derartige Oberflächen unter aufsitzenden Krusten noch die Feinheit jener ziselierten Metallhaut, mineralogisch nun vollkommen in ein glasiges komplexes Kupfergrün (Malachit, Grünspan etc.) umgesetzt, als das edelste aller Kupferpatinen. Diese Art Patina entsteht stets nur auf durch Ziselierung und Glättung verdichteten Partien und niemals auf der rauhen Gußhaut. Sie bewirkt überdies in vielen Fällen noch die Trennbarkeit von derartig aufsitzenden sogenannten »unedlen Patinen« (Abb. 37, 38).

Mit derartigen Begriffen befinden wir uns freilich bereits auf einer Ebene höchster Subjektivität, zumal mineralische Patinen – welcher Art auch immer – an den allermeisten Bronzen der klassischen Antike keineswegs beabsichtigt waren. Diese waren vielmehr zunächst das Ergebnis mangelnder Pflege, was freilich von malerisch empfindenden, also antiquarisch-historisch eingestimmten Epochen, wie dem antiken Rom oder dann auch dem mittelalterlichen China, zum Stilmittel umgedeutet wurde (vgl. im folgenden auch das Kapitel »Die künstliche Patina . . .«, S. 143 ff.). In der jüngeren Kunstgeschichte war das der Fall seit der Renaissance, wo Leonardo da Vincis Wort von der Lieblichkeit und Mannigfaltigkeit der Farben, welche die Bronze ausbilde, nun die neue Grundstimmung des Zeitalters bezeichnet. Zugleich kann vorausgesetzt werden, daß man in Sammlerkabinetten gelernt hatte, mit der natürlichen Patina von Münzen mit Bedacht umzugehen.

Hinweise auf eine frühe Ästhetik solcher Patinen von Münzen und Medaillen sind dennoch bislang über den Barock hinaus noch nicht nachweisbar; möglicherweise hat der Arzt und Numismatiker Carolus Patin (1633–1693) namengebend gewirkt.

Erst aus dem Jahre 1738 stammt eine Einleitung zur Medaillen- oder Münzwissenschaft, wo über »Vernis von allerhand Sorten« berichtet wird: »Es bekommt die Medaille noch einen höheren Werth, von einer andern Schönheit, die sie von der Natur allein hat, und welche die Kunst bishero nicht nachmachen können. Das ist nemlich die Vernis, den man dem Metall vermittelst einer gewissen Erde geben kann, welcher dann etliche mit einer blau-grünen Farb überziehet, daß sie aussehen, wie der schöne Türkis. Andern giebt er eine gewisse Röthe, welche ungezweiffelt antique ist, eben deßwegen, weil man sie heut zu Tag nicht nachmachen kan. Wieder andere färbet es, daß sie eine glatte lichtbraune Gestalt bekommen, deren unsere von Erz gegossene Bilder im geringsten nicht zu vergleichen, und die der Augenschein, auch denen, die nur eine mittelmässige Erkenntniß in diesem Studio haben, sogleich zu erkennen giebt indem sie so gar auch das jenige, was man mit dem Sale Armoniaco, unter Essig vermenget, sonst thun kan, weit übertrifft: Der ordentliche Vernis ist gar schön grün, welcher sich an die allerkleinsten Striche anhängt, ohne sie auszulöschen, viel netter, als das allerschönste Schmelzwerk auf den Metallen sich praesentiret. Doch ists das Erz allein, welches diesen Vernis annimmt...«

Patina auf Münzen wird hier mit Vernis bezeichnet, womit sich ein Rückschluß zum Gemälde ergibt. Ähnlich lautet ja auch jene Passage bei Algarotti (1769) über die kostbare Patina von Gemälden, welche die Zeit nur den alten Münzen zu geben vermöge. – Im Gegensatz zur natürlichen unter Raumklimabedingungen ausgebildeten Patina in Münzkabinetten ist es eine Frage des Standpunktes, ob man Außenbronzen und besonders auch Bodenfunden mit dicken und oftmals sehr fleckigen Mineralkrusten (den sog. wilden Patinen) eine diesen eigene Ästhetik zuerkennen möchte, zumal die plastische Substanz schließlich durch Überwucherung vielfach bis zur Unkenntlichkeit verunklärt ist. Dieser Umstand erleichtert meist auch die Entscheidung zum Eingriff, womit dann freilich der erste Schritt zur Irreversibilität getan ist. Ziel ist nun die Abnahme dieser Patinakrusten bis auf die bereits beschriebene, mineralisierte, glatte und relativ harte Originaloberfläche, die, wenn auch meist nicht mehr von metallischem Charakter, doch noch deren intakte plastische originale Epidermis verkörpert und der »Kabinettpatina« ähnlich sein kann. Man hat sie mit dem fragwürdigen Terminus »Edelpatina« bezeichnet. Derartige Oberflächen, die meist nicht mehr aus Metall bestehen, vermögen in der Tat außerordentlich malerisch und im Sinne Leonardos von lieblicher Vielfalt zu sein, insbesondere dann, wenn die Mineralisation relativ homogene, mehr oder minder glänzende, glasige oder glatte blaugrüne Patinen ausgebildet hat, die keiner konservierenden Oberflächenbehandlung bedürfen.

Was nun derartige, vorsichtig korrigierende Eingriffe anbetrifft, so werden sich über die Behandlung der ursprünglich ziselierten und geglätteten und schließlich mineralisierten Epidermis wohl keine grundsätzlichen Meinungsverschiedenheiten ergeben. Diese dürften vielmehr immer erst dann entstehen, wenn Bronzen mehr oder minder gedankenlos und kurzerhand entpatiniert werden. Dafür aber liefern selbst bedeutende Museen noch eindrückliche Belege, in Olympia beispielsweise, wo der grün patinierte Helm des Miltiades einem total entpatinierten Perserhelm gegenübergestellt wurde. Das Beispiel bezeugt dabei wieder einmal überdeutlich, was bei derartig radikalen Maßnahmen herauskommen muß: Anstelle der einstmals hellen, leuchtendblank polierten Bronze findet sich nur mehr eine zerfressene, weil radikal entmineralisierte Oberfläche, die nun wie ein billiger Abguß des Originals wirkt.

Ähnliches kann auch an zahlreichen Beispielen im Museum zu Delphi und leider auch in renommierten deutschen Antikensammlungen beobachtet werden: Rot- und Gelbgüsse von Kleinbronzen, fast total abgesäuert, wirken auch hier wie schlechte Nachgüsse, allenfalls noch mit Resten der Originalpatina in Ätzgrübchen, Narben, Löchern und Vertiefungen, womit diesen Stücken etwas Künstliches anhaftet, Museumsreplikaten ähnlich, wie sie allerorten für den Tourismus feilgeboten werden. Ihre Oberflächen – in unreflektiertem Glauben an die Wiederherstellbarkeit der ursprünglich blanken Bronze abgeätzt – sind denn auch unwiederbringlich zerstört, zumal sich jene durch Ziselierung und Glättung verdichtete Epidermis nur in den allerwenigsten Fällen unkorrodiert erhalten hat. Ähnliche ästhetische Probleme werden immer auch Materialkombinationen bereiten; von Bronzen mit Elfenbein-, Stein- und Glaseinlagen, oder in Kontrastwirkung mit einplattiertem Kupfer und Silber. Dafür aber geben die vor wenigen Jahren an der süditalienischen Küste bei Riace gefundenen klassischen Bronzefiguren ein eindrucksvolles Beispiel, dessen Problematik hier modellhaft diskutiert werden soll: Wie bei submarinen Funden üblich, waren die Patinakrusten hier noch zusätzlich mit Kalkabscheidungen verbacken, was den Vorgang der Freilegung allein schon unendlich langsam gestalten mußte. Dabei bemühte sich der Restaurator um eine möglichst gleichmäßige Abtragung der Korrosionsprodukte bis auf die dunkel-grünlich mineralisierte Epidermis. In der Entdeckerfreude über kupfern einplattierte Lippen ging er dann freilich zu weit, denn er entpatinierte diese nun völlig und die eingelegten silbernen Zähne nicht minder. Das aber mußte eine farbliche Verkehrung ursprünglich hellfarben konzipierter Metalleffekte bewirken: Wo nämlich die einstmals strahlend helle Bronze des Inkarnats mit dem Kupfer des Mundes und der Brustwarzen, dem Silber der Zähne und dem einge-

1 Verfärbung farbstarker Grünspanlasuren nach Braun. Die übrigen Töne haben bei weitem nicht so gelitten. »Bethlehemitischer Kindermord«, Augsburger Meister, um 1480.
Germanisches Nationalmuseum, Nürnberg

3 △

4 ▽

3 Betonierte »Hypothesen« in Knossos

4 Milet, eine Stätte noch mit dem Ambiente Piranesis: Löwe vom ehemaligen Löwenhafen

◁ 2 Die »Solothurner Madonna« von Hans Holbein d. J. während der Abnahme gegilbter Firnisse und Retuschen. Kunstmuseum, Solothurn

5 △ 6 ▽

Gegenüberliegende Seite:
5 Wissenschaft und Willkür: Wiedererrichtung eines Giebels vom Trajans-Nymphäum in Ephesos

6 Erneuerte Mauern, frisch gewaschener Marmor. Die »wissenschaftliche« Ruinenschöpfung romantischer Tradition als gefälschte Geschichte: Wiedererrichtungsarbeiten in Pergamon.

7 Zur Komplettierung des Mauerwerks mit neuem Material aufgebaute Cella-Ecke am Aphaia-Tempel in Ägina.

8 Museale Ästhetisierung des Fragments: neutralfarbig eingeputztes Freskobruchstück. Madonna mit Kind, 14. Jh.
Galleria Comunale, Prato

9 △

10 ▽

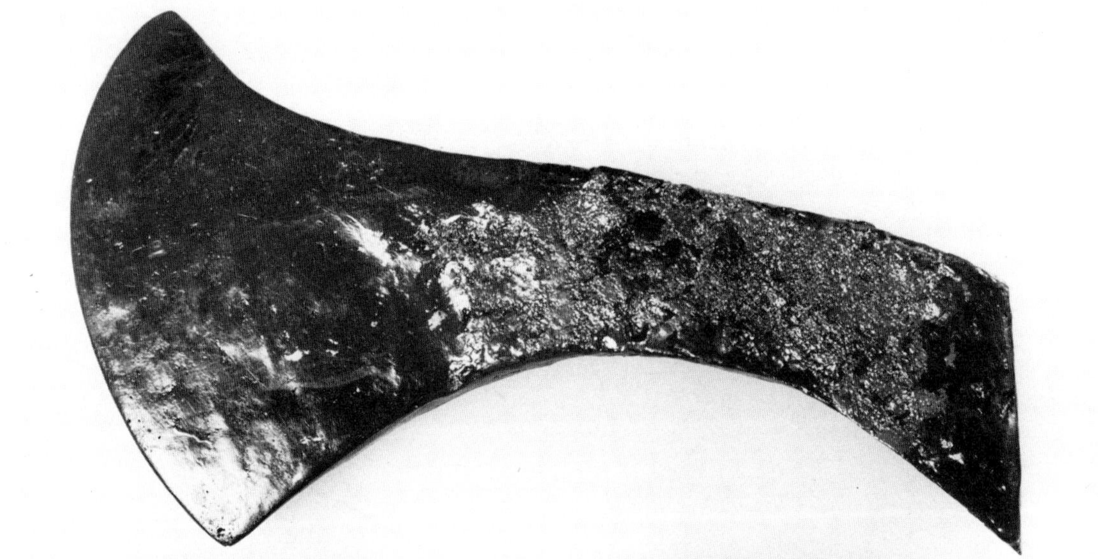

Gegenüberliegende Seite:
9, 10 In Rostknolle eingebettete Axt (Abb. 9). – Grobe Schliffpräparation aus einer Rostknolle (Abb. 10). Kanten und Schneide sind mittels Kitt zurechtgemacht. Germanisches Nationalmuseum, Nürnberg

11 Museale Ästhetisierung des Fragments. Durch gipserne Ergänzungen und neutralfarbige Retuschen entsteht etwas kompositionell-ausgewogen Neues. Schale des Erzgießereimalers, attisch, um 470 v. Chr. Privatbesitz

◁ 12 U-Bahn-Eingang in Nürnberg

13 Durch Bleiweißverseifung entsteht eine höhere Transparenz der Farbschicht. Die Vorzeichnung ist wieder sichtbar. ▷

◁ *14 Johann Heinrich Füssli, »Zwei Männer (Füssli und ein Unbekannter) ›smoking a picture‹«. Zeichnung, um 1774.*
British Museum, London

15 Porzellanmalerei in Sepiatönen. Teller, Meißen, um 1780.
Privatbesitz

Crates — Χρονος γαρ᾽ ου τεχτωυ σοφος, *see Spectator*
Ἀπαντα δ᾽εργαζομενος αϑενεςερα. Vol: II: Page 83.
VARNISH.
——— As Statues moulder into Worth. P: W:
To Nature and your Self appeal,
Nor learn of others, what to feel. Anon:

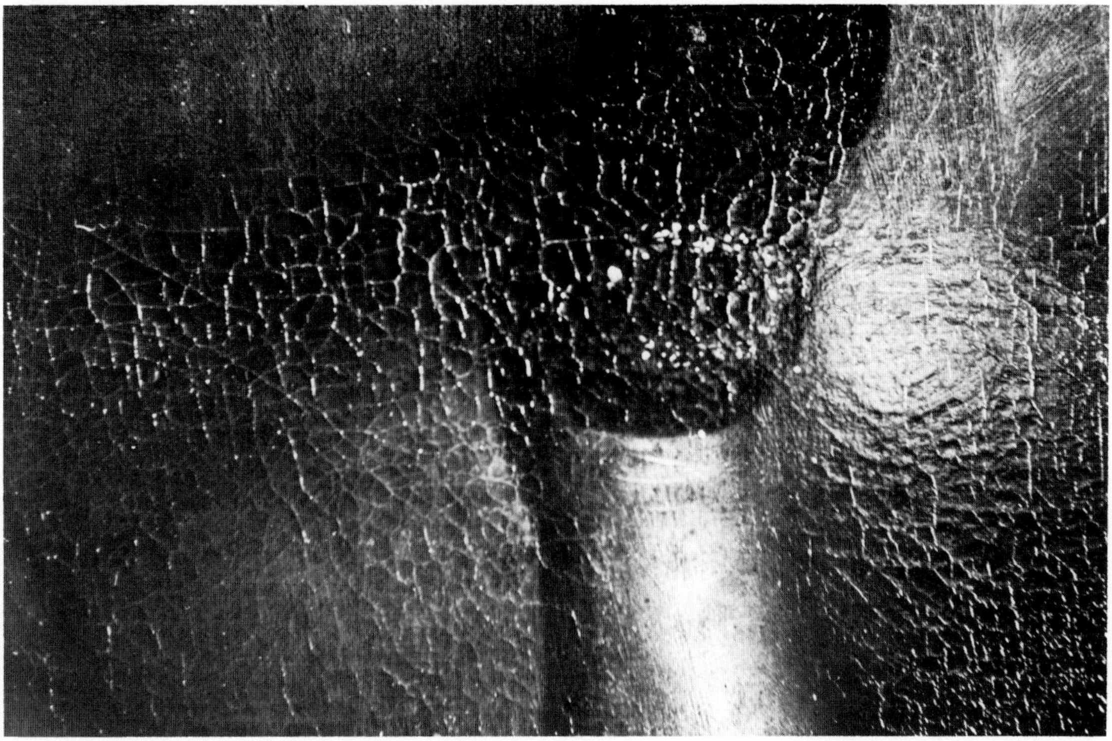

◁ *16 William Hogarth, »Time smoking a picture«. Radierung, 1761.*

17 Schollenbildung in der Farbschicht

18 Für Holztafeln typische Bildung von Krakelüren in der Farbschicht

19 Für Leinwände typische Bildung von Krakelüren in der Farbschicht ▷

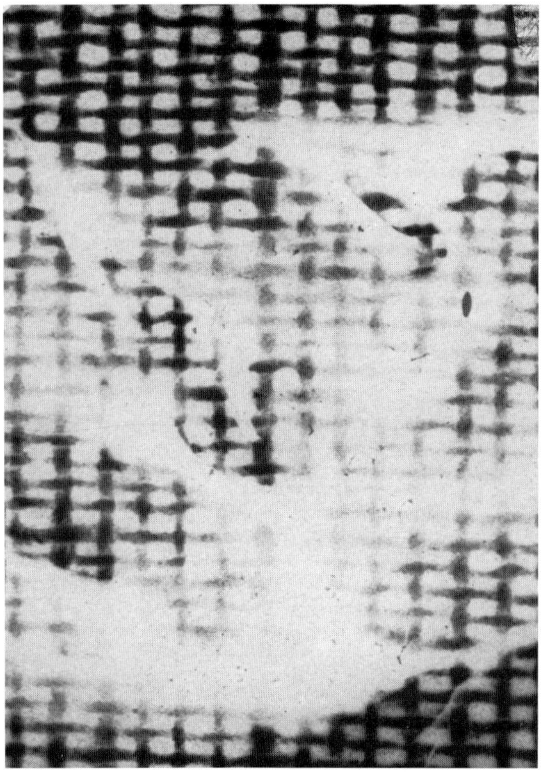

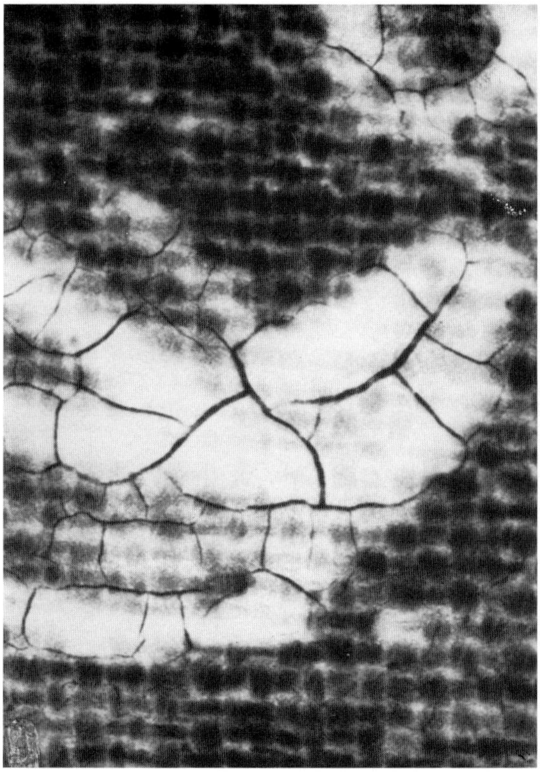

20, 21 Ausschnitte aus einem echten und einem gefälschten Van Gogh-Gemälde. Während das Original (Abb. 20) nahezu keinerlei Rißbildung erkennen läßt, wurde die Fälschung (Abb. 21) durch Backen forciert gealtert (Röntgenbild). Es entstanden charakteristische Frühschwundrisse.

22 Sprungbildung in einem Gemälde von Johann Heinrich Füssli (Detail) ▷

23 Auflösung einer altersgedünnten dunklen Baumsilhouette gegen einen seinerseits stark reduzierten Himmel auf rotem Bildgrund (oben). Hier erscheint nun sprenkelweise durch Abrieb die dunkle Grundierung, durchsetzt überdies mit gelben Firnisresten in den Poren der Leinwand.

24 Die Abnahme gegilbter Firnisse steigert die farbigen Kontraste auseinandergealterter Partien. Helles Blau tritt hervor, die Grüntöne der Bäume sind altersbedingt weitgehend verloren gegangen. Zugleich erscheinen zart nuancierte Blattsilhouetten (Pfeile). Detail aus einem Gemälde von Joachim von Sandrart. Germanisches Nationalmuseum, Nürnberg ▷

25 Abnahme eines enorm gegilbten und vermutlich ursprünglich etwas getönten Firnisses. Die manieristische Kühlfarbigkeit tritt ungebrochen hervor. Bedingt durch den Bildaufbau sind die Mitteltöne stark abgesunken, wodurch sich bläuliche Halbschatten ausbildeten. Die Kühlfarbigkeit läßt an eine konzeptionelle Berücksichtigung der Firnisgilbung durch den Künstler denken. »Venus und Amor«, Joseph Heintz d. Ä. (1564–1609). Germanisches National-museum, Nürnberg

26 Leonardo da Vinci, »Verkündigungsbild von Monte Oliveto« (Röntgenbild, Detail). Frühschwundkrakelees im Bereich der Haare, vielleicht durch Asphalt verursacht. – Galleria degli Uffizi, Florenz

Zu Seite 102, 103:
27 Leonardo da Vinci, »Felsgrottenmadonna«. Die Malerei auf Holz ist fast makellos bis in die Arbeitsspuren (Fingerabdrücke) erhalten.
National Gallery, London

28 Leonardo da Vinci, »Felsgrottenmadonna«. Durch Übertragung der Malschicht von Holz auf Leinwand kam es im Laufe von etwa hundert Jahren zur Ausbildung sekundärer Leinwandkrakelüren.
Louvre, Paris

29 Stufen der Firnisabnahme an einem modernen Gemälde. Links: Der patinierende Firnis auf impastiertem Weiß betont die Malstruktur auf eine vom Künstler nicht beabsichtigte Weise. Rechts oben: Die stufenweise Abnahme des Firnisses führt zu verstärkter Fleckwirkung. Rechts unten: Durch Radikalreinigung erscheint die Malstruktur im vom Künstler konzipierten Maß.

30 Spätarchaische Rotpolychromie an Haaren und Augen
Akropolismuseum, Athen

31 Fassungsreste eines spätarchaischen Dekors auf Marmor
Akropolismuseum, Athen

32, 33 Preßbrokate. Abb. 32 mit den typischen Auflösungserscheinungen, Abb. 33 in wohlerhaltenem Zustand am Blaubeurer Hochaltar.

34 Präparationsarbeit an einem Veit Stoß-Kruzifix unter dem Mikroskop. Die Arbeitszeit beträgt etwa 20000 Stunden.
Germanisches Nationalmuseum, Nürnberg

35 Figur vom Liborius-Festaltar mit künstlich und natürlich patinierten Metallauflagen.
Paderborn, Diözesanmuseum (ehem. Dom)

36 Bronzeschwert mit schichtweise abgeblätterter Patinabildung.
Privatbesitz ▷

37, 38 Etruskische Kleinbronze (Höhe 87 mm), vor und nach der Entpatinierung bis auf die sogenannte Edelpatina.
Privatbesitz

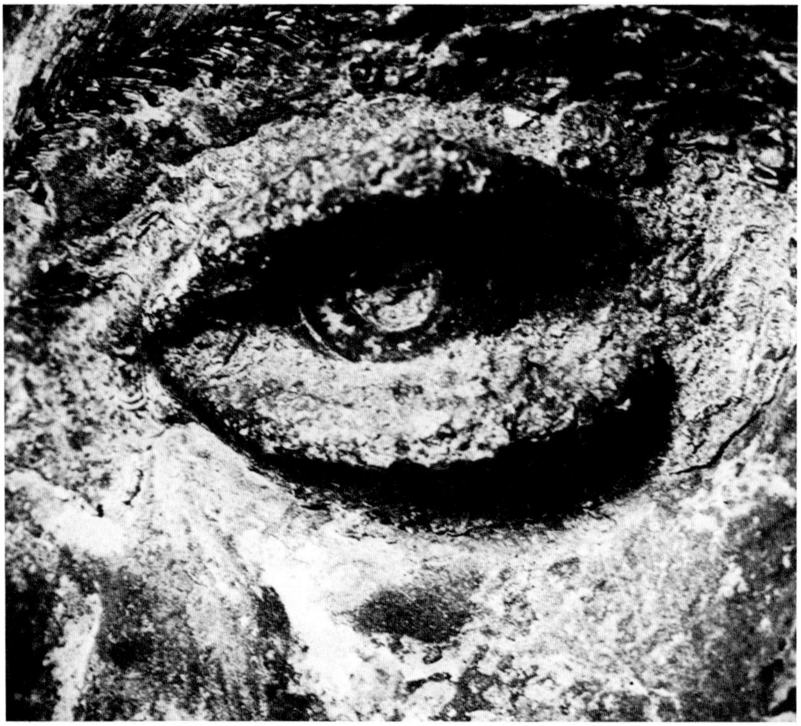

39, 40 Auge des Kriegers B von Riace, vor und nach der Entpatinierung.
Museo Nazionale, Reggio di Calabria

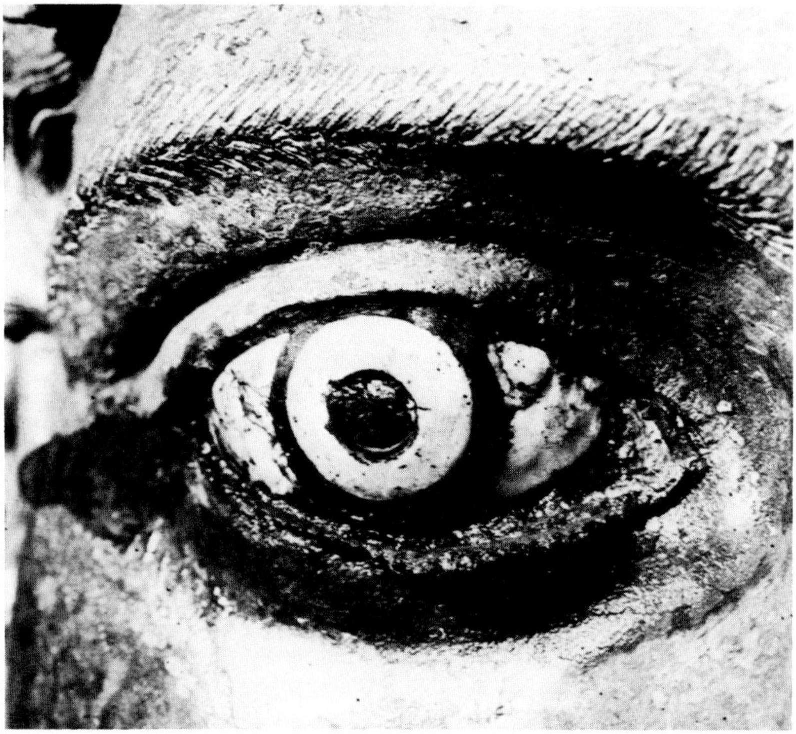

41 Klassizistischer Bronzeguß der Gießerei Thomire. Dunkelpatina in Kombination mit Glanz- und Mattgold. Ende 18. Jh.
Kunsthandel ▷

◁ *42 Malerische Rieselpatina an einer Bronze von Auguste Rodin. Die glänzende Metalloberfläche ist noch nicht wesentlich korrodiert.*
Kunsthalle, Hamburg

43 Leuchterfuß. Künstlerische Nutzung der Silberpatina: innerhalb der Ziselierung bilden sich malerische Dunkelzonen, die das Ornament stärker hervortreten lassen. Wien, 1810.
Kunsthandel

44 △ 45 ▽

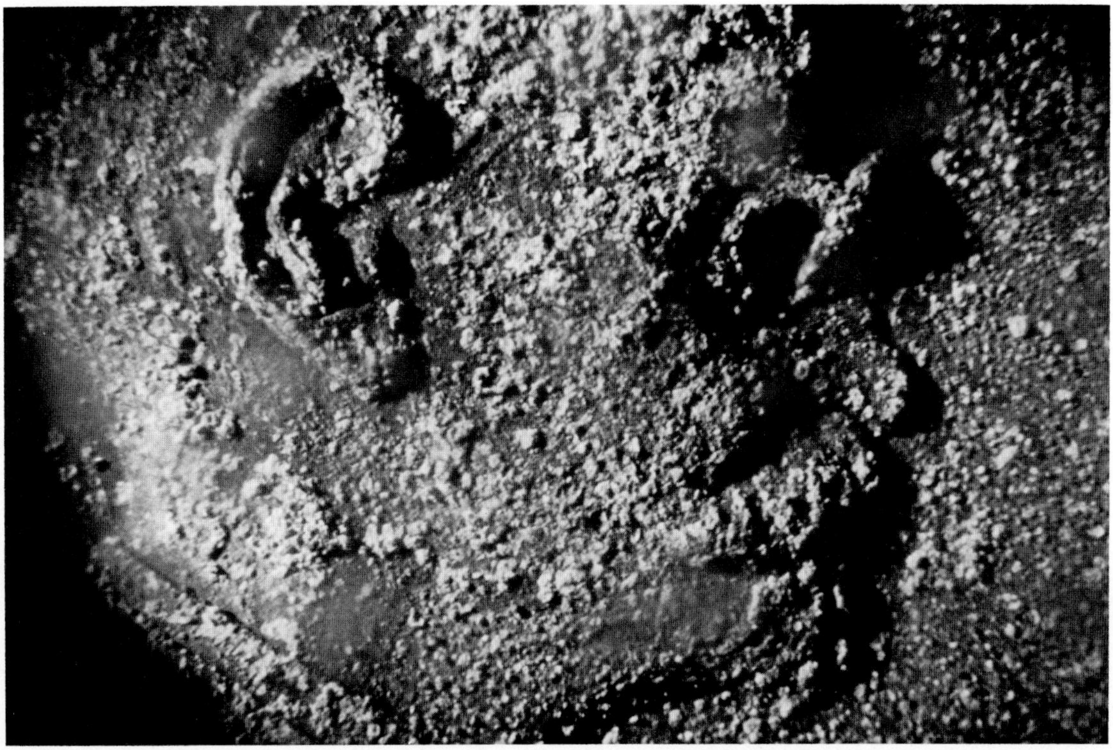

Gegenüberliegende Seite:
44 Durch extreme Patinabildung zerstörte Oberfläche an einer Temperantia-Schale

45 Elektrolytische Entrostung. Es bleibt nur ein blankes Eisenskelett zurück.

46 Bleifraß an einer Plakette, ca. 4-fach vergrößert

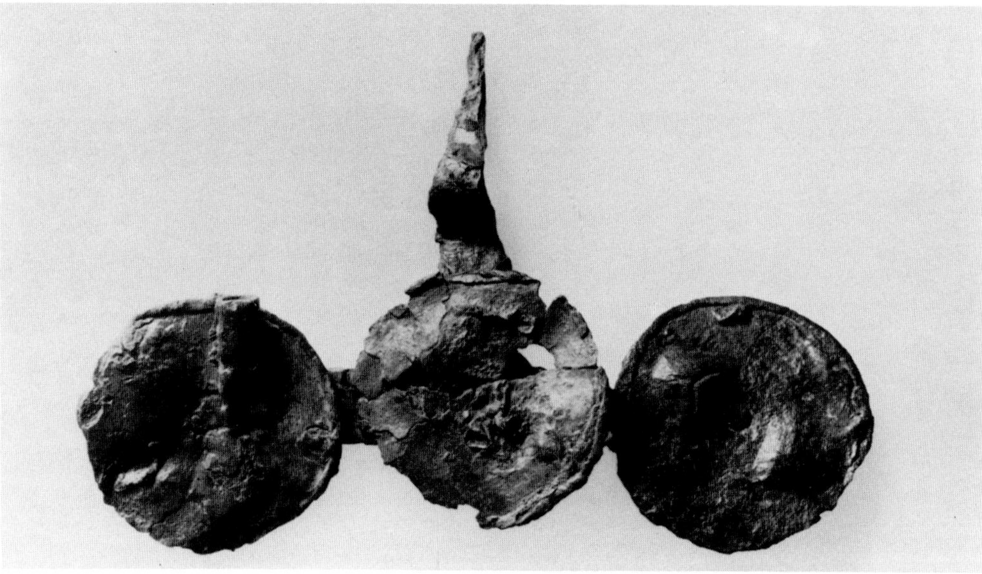

47, 48 Subtile Präparation stark korrodierten archäologischen Eisens mit dem Feinsandstrahlgerät. Die mineralisierten Strukturen der Epidermis werden nicht kurzerhand und nach Gutdünken zurechtgeschliffen.

49 Kloakenfund eines syrischen Glases, 14. Jh., aus Nürnberg. Einzelne Scherben sind unterschiedlich patiniert. Blasses gelbliches Grün verwandelte sich teilweise in Dunkelbraun. Germanisches Nationalmuseum, Nürnberg ▷

50 △

51 ▽

Gegenüberliegende Seite:
50 Typischer Verblauungseffekt durch Ausbleichen von organischem Gelb in Ausmischung mit Blau. Tapete, um 1806.
Germanisches Nationalmuseum, Nürnberg

51 Vorder- und Rückseite einer Bergama-Tasche. Während die belichtete Seite vornehm nuancierte Graustufen ausbildete, hat sich auf der Rückseite noch etwas von der ursprünglich kräftigen Farbigkeit erhalten.
Privatbesitz

52 Unterschiedliche Erhaltungsgrade und Färbungen der einzelnen Scherben

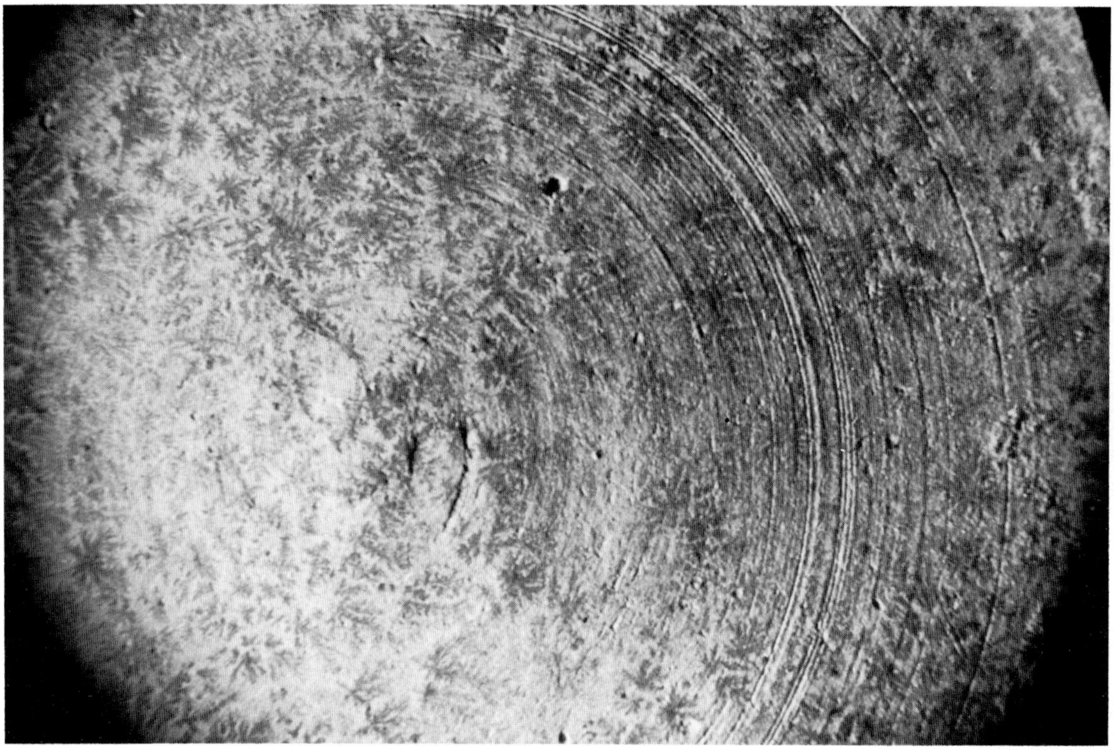

53 Dendritenbildung am Boden eines hellenistischen Gefäßes, ca. 3-fach vergrößert

54 Plastische Erosion mit Ausplatzungen der rotgrundigen Epidermis. Die schwarz versinterten Zonen leisten der Abtragung stärkeren Widerstand. Schale, attisch, um 460 v. Chr. ▷

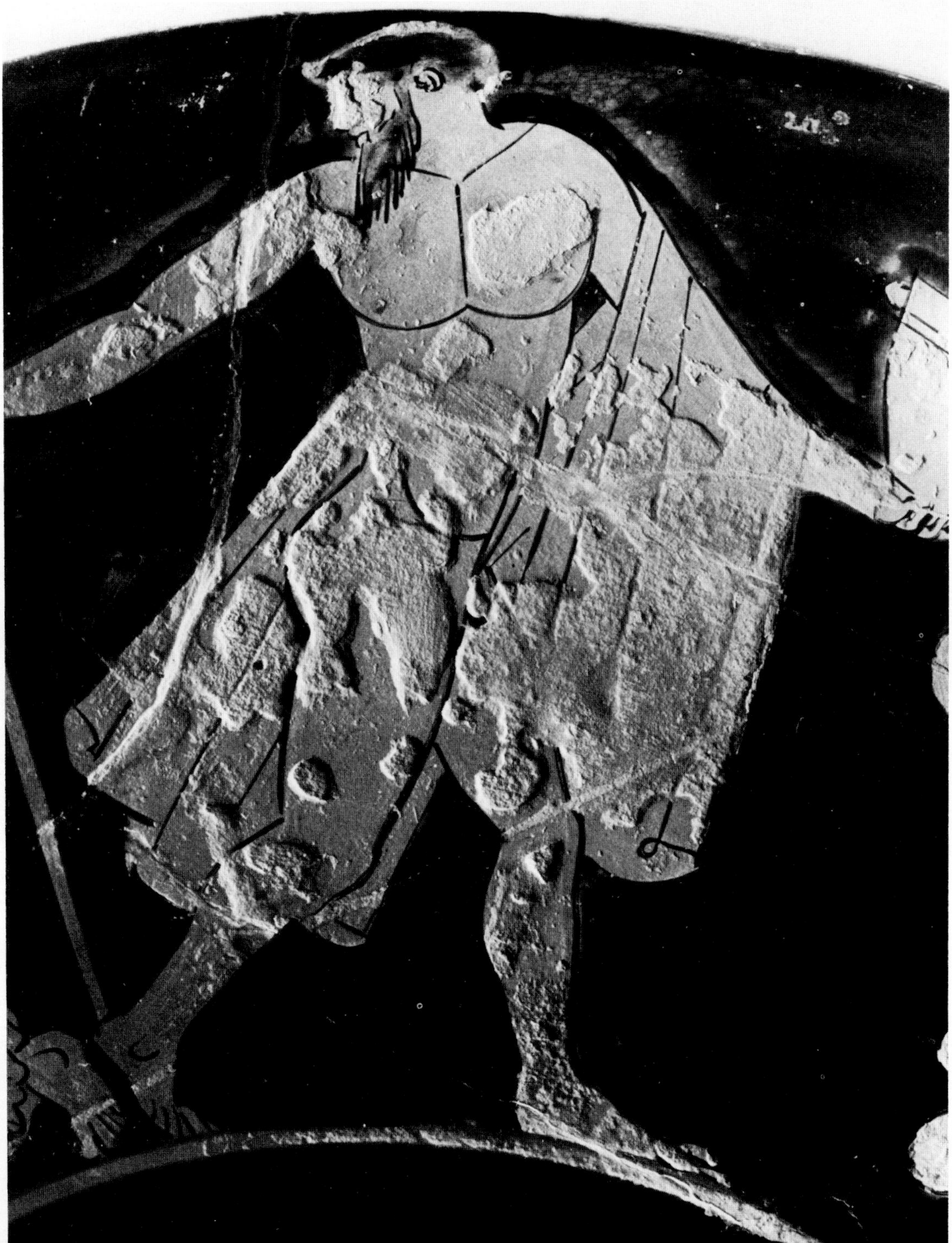

55 Brandpatina. Unterschiedliche Erhitzung der Scherben führt zur Ausbildung verschiedener Nuancen zwischen Schwarz und Rot. Vorratsgefäß, römisch, 3. Jh. n. Chr.
Germanisches Nationalmuseum, Nürnberg

56 Durch die Glasur eingedrungene Speisereste (?) an blau glasierter altpersischer Keramik, Schale, 14. Jh.
Privatbesitz

57 *Krakeleebildung an barockem Glas*

58 *»Chronos nagt an einer Steinskulptur«, Titelkupfer aus: François Perier, Segmenta nobilium signorum et statuarum, Paris 1638*

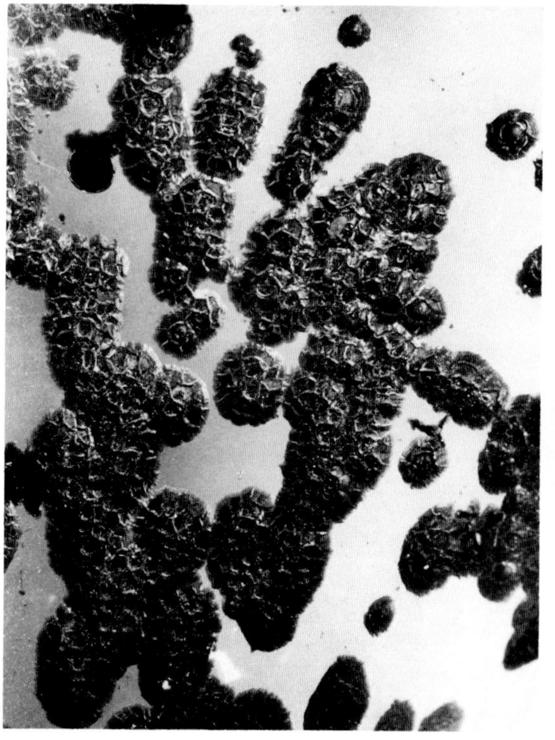

59, 60 Braune Fleckpatina innerhalb vollkommen intakter Glasoberflächen an kloakengelagertem mittelalterlichem Glas von hellgrüner Farbe.

61, 62 Relief vom Parthenon im Gipsabguß von 1806 (Abb. 61) und heutiger, stark erodierter Zustand (Abb. 62). ▷

61 △

62 ▽

63 △

63 Geschmäcklerische Entpatinierung des Mauerwerks an der Sebalduskirche in Nürnberg. Die Schwarzpatina wurde auf einzelnen Steinen belassen.

64 Reliquienartige Fassung eines originalen Marmorfragments vom Mauerwerk in modernem Material. Aphaia-Tempel, Ägina

Gegenüberliegende Seite:
65 Rechteckige Einpassung von Ergänzungen Poseidon-Tempel, Kap Sunion

66 Perfektionierung des Mauerwerks am Erechtheion. Die Ergänzungen werden subtil angepaßt und mit dem Original verklebt.

64 ▽

65 △

66 ▽

◁ *67 Mechanische Abtragung von Sintern an einem Relief des Siphnier-Schatzhauses in Delphi. Die Zeichnung wird akzentuiert und die rote Grundierung in den Haaren tritt wieder deutlich zum Vorschein.*

68, 69 Papierfraß. Die mit Kupfergrün illuminierten Partien sind braun oxidiert und haben das Papier zersetzt (Rückseite, Abb. 69).

Gegenüberliegende Seite:
71 Komplettierung eines Bernsteinschrankes durch Ergänzungen in koloriertem Kunststoff. Germanisches Nationalmuseum, Nürnberg

72 Bernsteinschrank (vgl. Abb. 71) nach Zusammensetzung und Ergänzung in koloriertem Kunststoff. Die dunkel gezeichneten Teile sind ergänzt.

70 Sprungbildung an einer barocken Bernsteinarbeit, ca. 6-fach vergrößert

71 △

72 ▽

Rechte Seite

Vorderansicht

M 1:1

74 △

75 ▽

74 Im Schutz der Beschläge hat sich etwas von der ursprünglichen Farbigkeit des Möbels erhalten.

◁ *73 Reste von Rot in der heute fast weißen Rose, Gelb und blasses Blau bezeugen einstmalige Farbigkeit. Intarsie von Abraham Roentgen.*

75 Verfärbung der Furniere durch Chemikalien des Restaurators. Es kommt zum zonenweisen Auslaufen der Furnierfarben.

76 Bildung plastischer Patina beim Möbel (Detail aus Abb. 77)

77 Verbräunung der ursprünglich blaugrün gestuften Partien des Blumenkranzes und des Gesimses an einem Möbel David Roentgens. Blau ging gänzlich verloren, graue Nuancen des Grundfurniers verbräunten. Es entstand eine warmtonige Patinastimmung. ▷

◁ 78 *Altersbedingte Disharmonie originaler Polychromiereste. Das für den Weichen Stil typische kühle Gold auf weißem Grund ist einem gelblichen Grau gewichen. Einstmals leuchtendes Azuritblau ging durch Abrieb verloren. Statt dessen tritt hier bleischwer die dunkelgraue Untermalung zu Tage. Die gänzlich unmalerische Gold-Blau-Rosa-Polychromie hat sich in einen Altersimpressionismus nuancierter Grautöne aufgelöst. Marienfigur von Hans von Judenburg, 1424. Germanisches Nationalmuseum, Nürnberg*

79, 80 Intarsie des Roentgen-Schülers Michael Rummer. Die belichtete Vorderseite (Abb. 79) ist verblaßt und verbräunt. Auf der Rückseite (Abb. 80) hat sich noch etwas von der ursprünglichen Farbigkeit erhalten. Germanisches Nationalmuseum, Nürnberg

legten Material der Augen leuchtend kontrastierte, da stehen heute schwärzlich-dunkelgrün glänzendes »Inkarnat« gegen das Weiß der Augäpfel, und frisch-rote Kupferlippen im Gegensatz zu martialisch gebleckten, wohlgeputzten Zähnen – was Wunder, wenn daraus ein Zahnpasta-Reklame-Effekt entstanden ist. Beim »Wagenlenker« von Delphi und dem »Zeus« von Kap Artemision sind diese farblichen Relationen demgegenüber bei weitem nicht so empfindlich gestört, denn die Oberfläche wirkt hier wesentlich einheitlicher, mineralisierter und weniger perfekt glättend zurechtgemacht, zumal dabei zahlreiche Mineralreste stehen blieben. Die Problematik der Restaurierung der Riace-Figuren liegt dagegen in der Überperfektion: in der gedankenlosen Entpatinierung der Lippen und der Zähne; der zu glänzend zurechtgemachten und zugleich auch noch künstlich gedunkelten, ohnehin schon »negroiden« Inkarnate, wodurch peinliche Assoziationen zu Sonnencreme-Bräune hervorgerufen werden. Der Effekt der Verdunkelung wird dabei keineswegs nur durch die übliche Imprägnierung mittels Lacken und Wachsen (wie z. B. mit mikrokristallinem Wachs) verstärkt, sondern vielmehr selbst noch durch eine vielfach zweifellos notwendige Behandlung mit Benzotriazol; diese sollte vielmehr und wo irgend möglich nicht flächendeckend, sondern immer nur punktuell, nämlich an den durch Chlorideinwirkung erkrankten Stellen, erfolgen. Eine Flächenbehandlung ist demgegenüber bereits wieder der erste Schritt zur Verfremdung in Richtung der oben angesprochenen ölig-negroiden Inkarnate. Es sollte deshalb das Ziel solcher Restaurierung sein, mineralisierten Bronzeoberflächen, insbesondere bei der Großplastik, etwas von deren pastellig-mineralischem Charakter nach Möglichkeit zu erhalten. Freilich werden Silber und Kupfer erneut patinieren, und auch überflüssig wächserner Glanz wird schließlich vergehen, so daß sich unser Problem nach Jahren wohl nicht mehr mit der gleichen Schärfe stellen wird.

Bedenklicher sind demgegenüber die unbewußten Eingriffe in die plastische Substanz, nämlich immer dort, wo Teile der mineralisierten Epidermis, verbacken mit Kalk und Sinterauflagen, mechanisch (oder auch chemisch) entfernt wurden. Das aber geschah vermutlich mit der noch erhaltenen Augenpartie des ursprünglich behelmten Kriegers B. von Riace (Abb. 39, 40). Durch Verlust von Teilen der Oberfläche des Lides und der Bewimperung, die in derartige Mineralkrusten eingebettet, ja vielleicht sogar in ihnen aufgelöst waren, liegt nämlich heute die gesamte Iris frei und wird deshalb auch nicht mehr auf natürliche Weise durch die jetzt erheblich reduzierten Lider angeschnitten. Der Restaurator präparierte sie sichtlich – wie die Dokumentationsfotos vermuten lassen – mit den Augen des Technikers und in Verkennung ihrer plastischen Substanz, bzw. deren mineralischer Reste, einfach weg, womit das Interpretatorische solcher Arbeitsgänge wieder einmal bestürzend deutlich wird. Da die eingangs geschilderten schichtenweise ausgebildeten Mineralzonen an archäologischen Bronzen verhältnismäßig häufig auftreten und auch auf dem Dokumentationsfoto zu erkennen sind, liegt die Vermutung nahe, daß der Restaurator mit seiner präparierenden Sonde in zu tiefe Mineralzonen hineingeriet, wodurch der eigentümlich glotzende Blick dieses Auges zustande gekommen sein muß. Und wenn nun auch die sehr beachtliche Leistung dieser Restaurierung keineswegs verkannt werden soll, so wird gänzlich ungetrübter Genuß beim Anblick der Riace-Bronzen doch nicht aufkommen, zumal perfektioniert Wohlgesalbtes, im Zusammenwirken von abgeschabter und zugleich auch noch halbwegs patinierter Bronze und in Kombination mit blankem Silber und Kupfer, den Eindruck des Zurechtgemachten – wie bei einem Museumsreplikat – bewirkt. Klassisch griechische Erzplastik war im übrigen hell und leuchtend, und etwas vom Wesen der Götter strahlte von ihr aus, gleichsam »ewigklar und spiegelrein und eben«, wie es bei Schiller heißt, und »wandellos im ewigen Ruin«. Alter aber, Siechtum und Verfall mußten deshalb die Götter beleidigen, weshalb sich aus solchem Geiste auch die Patina verbot, zumal klassische Bronzen ja das feurige Spiel spitzer Lichter und leuchtender Schatten formal berücksichtigten (ganz im Gegensatz zu den Spätgeborenen, zu Bernini beispielsweise, der das gleißende Metall als gänzlich untauglich für die letztlich malerische Konzeption seiner Porträtplastik bezeichnet hatte[172]). Blanke griechische Erzskulptur wurde überdies noch vielfach mittels zarter lüsterartiger Lasuren abgetönt, wie im weiteren zu zeigen ist.

Betrachtet man nun die Folgen derartig weitgehender restauratorischer Maßnahmen für die plastische Substanz, insbesondere von Kleinbronzen, so möchte man fast schon verklärt auf all jene Stücke blicken, denen solches Ungemach erspart geblieben ist: auf das pompejanische Material in Neapel oder auch auf zahlreiche Bronzen in Athen. Freilich wird sich bei einigermaßen dialektisch-kritischer Betrachtung selbst hier wieder ein bitterer Tropfen in den Kelch vielleicht doch allzu antiquarischer Erbaulichkeit mischen, zumal der Prozeß der Formzerstörung durch Mineralbildung vielfach eben schon sehr weit fortgeschritten ist, so daß sich wiederum die Pole markieren, innerhalb derer die Geister sich scheiden werden – je nachdem, ob man zur Restaurierung oder zur ausschließlichen Konservierung tendiert.

Weitgehende Einhelligkeit über die Art und Weise der Behandlung dürfte dagegen immer bei archäologischen Gegenständen aus *vergoldeter Bronze* bestehen, und zwar immer dort, wo sich grünliche Patinakrusten oberhalb der Vergoldung aufbauten. In solchen Fällen wird dann einer Entfernung dieser Patinen meist ohne Skrupel zuzustimmen sein, zumal sich vielfach die glatte und mehr oder minder unkorrodierte Oberfläche mit allfälligen zeichnerischen Details wieder einzustellen pflegt; das gleiche gilt für verzinnte (archäologische) Bronzen. Ähnliches trifft im weiteren selbst auf Hammerbronzen zu, deren Epidermis durch Schmieden und Treiben stark verdichtet ist, denn auch hier kann sich gelegentlich noch eine goldfarbene Oberfläche erhalten haben.

Freilich finden sich auch alle Stadien fortschreitender Mineralisierung, bei denen die Korrosion tiefgreifender ist, beispielsweise bei Münzfunden, wo durch elektrolytische Reaktion von Kupfer mit Silber irreversible Schäden an den Kupfermünzen eingetreten sind. Überdies kam es dann häufig noch zur Ausbildung sich wechselseitig überlagernder Patinakrusten von Gelbbraun-, Rot- und Grünkupfermineralien, wodurch sich Münzbilder schlechterdings aufzulösen vermochten. Hier bestehen schließlich, außer der Oberflächenreinigung, gar keine Möglichkeiten einer »Restaurierung« mehr.

Die bereits erwähnten wilden Chloridpatinen, die ihr Zerstörungswerk durch Einwirkung der Luftfeuchtigkeit ständig weiter fortsetzen, sind in jedem Falle aus konservatorischer Notwendigkeit zu bekämpfen. Dazu wird der Prozeß der Auskristallisation in Feuchtkammern beschleunigt; sodann sind durch Abbürsten und Auswaschen (in destilliertem Wasser, evtl. im Vakuum, sowie durch Behandlung im alkalischen Bereich, z. B. mit 1–3% Natriumkarbonatlösung, mit Komplexon III, pH-Wert 9,5, oder aber auch mit Benzotriazol) alle Chloridanteile zu beseitigen, wobei der Vorgang u. U. auch mehrfach zu wiederholen ist.

Ein umfängliches Kapitel sind, in Weiterung unserer Betrachtung über das archäologische Material, auch die üblichen *Verwitterungspatinen auf Kupfer und Bronzen:* Bei langandauernder Bewitterung kommt es zunächst zu den bereits beschriebenen Wetterpatinen, und bei Einwirkung von Industrieemissionen darüber hinaus noch zur Ausbildung komplexer Mineralien. Es bauen sich dann meist lokale, fleckige Krusten auf, die zwar reizvoll malerische Effekte bewirken, zugleich aber auch die plastisch-zeichnerische Substanz von Skulpturen schwer zu beeinträchtigen pflegen. Doch ist das natürlich zugleich immer auch eine Frage der künstlerischen Konzeption, des Stilwollens der Oberflächen, wie noch im Zusammenhang mit den Patinen an Werken Rodins zu zeigen ist.

Der Entfernung unbeabsichtigter, oftmals Tarnanstrichen gleichender Patinen wird indessen von Fall zu Fall zu entsprechen sein, sofern diese schonend und ausgleichend erfolgt und dabei nicht kurzerhand das blanke Metall freigelegt wird – seine Nachpatinierung unter Wetterbedingungen würde ja wiederum Jahrzehnte andauern.

Weniger skrupelhaft wird man dagegen mit vergoldeten Bronzen zu verfahren haben, bei welchen sich vielfach oberhalb der intakten Vergoldung, dem archäologischen Material ähnlich, komplexe Mineral- und Rußkrusten aufbauten. Man erinnere sich hier der Bronzepferde in Venedig, an denen sich in jahrhundertelanger Bewitterung zahlreiche Mineralien anreicherten: schwarze stumpfe Patinabildungen aus Kupfer, Eisen und Schwefel oder braunschwarze glänzende Lagen von Kupferoxid und grüne aus Kupferkarbonaten; ja selbst noch wasserlösliche Mineralbildungen in Spalten, Gußlunkern und Kavernen aus Kupferchloriden, -sulfaten u. a. m.[173]. Ähnliches bezeugten auch Analysen am Braunschweiger Löwen[174] und neuerdings an den Augsburger Domtüren. Daß sich unter derartigen Krusten häufig nicht nur die originale Vergoldung noch intakt bewahrte, sondern vielmehr auch jene vom Künstler häufig erstrebte Delikatesse der Oberflächenskulptur, bis hin zu hauchfeinen zeichnerischen Details, offenbaren die seit einiger Zeit vorgenommenen Entpatinierungsarbeiten an den vergoldeten Bronzetüren vom Baptisterium in Florenz: Anstelle der reizlosen mattschwärzlichen Dunkelpatinen, die sich nach und nach nivellierend über das Ganze gebreitet hatten, tritt hier nun Stück für Stück wieder das Feuer einer »Goldschmiedearbeit« quasi von Medaillencharakter zutage, wobei sich die im Laufe der Zeit eingetretenen Schäden sichtlich in Grenzen halten. Der Beseitigung solcher Patinen dürfte denn auch rückhaltlos zuzustimmen sein.

Blicken wir endlich noch auf die *Patinen von Brunnen* oder süßwassergelagertem archäologischen Material, so kommen vielfach und je nach Härte des Wassers noch mehr oder minder starke Verkalkungen hinzu – wobei sich nicht selten Krusten von mehreren Millimetern aufzubauen vermochten, und dies in relativ kurzen Zeiträumen! Dabei wird die Plastik, ob von Bronzen oder in gleicher Weise auch von Steinskulpturen, derartig beeinträchtigt, daß eine Abnahme solcher Krusten ebenfalls kein Diskussionsgegenstand sein sollte. – Der Versinterungsvorgang setzt überdies, auch bei Behandlung der Oberflächen mit Silikonen, mikrokristallinen Wachsen etc., unmittelbar anschließend aufs neue ein. Ein entsprechendes Beispiel liefert hier der bronzene Tugendbrunnen vor St. Lorenz in Nürnberg, wo sich schon binnen eines halben Jahres nach der Restaurierung neue Sinter ausbildeten. Dicke Patinen hatten hier vor der Behandlung dazu geführt, daß die Oxidhaut spannungsreich abgerissen wurde.

Kupfer-, Bronze- und Messingpatinen entstehen aber bekanntlich nicht nur durch Bewitterung, sondern – wenn auch wesentlich verlangsamt – desgleichen unter *Innenraumbedingungen* und damit selbst im Museumsklima. Und hier bilden sich dann erst nach und nach jene glänzend braunen Patinen aus, über deren Behandlung bzw. Erhaltung freilich keineswegs Einigkeit herrscht: Kupfergeschirr beispielsweise war schließlich Gebrauchsware, und die Verfechter radikalen Putzens werden hier zu Recht darauf verweisen, daß solches Geschirr, solange es in Gebrauch war, liebevoll mit Schachtelhalmkraut, Bimspulver etc. als Demonstration säuberlicher Haushaltsführung auf Hochglanz poliert wurde. Solchermaßen geputztes Kupfer wird im Museum freilich nicht bei jedermann rückhaltlose Zustimmung finden, zumal hier schließlich nicht primär pflegliche Haushaltsführung demonstriert werden sollte, als vielmehr das historische Gewachsene des organisch Gealterten als Teil des musealen Konzepts. Und damit ist das Problem der Patina nicht ausschließlich unter ohnehin subjektiv-ästhetischen, sondern vielmehr immer wieder auch unter didaktisch-musealen Gesichtspunkten zu sehen: Kupferne Haushaltsgeräte höheren Alters sollten deshalb nur vorsichtig und in Grenzen entpatiniert werden; nämlich – und immer nur insofern sich keine braune Glanzpatina ausgebildet hat – durch leichtes Polieren, wobei ein Spiel zwischen »abgenützten« Oberflächen und den tiefer liegenden, weniger beanspruchten Partien zustandekommt. Solches Geschirr »lebt«, wie das im übrigen stets auch beim Zinn beachtet werden sollte (vgl. dazu S. 155 ff.). Das malerische Spiel solcher an erhabenen Stellen reduzierten Patinen ist nun einmal charakteristisch für das Original. Schärferes Baden im Tauchbad führt demgegenüber alsbald zur überputzten »Ruine«; bestürzend ähnlich einer modernen Imitation. Und es braucht eigentlich nicht gesagt werden, daß Säuren auf Kupfer, Bronzen und Messing nicht angewendet werden dürfen und daß ebenso alkalische Tauchbäder und schärfere Reinigungs- und Schleifmittel immer nur Ultima ratio sein sollten. Ein alterspatinierter schwärzlichbrauner Mörser beispielsweise wird vielmehr meist nur mittels Seifenwasser zu waschen sein, und ebenso wäre er allenfalls mit etwas Wachslösung oder wachshaltiger Firnislösung hauchdünn abzureiben, was ihm milden Glanz verleihen würde. Schließlich – und nur in Ausnahmefällen – wäre dann auch einmal jene vorsichtige Reduktion von Schwarz nach Mittelbraun mittels Thioharnstoff-Tauchbädern vorzunehmen, doch nicht nur als letzter Ausweg, sondern gleichfalls mit dem kultivierten Blick des Fachmanns für das in Grenzen noch Mögliche! Denn die völlige Abnahme einer solchen Patina könnte nicht nur mit einer zerfressenen Oberfläche, als vielmehr mit noch weiteren bösen Überraschungen enden: So weisen alte Gußbronzen, z. B. romanische Aquamanile, häufig originale Reparaturen von Gußfehlern auf, die aus anderen Legierungen bestehen und sich bei Reduktion der Patina schließlich farblich äußerst störend bemerkbar machen könnten. Die Beseitigung derartiger Erscheinungen ist dann immer erst durch totale Entpatinierung bis auf das blanke Metall hinunter zu erreichen. Ähnliches gilt für gelötetes Zinn (s. S. 156).

Unter Raumbedingungen bildeten sich im übrigen auch Bronze- bzw. Messingpatinen unterschiedlichen Dunkelungsgrades aus, deren Tonwerte sowohl von den Klimata als auch von den Legierungen, vom Zeitfaktor des Patinierungsvorgangs, ja selbst gelegentlich noch von älteren Entpatinierungen abhängen. So bewirkte mäßige Pflege apothekarischer Gefäße stets hellfarbene Patinen, wie sie im übrigen an barocken Bronzeskulpturen hoch geschätzt waren und hier besonders für Bernini charakteristisch sind. Denn die wohl schönsten natürlichen Patinen von Messing und Bronzen, die ihres Metallcharakters nicht verlustig gingen, sind ja immer relativ hell und bewahrten zugleich auch ihren Oberflächenglanz. Sie finden sich z. B. an Beschlägen, die ständiger Benutzung ausgesetzt waren, etwa an bronzenen Griffen von Schubladen, wo sich ähnlich auch alle Formen von sogenannten Abriebpatinen vergoldeter Beschläge beobachten lassen; freilich ist das nicht die Regel. Feine gravierte und ziselierte Güsse pflegen demgegenüber unter stärkerer Patinabildung derartig zu leiden, daß sie erst wieder durch eine vorsichtige Reduktion (z. B. mit Komplexon-Wattestäbchen[175]) an Differenzierung gewinnen. Der Fall liegt dann ähnlich wie bei Silbermünzen und Medaillen. Patinareste in den Vertiefungen, insbesondere in Gravuren, unterstützen hier die Lesbarkeit von Form und Zeichnung.

Frisch geputztes Kupfer läuft bekanntlich sehr schnell wieder an, was aber auf eine durch Absäuern ruinierte Bronze schon längst nicht mehr zutrifft, denn Bronze patiniert langsam, sehr viel langsamer jedenfalls als Kupfer. Dies ist an einem Geschütz des Germanischen Nationalmuseums zu beobachten, das einmal in törichtem Glauben an die Wiedergewinnung einstigen Glanzes einer radikalen Entpatinierung unterzogen wurde. Es dauerte etwa zwanzig Jahre, bis sich hier nach und nach auf den einer gleichmäßigen Bewitterung ausgesetzten Partien wieder eine dünne Grüngraupatina ausgebildet hatte, wogegen über den stark beregneten Zonen immer noch Metallglanz liegt.

Erhebliche ästhetische und technische Probleme pflegen Gelbgußpatinen in Kombination mit anderen Werkstoffen zu bereiten, an Möbeln David Roentgens beispielsweise, wo die (häufig nur aufgeleimten) Messingleisten vielfach dumpfe Dunkelpatinen ausbildeten, was dann optisch zu Konflikten mit dem polierten rotfarbigen Mahagoni führen mußte. Da in solchen Fällen zugleich alle Relationen in Korrespondenz mit Glanz- und Mattgoldpartien empfindlich gestört sind, verspricht hier nur noch ein vorsichtiges Entpatinieren solcher Partien einigermaßen Erfolg. Dazu haben sich am besten Wattestäbchen bewährt, die, mit Komplexonlösung getränkt, vorsichtig reibend in die Ecken der Beschläge geführt werden, so daß das Holz möglichst nicht benetzt wird. – Die handelsüblichen Putzmittel sind hinsichtlich ihrer Zusammensetzung und Wirkungsweise stets mit Unwägbarkeiten behaftet, weshalb sie nur in der Hand des Fachmannes zur Anwendung kommen sollten. Bei derartigen mehr oder minder totalen Reinigungen sind überdies immer auch Beschläge mit zu berücksichtigen, die durch *Metalltönung* künstlich gefärbt wurden, worüber nahezu noch gar nichts bekannt ist. Solcherart Abtönungen werden dann in Unkenntnis der Originaltechnik ein schnelles Opfer unbedachter Reinigung (getönte Beschläge lieferte im 18. Jahrhundert u. a. die Firma Boulton). Goldfirnisse auf Gelbguß wurden beispielsweise mittels Schellack, Drachenblut und Kurkuma hergestellt[176]. – Beim Zusammenklang verschiedener Metalleffekte mit anderen Materialien ist im weiteren zu berücksichtigen, daß die Aufarbeitung von Möbelpolituren, wie häufig geübt, die Kontraste zu patinierten Beschlägen nur noch verstärkt. Messing beispielsweise kann nun in solchen Fällen überraschend schmutzig wirken, so daß sich eine vorsichtige Entpatinierung mittels Komplexonlösung anbietet. Im übrigen kannte schon das 18. Jahrhundert Messinglegierungen, die nur schwach patinierten und deshalb auch vielfach nur sehr gering angelaufen sind, so daß je nach dem Perfektionsgrad einer Politur mitunter auch auf eine Entpatinierung solchen Messings verzichtet werden kann. Radikal gereinigte Messingpartien laufen überdies unter Industrieluftbedingungen bald wieder etwas an, so daß der unbefriedigende Hochglanz des Neuen schon nach kurzer Zeit etwas gemildert wird.

Ähnliche Probleme bereitet selbst noch *modernes Metallgeschirr.* Denn Metallkombinationen von Kupfer, Messing, Tombak und Silber, wie etwa an Bauhausgeschirren üblich, sind geradezu auf das Spiel polierter Metallfarben hinentwickelt. Patinen, die sich hier auf den verschiedenen Metallen auch unterschiedlich auszubilden pflegten, stellen daher meist eine schwere Beeinträchtigung der Konzeption des Ganzen dar, so daß in solchen Fällen eine Entpatinierung naheliegt. Damit aber wird das Patina-Dilemma, das uns schon im Zusammenhang mit älteren kunstgewerblichen Gegenständen aus Kupfer und Messing beschäftigte, erneut überdeutlich. Analoge Probleme ergeben sich im übrigen, wie noch ausführlich darzulegen ist (vgl. S. 162, 198 f.), ebenfalls bei Kombination von makellos verchromtem Stahlrohr mit perfekt schleiflackierten Oberflächen. Der Grad der Wiederherstellung ursprünglich beabsichtigter Perfektion wird hier aber, in Berücksichtigung der Nutzung solcher Möbel (ob nun als museales Exponat oder als Teil einer Wohnungsausstattung) noch viel mehr eine Angelegenheit subjektiver Entscheidung sein. Eine weitergehende Entpatinierung als bei historischem Material scheint jedenfalls in vielen Fällen angemessen, ja es drängt sich hier, wie auch bei buntmetallenem Geschirr in Kombination mit Silber, wieder eine gewisse Analogie zur Behandlung von Silberschmiedearbeiten auf, denen Derartiges vielleicht auch vom künstlerischen Anspruch her zu vergleichen wäre. Das Angemessenste dürfte deshalb in solchen Fällen eine vorsichtige Anwendung von Prinzipien der Edelmetallbehandlung sein, doch davon später (s. S. 149ff.).

Im Gegensatz zu Fragen, die sich bei der Behandlung kombinierter Buntmetalle, mit und ohne Silber, stellen, wird bei modernen Kupfer- und Messingarbeiten eine zarte, glänzende, bräunliche Patina durchaus in Kauf zu nehmen sein. Beginnender Krustenbildung durch Grünspan sollte hier freilich entschieden entgegengewirkt werden.

Ein ungelöstes Problem stellt immer die Erhaltung des Metallglanzes durch Lackierungen bzw. die Stabilisierung solcher Patinen durch derartige Überzüge dar. Denn wie beim Silber, bei Eisen und Zinn, haben Eingriffe stets auch eine Minderung der Ästhetik ihrer Materialien zur Folge, und es bleibt eine Frage des Augenmaßes, inwieweit sie besser zu unterlassen sind. Museale Präsentation schließt freilich vielfach eine Dauerpflege aus, woraus sich die Forderung nach einer länger wirkenden Konservierung ergibt; doch gewährleisten derartige Maßnahmen zugleich auch einen Schutz gegen die schleichende Abnutzung durch immerfortwährendes Putzen, was letztlich zu Deformationen der Feinplastik führen muß. Ungelöst bleibt dabei stets die Frage des Oberflächenglanzes; Paraloid B 72, in Toluol gelöst, wird derzeit bevorzugt, doch werden sich mit der Zeit wohl auch Materialien mit günstigeren Eigenschaften finden lassen.

Um der Patinierung des Messings zu begegnen, wurde dieses vielfach bereits in früheren Jahrhunderten lackiert. Das geschah dann beispielsweise auf technischen Geräten wie Mikroskopen oder auch mit dem Inneren von Blechblasinstrumenten, wo starke Feuchtigkeitseinwirkung zur ständigen Verfärbung des Metalls führen mußte. Solche Lacke verfärbten sich freilich vielfach goldbraun, ja mitunter dunkelbraun, weshalb über ihre Abnahme immer von Fall zu Fall entschieden werden sollte; umgekehrt bedingt ihre Erhaltung an Blasinstrumenten stets auch eine vorsichtige Behandlung der Außenfläche, wenn ein optisches Auseinanderklaffen von Außen- und Innenseite vermieden werden soll. Sehr starke Patinabildung wird freilich immer etwas gemildert werden müssen, insbesondere bei Kombinationen mit Silber. Das aber geschieht z.B. durch lokale Behandlung mit Komplexonlösung, wobei durch Zwischenwässern nachkontrolliert werden muß, wie weit der Entpatinierungsvorgang bereits gediehen ist. Die Weiterbehandlung erfolgt sodann durch vorsichtiges Polieren mit Wiener Kalk, Kreide etc., wobei radikale Entpatinierungen zu vermeiden sind; denn Glanzeffekte, wie für moderne Instrumente typisch, sollen hier nicht entstehen.

Auch die Messingteile von Musikinstrumenten, die in Kaltmalerei und Blattvergoldung dekoriert wurden (wie häufig im Innenteil des Trichters von Waldhörnern), sollten deshalb mit Rücksicht auf die Alterung der Malschicht wiederum nur relativ sparsam entpatiniert werden. Denn hochglänzend geputztes Metall würde schließlich nur wieder in einen optischen Konflikt zu gealterten Bemalungen geraten.

Zu berücksichtigen sind immer wieder auch *Vergoldungen auf Messing und Bronzen*. Bei ihrer Reinigung ist zu bedenken, daß durch intensive Einwirkung von Chemikalien, insbesondere in Tauchbädern, ein Mise en couleur-Effekt entstehen kann – worüber im Zusammenhang mit der Behandlung von Gold und Silber zu berichten sein wird (s. S. 149ff.). Die üblichen Putzmittel enthalten indessen vielfach schädliche Zusätze; so erbrachte z.B. eine Untersuchung der Möbel des Schlosses Schwetzingen, daß die Oberflächen zahlreicher vergoldeter Bronzen vermutlich durch derartige Mittel in Mitleidenschaft gezogen worden waren. Die Vergoldungen erwiesen sich hier als weitgehend zerstört und die Bronzen wirkten nun vielmehr nur noch grau, wie bei elektrolytischer Vergoldung auf Zinn. Der Allgemeineindruck gemahnte dabei eher an alte Zinkgüsse denn an Bronzen. Begasungsaktionen, die nachweislich stattgefunden hatten, mochten freilich noch ein übriges getan haben.

Zu warnen ist ganz allgemein auch vor dem *Löten von Messing und Bronzen*. Durch die Erhitzung werden nämlich Legierungsanteile oxidiert bzw. durch das Lötwasser herausgelöst, was dann zur Folge haben muß, daß sich derartig erhitzte Partien unweigerlich kupfern verfärben! Der Museumsrestaurator dürfte deshalb viel besser beraten sein, wenn er auf das Löten gänzlich verzichtet und statt dessen mit einem Expoxidharz klebt, wo dies möglich ist. Derartige Harze sind im übrigen an Metallen stets reversibel (z.B. mit Hilfe von Lösungspasten auf der Basis organischer Lösungsmittel).

Bronzepulver, seit dem 18. Jahrhundert weit verbreitet, sind besonders stark der Patinierung ausgesetzt, wobei Einwirkungen der Atmosphäre wie auch des Bindemittels über verschiedene Braunstufen bis zur völligen Schwärzung führen können. Bronzepulver diente beispielsweise der Bronzierung von Bilderrahmen: Ernst Ludwig Kirchner behandelte damit schlichte Holzleisten, die er als »Holzgoldrahmen« bezeichnete und möglicherweise auch etwas patinierte. Zur möglichen Abtönung aber kamen mit der Zeit freilich die üblichen Patina-Effekte hinzu, so daß derartige Leisten heute mittel- bis dunkelbraun, ja selbst schwärzlich und kaum mehr metallisch erscheinen. Diesem Umstand war es wohl zuzuschreiben, daß die meisten Originalrahmen Kirchners, weil zu unansehnlich, vernichtet und durch Goldrahmen ersetzt wurden.

»Pablo hatte während der Besatzungszeit die kleine Skulptur eines Frauenkopfes geschaffen. Die Patina hatte ihn nie befriedigt. Er hatte sie, ich weiß nicht wie oft, geändert, von einer sehr dunklen Tönung bis zur natürlichen Metallfarbe, dann in allen möglichen Variationen von Grün. Es war noch immer nicht das Richtige. Er meinte sie müsse oxydieren, also tauchte er sie in immer andere Säuren, doch nichts befriedigte ihn. Er erzählte das eines Tages einem der Arbeiter bei Valsuani, einem großen stämmigen Kerl. ›Ich will Ihnen was sagen, Pablo‹, sagte dieser, ›wenn alles andere nicht klappt, gibt es nur eine Lösung – Sie müssen draufpissen.‹ Pablo hatte immer große Achtung vor diesem Arbeiter gehabt, und als wir an diesem Tag nach Hause kamen, folgte er seinem Rat, doch das Ergebnis war – selbst bei beträchtlichem Aufwand an Zeit und Geduld – sehr enttäuschend. Nach einigen weiteren Versuchen gab er es auf.«

Françoise Gilot über Picasso

Die künstliche Patina von Bronzen, Messing und Kupfer

Künstliche Metallfärbung mittels Legierung der Metalle wie auch durch oberflächliche lüsterartige Tönung ist sichtlich die geistesgeschichtlich ältere Form der Patina aus vorrömischer Antike. Sie diente nicht der Patinierung mit irgendwelchen malerischen Anlauftönen, sondern vielmehr der gezielten Nuancierung des Metalls und wird in diesem Sinne auch mehrfach erwähnt: »Wie wohl seine Hautfarbe etwas nach Erz aussah«, so heißt es über ein Werk des Praxiteles[177], »erschien er doch in rosiger Blüte.« Und über eine andere Bronze desselben Meisters: »Obgleich Erz war er doch von rötlicher Farbe . . . Der Thyrsos täuschte das Auge, obgleich von Erz gebildet, dem Walde entsprechend, erschien er . . . frisch grün sprossend.« Ähnlich lautet auch eine Passage über eine weitere Bronze des Praxiteles: »An den Wangen war ihm Röte mitgeteilt, was doch wahrhaftig am Erze wunderbar ist.«

Diesem vergleichbar heißt es wiederum von einer Bronzestatue des Silanion, einer sterbenden Iokaste, daß der Künstler deren Gesicht blaß, eben wie bei einer Sterbenden, zu färben verstanden habe, indem er dem Erz etwas Silber beimengte[178]. Und bei einer Statue des Aristonidas schließlich, die den rasenden Athanas darstellte, soll der Erzgießer der Bronze gar Eisen beigemischt haben, damit der Rost desselben diese färbe und die Schamröte wiedergebe (Plinius XXXIV, 140). Der Glaubwürdigkeit dieser Nachricht stehen freilich gewisse Bedenken gegenüber, da eine Bronze-Eisenlegierung – ohnehin technisch fragwürdig – wohl kaum zu Rostbildung geführt haben kann, auch wenn ein grundsätzlich polychromer Effekt nicht zu bezweifeln ist (zumal er sich ja in zahlreichen Fällen an Lippen, Augen und Brustwarzen überlieferte, wenn auch immer in Form von Einlagen und Plattierungen). Eisenanteile sind im übrigen an Antiken in unbedeutenden Mengen durchaus analytisch belegt, wie sie nachweislich zu rötlichen Patinabildungen des Erzes zu führen pflegen.

Indessen muß es sich bei vielen derartigen Nuancierungen nicht allein um Legierungen der Bronze als vielmehr auch um oberflächlich differenzierende Abtönungen gehandelt haben, in Techniken also, wie sie selbst bei den Römern noch üblich waren. In diesem Sinne ist ein Bitumenüberzug durch Plinius (XXXIV, 15 und XXXV, 182) bezeugt: »Wir haben schon gesagt, daß man auch Kupfer damit zu färben und Statuen zu bestreichen pflegt.« Und es ist dann auch naheliegend, daß derartige Tönungen der bronzenen Inkarnate jenen »wohlgemischten« Bronzen nacheiferten, welche die Farbe eines »sonnengebräunten Faustkämpfers« imitierten, wie Dio Chrysostomos berichtet. Zugleich diente Bitumen auch ganz einfach zum Überziehen von Eisen und Nagelköpfen (Plinius XXXV, 182), womit zugleich wiederum der konservierende Charakter solcher Überzüge augenscheinlich wird. Offensichtlich sollte also der Bildung von Grünpatinen entgegengewirkt werden, wobei das Bitumen wohl nur lasierend angewendet wurde. In diesem Sinne jedenfalls schildert Plinius auch die Behandlung einer Statue des Aristonidas, bei welcher das Bitumen einen Goldeffekt bewirkte (XXXIV, 9). Ebenfalls die konservierenden Eigenschaften des Bitumens betont auch Pausanias (I 15, 4), nach welchem Bronzeschilde mit Pech bestrichen wurden, »damit ihnen die Zeit und der Grünspan nicht schade . . .«. In all diesen Fällen wird es sich dabei nicht allein um Bitumen, sondern vielleicht auch um eine Bitumen-Ölfarbe oder um ein entsprechendes Öl-/Harzgemisch gehandelt haben, die allein der Sommerhitze zu widerstehen in der Lage gewesen wären. Ölfarbe ist freilich für die Antike nicht gesichert. Indessen werden die Verhältnisse ähnlich wie im Mittelalter gewesen sein, weshalb mit dem Pressen von Ölfrüchten auch die Kenntnis von Trockenvorgängen bei Nuß-, Lein- und Mohnöl vorauszusetzen ist.

Plinius erwähnt nämlich auch noch einen Schutz der Oberflächen von Bronzen mittels Öl (oleum) oder Harz allein (in liquida pice); d. h. auch ohne eine Abtönung durch Bitumen, zumal poliertes Metall schneller anlaufe als unpoliertes und man der rötlichen Verfärbung auf diese Weise entgegenzuwirken vermöge (XXXIV, 21). Bei derartigen Bronzen müßte somit Lackglanz anstelle des natürlichen Metallglanzes getreten sein, dem Schimmer der nachmanieristischen Lackpatinen vergleichbar.

Diese leuchtenden Bronzen scheinen das ganze Altertum hindurch üblich gewesen sein. Doch geben römische Quellen zugleich auch Hinweise auf natürlich patinierte Bronzen. So vermerkt Plutarch (De Pythiae oraculis) in Delphi beispielsweise ausdrücklich und sichtlich bewundernd eine blaue Patina. Indessen scheint auch zu dieser Zeit die polierte Metallskulptur noch die häufigere gewesen zu sein, sonst hätte Plutarch die blaue Patina nicht ausdrücklich erwähnt. Oder war es vielmehr nur die Bewunderung einer blauen, anstatt der üblichen grünen oder braunen, die ihn zu dieser Bemerkung veranlaßte? Dunkle Bronzepatinen erscheinen nämlich recht häufig auf den Skulpturendarstellungen römischer Wandgemälde, was wiederum eher auf deren Selbstverständlichkeit schließen läßt. Es könnte sich dabei sowohl um mehr oder minder natürliche Anlaufpatinen gehandelt haben, wie sie später auch für Giovanni Lorenzo Bernini bezeugt sind, als auch um jene transparenten Lasuren mit Bitumen oder mittels schimmernder Farblüster, unter denen sich mit der Zeit dann natürliche Anlauftöne auszubilden pflegten.

Daß das nuancierte Spiel gealterter Oberflächen in der Tat nun allgemein als integraler Teil skulpturaler Ästhetik angesehen wurde, läßt auch die Diskussion um Neros Neuvergoldung einer Lysippschen Bronzestatue Alexanders des Großen vermuten, die schließlich wegen heftigen Widerspruches rückgängig gemacht wurde (Plinius XXXIV, 63). – Im übrigen prangte ja gerade in Neros Goldenem Hause ein leuchtendes Glasmosaik, das sich bis in unsere Tage erhalten hat, auf welchem wiederum eine dunkle Polyphemgruppe, also doch wohl ein patinierter Bronzeguß, dargestellt ist. Ähnliches findet sich in der Villa eines späten Statthalters in Piazza Armerina.

Verbreitete hohe Wertschätzung der Patinen bezeugt auch Juvenal, indem er in der 13. Satire Tempelgefäße mit »ehrwürdigem Rost« (adorandae robiginis) erwähnt. Seneca indessen vermochte der Sammelwut und Patinabegeisterung absonderlicher Zeitgenossen nichts abzugewinnen, als er folgendes notierte: »Willst du etwa einen Mann frei von Geschäftigkeit nennen, der korinthische Vasen, die nur durch die Sammelwut einiger Sonderlinge wertvoll geworden sind, mit ängstlicher Sorgfalt ordnet und den größten Teil seiner Tage bei grünspanbehaftetem Blech verbringt?« (Seneca, Von der Kürze des Lebens). Sichtlich wurde also bereits zu jener Zeit die Diskussion über die Patina sehr konträr geführt, wie deren Wertschätzung im übrigen immer für antiquarisch-historisierende Epochen charakteristisch ist, umgekehrt jedoch auch die weniger reflektierenden, sich ihrer selbst noch unbewußten Zeitalter die Patina verabscheuten. Das verdeutlicht beispielsweise die berühmte Inschrift auf den Bronzetüren von San Michele in Monte Sant' Angelo aus dem Jahre 1076: »Ich bitte und beschwöre Euch, Ihr Rektoren des Hl. Erzengels Michael, daß Ihr einmal im Jahre diese Türen reinigen laßt, wie wir es jetzt zeigen lassen, damit sie immer leuchtend hell sind.«

In diesem Sinne ist deshalb auch der braune Kupferfirnis auf zahlreichen mittelalterlichen Reliquiaren, Schreinen, Antependien etc. wohl nicht zu voreilig als künstlich bewirkte Braunpatina zu interpretieren. Denn es handelt sich dabei vielmehr um einen den Metallglanz des Rotkupfers konservierenden und zugleich auch emailartig lüsternden Lack, der durch den Einbrennvorgang mehr oder minder transparent verbräunte. Auf diese Weise wurde die natürliche Patinierung zunächst einmal verhindert, und das Metall behielt statt dessen seinen leuchtenden Schimmer, der durch die rötliche Braunlasur folienartig hindurchwirkte. Damit wurde hier sichtlich der durch Plinius bezeugte Braunlüster antiker Bronzen auf technisch neuartige Weise belebt und – vielleicht in einer der Antike ähnlichen Korrespondenz mit Goldpartien – zugleich auch noch in reizvollen Kontrast zu Emaillen, Gläsern und Edelsteinen gesetzt. Freilich reagierte der aufgebrachte Ölfilm im Laufe der Zeit mit der Atmosphäre, weshalb es zu einer vom Goldschmied unbeabsichtigten tiefen Braunpatinabildung kommen konnte. Dieser Ölfilm wurde jedoch nicht selten das Opfer radikaler Reinigungskuren, so daß schließlich an solchen Partien normale Kupferpatinen entstanden.

Die Technik ist im übrigen für das Mittelalter dokumentarisch bezeugt, doch muß, um Mißinterpretationen vorzubeugen, eben gerade deshalb auf die grundsätzlichen Unterschiede von transluziden und stumpfen Brauntönen verwiesen werden. Den Einbrennvorgang auf Rotkupfer beschreibt Theophilus Presbyter (III, 70) folgendermaßen: »Dann nimm Öl, das aus Leinsamen gemacht wird . . . verstreiche es gleichmäßig . . . lege es auf brennende Kohlen . . . so verfahre bis es trocken ist. Siehst du, daß es gleichmäßig ist, bringe es auf lebhaft entzündete Kohlen . . . wenn es braun genug ist, dann gut.«[179]

Daraus folgert, daß dieser Kupferfirnis, eigentlich eine Not, die patinierenden Eigenschaften des Kupfers zur Tugend machte, und im weiteren, daß eine stumpfe natürliche Kupferpatina für das Mittelalter wohl kaum anzunehmen ist. Dies lassen im übrigen auch zahlreiche Aquamanile und Kleinbronzen vermuten, die sichtlich keineswegs künstlich patiniert wurden, und deren Patina jedweder Nuancierung sich vielmehr erst nach und nach auf natürlichem Wege einstellte.

Spätzeitliche Wertschätzung der Patina herrschte demgegenüber bereits zu gleicher Zeit im mittelalterlichen China, wo man den malerischen Reiz jadegrüner Edelpatinen schon früh zu schätzen gelernt hatte, so daß man ihm nun auch auf künstlichem Wege nahezukommen trachtete. In diesem Sinne empfahlen z. B. der Sung-Gelehrte Chao Hsi-Ku in der 1. Hälfte des 13. Jahrhunderts und der Connaisseur Ts'ao-Chao im Jahre 1388 übereinstimmend, man solle eine Mischung aus Quecksilber und Zinnpulver und ein Gemisch aus verdicktem Essig und feinem Sand gleichmäßig auf die Bronze einwirken lassen. Habe sich dann das Metall braun, schwarz oder grün verfärbt, könne man den Patinierungsprozeß durch Tauchen in Wasser und anschließendes Brennen über einem Strohfeuer stoppen. Polieren mit einem Tuch oder auch Bürsten seien zum Schluß angebracht. – Einen ähnlichen Effekt bewirkte auch das Vergraben neuer Bronzen in einem Dunghaufen. Bei Fälschern soll es deshalb üblich gewesen sein, eingegrabene Bronzen erst jeweils eine Generation später wieder ans Tageslicht zu bringen[180].

In Europa finden sich erste Hinweise auf künstliche Patinen – wie nicht anders zu erwarten – erst wieder im Quattrocento, wo man nun das nuancenreiche Spiel gealterter Metalloberflächen zu schätzen gelernt hatte. In diesem Sinne bemerkte schon Leonardo da Vinci, daß Bronze zwar dunkel und rauh sei, doch daß sie sich mit »zahlreichen und lieblichen Farben in unendlicher Vielfalt« bedecke.

Rezepte für künstliche Metalltönungen finden sich erstmals bei Pomponius Gauricus (De sculptura, 1504), der neben dem Auftrag gelblichgrüner und schwärzlicher Farben auch bereits Patinierungsverfahren mittels Asphaltlack, Essigsäure, Pech und Ruß schildert. Diese Materialien nähme man jetzt und erwarte, daß man mit der Zeit andere kennenlerne – woraus zu schließen ist, daß man mit der Entwicklung solcher Verfahren tatsächlich am Anfang stand. Ähnlich äußert sich Giorgio Vasari in den Künstler-Viten[181], wo die Schwärzung von Bronzen durch Brennen in Ölen oder deren Vergrünung mit Hilfe von Essig geschildert werden. Vasari empfiehlt überdies auch einen Firnis, welchem schwarze Farbe zuzusetzen sei. Seine Verfahren brachten freilich zunächst kaum Neues und wurden erst im folgenden verfeinert. Indessen hielt sich gerade die Dunkelpatina, die zunächst wohl nichts anderes als das Produkt einer Mißinterpretation antiker Autoren war, bis in unsere Tage. Dabei ist freilich zu berücksichtigen, daß bei derartigen Bronzen die Einwirkungsdauer der Atmosphäre, wie auch der Patinierungseffekt eifriger Sammlerhände und möglicher Reaktionen der Kupferanteile mit aufgebrannten Lacken, in fast fünfhundert Jahren hoch waren. Vornehmlich jene Patinen aber, die sich nicht laufend durch mechanischen Abrieb erhabener Partien reduzierten, waren somit wohl das Produkt sehr komplexer Bedingungen. Berücksichtigt man nämlich die altersbedingten Veränderungen der Kupferfirnisse mittelalterlicher Metallarbeiten, die sich nach und nach zu immer dunklerem Braun verfärbten, so wird offenbar, daß z. B. die schwärzlichen Dunkelpatinen von Renaissanceplaketten keineswegs immer dem vom Künstler ursprünglich beabsichtigten idealen Farbton und Charakter entsprochen haben müssen. Daraus folgert, daß über das ursprüngliche Aussehen einer Bronze, von Peter Vischer beispielsweise, keine schlüssigen Aussagen gemacht werden können. Im übrigen bewirkte jener dezente Abrieb solcher Patinen im Laufe der Zeit zugleich auch seine eigene Altersästhetik, indem nun dieses unnachahmliche Spiel transparent gedünnter Schichten die Metalloberfläche wieder partienweise (vom Goldbraun in den Lichtern bis zu transluziden Dunkelheiten) hervorschimmern ließ. Damit aber mögen zugleich auch neue künstlerische Konzeptionen angeregt worden sein, wie sie dann mit dem Manierismus und insbesondere mit den Patina-Experimenten Giambolognas und seines Schülerkreises zur Ausbildung golden schimmernder Lackpatinen von warmfarbiger Nuancierung führten. Und fortab waren es nun insbesondere jene goldfarbenen, durchscheinenden Lüsterungen, die in allen Braunstufen bis nach Dunkelrotbraun variiert wurden. Herstellungsrezepte sind bis heute nicht bekannt geworden. Die zahlreichen Nachgüsse, insbesondere des 19. Jahrhunderts, weisen demgegenüber diese schimmernden Lackpatinen meist nicht mehr auf; doch sind lüsterartige Überzüge an und für sich selbst noch bis in unsere Tage üblich geblieben.

Wie nicht anders zu erwarten, wurden mit dem Barock malerischere Metalltönungen üblich, wobei es zugleich auch zu einer klassizisierenden Rückwendung zur ungelackten Naturpatina kam. In diesem Sinne soll Bernini[182] für Innenskulpturen die langsame Ausbildung dämpfender Töne auf polierten Oberflächen bevorzugt haben, bewirkt allein durch atmosphärische Klimata von Innenräumen[183]. Solche Patinen variierten dann von olivbräunlich-grauen Anlauffarben nach und nach zu dunkelbraunen Nuancierungen, wie wir sie von zahlreichen romanischen Aquamanilen in allen Dunkelheitsstufen kennen, deren Wirkung »trockener«, d. h. »metallgemäßer« als jene der Lackpatinen ist. Freilich mußte es dabei mit der Zeit auch zur Ausbildung von unvorhergesehenen Dunkelpatinen kommen, wie die in Kombination mit Feuervergoldung konzipierten römischen Bronzen Berninis vermuten lassen, die sich heute in allzu harten Schwarz-Gold-Kontrasten präsentieren.

Indessen waren es ja gerade die zarten, durch keinerlei Manipulation zu erzielenden Nuancen – die Münzkunde von 1738 hatte ebendiese »gewisse Röthe« und die »lichtbraune Gestalt« gerühmt –, die nun das Ideal der spätbarocken künstlichen Patina wurden und dem man jetzt, wenn auch immer wieder recht unzulänglich, nahezukommen trachtete. Das mußte aber selbst noch Rückwirkungen auf die zeitgenössische Polychromie der Holzskulpturen zur Folge haben, wo nuancierende und patinierende Lüsterungen über Schlagmetallauflagen geschätzt waren, wie wir das besonders eindrücklich an den Figuren des Liborius-Festaltars in Paderborn[184] gesehen haben.

Der malerischen Gesinnung solcher matten Bronzeoberflächen entsprach im übrigen zugleich eine neue Bewertung von Goldpolychromien, weshalb es etwa seit der Mitte des 17. Jahrhunderts auch zur künstlich bewirkten Ausbildung großflächiger Mattvergoldungen gekommen war – beispielsweise an Figuren Justus Glesskers in Bamberg. Derartig nuancierte Polychromien aber setzten sich von nun an und über das hohe Rokoko bis in unsere Tage fort.

Mit dem Ende des Louis-seize kam es schließlich auch zur Entwicklung von Dunkelpatinen schwärzlichen Charakters, mit bräunlichem oder grünlichem Stich und mattmetallener, bisweilen auch mattglänzender Epidermis (Abb. 41), wie sie sich nun vielfach an Uhren, Leuchtern und Vasen, in Kombination mit matt- und glanzvergoldeten Bronzepartien, finden. Über ihre Herstellungstechnik ist nichts bekannt.

Auf ähnliche Weise wurden auch matte Dunkelbraunpatinen mit Mattgold kombiniert, wobei Glanzgold wiederum nur spärlich und in wohlberechneter Dosierung eingesetzt wurde. Sichtlich erst dem 19. Jahrhundert zuzurechnen sind demgegenüber lackartig hochglänzende Schwarzpatinen, wie sie z. B. für die nachpatinierten Bronzen der Wallace-Collection in London so überaus typisch sind. – Seit etwa dieser Zeit wurde an Innenskulpturen schließlich auch noch eine trocken-pastellig wirkende »impressionistische« Dunkelpatina üblich, die an die natürlichen Patinen alter Glocken erinnert. Um derartiger Wirkungen willen wurden noch pulvrige Farbpigmente auf klebendem Untergrund, ja selbst magere Ölfarben benutzt, wie wir das bereits im Zusammenhang mit ersten Patinaversuchen der Renaissancekünstler kennengelernt haben.

Gänzlich unbeantwortet muß zunächst bleiben, inwiefern bei Außenbronzen der unvermeidlichen Ausbildung fleckiger Naturpatinen konzeptionell Rechnung getragen wurde. Grundsätzlich werden diese den hochmalerischen Tendenzen seit dem Barock eher entgegengekommen sein, doch lehrt die Geschichte der Patina zugleich, daß sich Gegner und Anhänger von Alterspatinen bereits zu dieser Zeit heftig befehdeten. Was das 19. Jahrhundert – und hier besonders das Jahrhundertende – angeht, so müßte beispielsweise die flackrige Linienführung von Auguste Rodins Bronzen eigentlich eine ideale Entsprechung in den quasi impressionistischen Rieselpatinen bläulichgrüner bis dunkelgrauer Tönung gefunden haben, wie sie sich erst nach und nach durch Beregnung auszubilden vermochten. Freilich sind die Rodinschen Kabinettpatinen stets flächig glänzend und keineswegs als fleckige Rieselpatinen ausgebildet. Dennoch könnten spätestens seit dieser Zeit die Zufälligkeiten der Naturpatina konzeptionell mit berücksichtigt worden sein, womit der natürlichen Patina dann zugleich auch etwas Artifizielles zugekommen wäre. Derartige Rieselpatinen sind freilich stets das Ergebnis von Zufällen, wie etwa entsprechender pH-Werte und Schadstoffanreicherungen des Regens. So präsentiert sich z. B. ein Kopf der Bürger von Calais in Hamburg (Abb. 42) heute mit einer hochmalerisch-delikaten, noch die Glätte des Originals bewahrenden Oberfläche, wogegen die komplette Gruppe in Basel eine sehr stumpfe, schwärzlich-graue Epidermis ausbildet. Gänzlich matt geworden, ja von Industriedünsten pastellig-staubig und hellgrün korrodiert, stellt sich die Gruppe vor dem Museum of Western Art in Tokyo dar. Das gleiche Museum verfügt im übrigen auch über einen Guß der Bellona, deren homogen grünes Inkarnat im Gegensatz zum glänzenden Schwarzbraun der Gewandung gleichfalls polychrome Versuche dokumentiert.

Derartige polychrome Bronzen wurden sichtlich mit dem Ende des 19. Jahrhunderts, wohl in Parallele zu neuen Versuchen der Plastikpolychromie und der polylithen Plastik, üblich. In diesem Sinne bemühte sich beispielsweise der Gießer Hébrard um die chemische Abtönung von Güssen, die er nach Degas'schen Wachsfiguren angefertigt hatte. Experimente mit polychromieartigen Patinen wurden im gleichen Sinn auch während des Jugendstils weitergeführt, beispielsweise durch Peter Behrens, der nun die Ornamentik von Kupfertreibarbeiten mittels Schwarzpatinen gegenüber dem kupfernen Untergrund differenzierte. Im Laufe der Zeit bildeten sich freilich vom Künstler unerwünschte Braunpatinen aus, wo einstmals mehr oder minder glänzendes Kupfer vorgesehen war – zusätzlich noch Grünspan. Derartige Patinen zu entfernen wäre freilich ein fragwürdiges Unterfangen, da die ursprüngliche künstlerische Intention nicht mehr eindeutig rekonstruierbar ist. – Umgekehrt konnte durch Abrieb von künstlichen Patinen auch mitunter ein vom Künstler gänzlich unbeabsichtigtes farbliches Spiel in der Oberfläche entstehen, so z. B. an Ernst Barlachs »Singendem Mann« in München, wo die ständige Berührung zudringlicher Besucher einen zonenweisen Abrieb der hellfarbenen Patina bis auf das polierte Metall bewirkte. Ebenso erinnere man sich der glänzenden Schnauze des »Porcellino« vor der Markthalle in Florenz, die von Generationen liebevoller Touristen auf Hochglanz getätschelt wurde.

Damit stehen wir am Ende einer Entwicklungslinie, die von der Antike bis in die Neuzeit immer neue Erscheinungsformen von Metallfärbungen und Patinen zeitigte. Was deren Studium freilich ganz allgemein behindert, das sind die mannigfaltigen altersbedingten Veränderungen und zeitabhängigen Manipulationen, denen Bronzen nun einmal mehr oder minder immer ausgesetzt waren: Umpatinierungen antiker Güsse, mit allen Folgen für die originalen Oberflächen, waren ja schon in der Renaissance gang und gäbe – ja, diese Unsitte erhielt sich bis in unsere Tage, man erinnere sich nur der farblichen Vereinheitlichung sämtlicher Stücke der Wallace-Collection, noch Anfang des 20. Jahrhunderts. Hinzu kommen die zahlreichen späteren Nachgüsse, die mitunter selbst schon wieder ein hohes Alter erreichten und neben den künstlichen bereits längst auch natürliche Patinen – wie z. B. die geschätzten glasiggrünen Beläge – ausgebildet haben können. Aus diesem Grunde sind denn auch als Studienmaterial vornehmlich Stücke aus sehr altem Sammlungsbesitz geeignet (und solche Beispiele, die sich aufgrund von Schwundmaß-Vergleichen als authentisch erwiesen haben, zumindest was den Bronzeguß an sich betrifft). Die Kunstgeschichte der Patina ist denn auch noch nicht geschrieben worden, zumal das ganze Kapitel von zahlreichen Unwägbarkeiten bestimmt ist.

Waren es nun schon die älteren Güsse, die vielfach einer Nachpatinierung unterzogen wurden, so widerfuhr den archäologischen Bronzen schlimmeres Ungemach:

Wir haben gesehen, wie das Interpretatorische, mit welchem jeder Restaurierungsvorgang mehr oder minder behaftet ist, stets auch einen Prozeß der schleichenden Verfremdung und Umdeutung bewirkte, wobei sich die Grenzen von Alt nach Neu über alle Stufen einer mehr oder minder unbewußten Umschöpfung der Feinstrukturen bis ins Beliebige zu verwischen pflegten.

Was endlich die konservatorische Seite künstlicher Patinen anbetrifft, so ergeben sich Probleme aus naheliegenden Gründen nur in den allerseltensten Fällen: hier wurden z. B. technisch bedingte Lockerungen der patinierten Epidermis von Rodin-Bronzen des County-Museums in Los Angeles bekannt. (Störende Grünspan- und Chloridausblutungen *an künstlichen Patinen,* insbesondere an der zarten, transluziden Epidermis, wird man durch sehr vorsichtigen mechanischen Abtrag und eventuell auch durch Betupfen mittels Benzotriazol zu behandeln haben.)

Schließlich noch ein Wort zu den zahlreichen Imitationen natürlicher Patinen, wie sie bei Fälschungen alter Bronzen, Museumsreplikaten und antikisierenden Gelbgußerzeugnissen üblich sind: Da die Nachahmung von Originalpatinen wegen des Reichtums ihrer Nuancierung wie auch in Anbetracht ihres plastischen Charakters mit erheblichen chemisch-mineralogischen Problemen verbunden ist, beschränken sich derartige Imitationen fast immer auf scharfgrüne, sehr dünne Beläge, die sich überdies meist nur auf vor Abrieb geschützten Partien auszubilden pflegen. Eine täuschende Imitation der echten, glasig ausgebildeten Patinen und ihrer plastischen Struktur stößt demgegenüber auf fast unüberwindbare Schwierigkeiten.

Ein Rezept, das angeblich mit der Zeit die Glätte und Gleichmäßigkeit der Grünpatina garantierte, findet sich beispielsweise in der Allgemeinen Encyclopädie der Wissenschaften und Künste, 1840: »Man löset einen Theil Salmiak, drei Theile gereinigten Weinstein und sechs Theile Kochsalz miteinander in zwölf Theilen heißen Wassers auf, und vermischt diese Flüssigkeit mit acht Theilen salpetersaurer Kupferauflösung . . . Diese zusammengesetzte Beize bringt, wenn die an einem mäßig feuchten Orte befindlichen Bronzegegenstände zu wiederholten Malen damit bestrichen werden, in kurzer Zeit eine grüne, sehr dauerhafte Rostbekleidung hervor, welche zwar anfangs rauh und ungleichförmig ist, nach und nach aber mehr Glätte und Gleichförmigkeit erhält . . . Um den firnisähnlichen Glanz hervorzubringen, welcher den grünen Rost mancher bronzener Antiken auszeichnet, erhitzt man die mit dem künstlichen grünen Überzuge versehenen Gegenstände, und reibt sie mittels einer steifen Bürste mit Wachs ein. Die Hitze muß hierbei so groß sein, daß das Wachs raucht, ohne jedoch zu verbrennen.«

Vorzügliche Imitationen zu fälscherischen Zwecken wurden darüber hinaus erst in jüngster Zeit mittels abgekratztem echten Grünspan bekannt. Von derartigen Nachahmungen einmal abgesehen, wurden künstliche Grünbeläge, über die Kabinettpatina von Medaillen hinaus, in der Großplastik kaum üblich.

Moderne industrielle Grünpatinen werden beispielsweise mittels Salmiaksalz und Hirschhornsalz bewirkt. Brauntönungen erzielt man auf elektrolytischem Weg oder auch stromlos durch Behandlung in Beizen. Am besten haben sich Sulfat- und Nitratpatinen bewährt.

»Der Ägypter färbt das Silber.«
Plinius XXXIII, 131

Gold und Silber

Erst nach längerem Kontakt mit der Haut erhält Goldschmuck eine zarte Mattpatina. Deutliche, weil auch farblich nuancierte Patinen sind indessen immer nur bei Bodenfunden anzutreffen, besonders wenn sie jahrhundertelang den Einwirkungen von Salzen ausgesetzt waren. Vornehmlich bei Reaktion mit den Halogenen (Chlor) kommt es dann zur Ausbildung dünner rotbrauner Anlauftöne vom Aussehen eines hauchdünnen gebräunten Lackes.

In einzelnen Fällen, etwa bei stark kupferhaltigem Goldschmuck (der Inka beispielsweise) oder bei mittelalterlichen Goldstoffen, bildeten sich bei Bodenlagerung selbst Dunkelbraunpatinen aus, was in diesem Fall die Folge von Verwesungsvorgängen in Reaktion mit allerlei Legierungen des Goldes, insbesondere aber mit Kupfer und Silber, ist. Altes Gold wurde ja stets legiert und diese Beimengungen sind es vor allem, die alsdann eine Verfärbung durch Korrosionsprodukte in Zusammenwirken mit Chlor, Schwefel etc. bewirkten.

Über die *Abnahme solcher Goldpatinen* wird von Fall zu Fall zu entscheiden sein, zumal das schließlich ganz vom Grad ihrer Ausbildung abhängt; doch gilt dabei stets der Grundsatz, daß weniger Manipulation immer auch ein Mehr ist. Denn der Reiz des antiken Materials kommt nun gerade durch einen gewissen Mangel an Perfektion der Oberflächen zustande, weshalb die zarte rotbraune Chlorgoldpatina in Vertiefungen durchaus belassen werden kann; hierdurch werden die malerischen Qualitäten allenfalls erhöht. Ähnliches gilt für älteren Schmuck, an welchem sich erst langsam jene mattschimmernde Schicht ausgebildet haben kann.

Aus diesen Gründen muß dringend vor der unbedachten Verwendung von *Reinigungsbädern* gewarnt werden, zumal diese stets gleichmäßig in die Vertiefungen hinunterwirken und überdies, je nach Beschaffenheit, auch Teile der Legierung mit anlösen können; wodurch zugleich ein *Mise en couleur-Effekt,* also eine fatale Metallumfärbung, bewirkt wird.

Wie vor radikalen Entpatinierungen, so ist auch vor dem Perfektionismus all derer zu warnen, die sich befugt fühlen, Vergoldungen auf Silber, welche durch Abrieb an den Gebrauchsstellen (beispielsweise an der Lippe eines Kelches oder im Dekor von Waffen) verlorengegangen sind, zu ersetzen. Denn dabei geht nun jener malerische Reiz, das farbliche Spiel der durch langen Gebrauch entstandenen »Abriebpatina«, zugunsten von Gleichmaß und falscher Perfektion verloren. Eine altersreduzierte Goldschicht pflegt sich nämlich an den vor Abrieb geschützten Vertiefungen zu erhalten, so daß sich nun auch hier – und darin dem Gemälde vergleichbar – ein zunächst gänzlich unbeabsichtigter »Altersimpressionismus« der Gold-/Silbernuancierungen einzustellen pflegt. Die üblichen Nachvergoldungen erfolgen überdies heutzutage elektrolytisch, wobei eine hauchdünne Goldschicht mehr oder minder über die gesamte Vergoldung gelegt wird, sofern man nicht einigermaßen punktuell mit dem Elektrolytstift retuschiert. (Feuervergoldungen sind demgegenüber daran zu erkennen, daß diese gelegentlich über die Ränder von an und für sich stets altersbedingt dunkel patinierten Rückseiten gelangten.)

Tiefergreifende Veränderungen der Metallstruktur werden im weiteren durch das Weichglühen von verformten goldenen Bodenfunden bewirkt. Denn legiertes Gold versprödet altersbedingt: Bei verformten Stücken, die wieder in ihre ursprüngliche Position zurückgedrückt werden sollen, ist deshalb das Weichglühen eine gern geübte Maßnahme. Freilich verschmoren dabei vielfach auch die Patinen, die stets aus Korrosionsprodukten der Metallegierung zusammengesetzt sind, ja selbst die Legierungsanteile, wobei an den Oberflächen Feingold entsteht. Das geglühte Metall muß danach von Oxidresten wieder befreit werden, so daß schließlich ein total denaturiertes, perfektes Produkt erzeugt wird, das sich von einer Kopie in keiner Weise mehr zu unterscheiden pflegt.

Zu berücksichtigen sind überdies, wie bei den Bronzen, auch allfällige originale *Tönungen des Goldes,* womit die Metallfarbe oberflächlich variiert werden konnte. Diese sollten freilich nicht mit Patinen verwechselt werden, wie sie sich häufig auf feuervergoldetem Gelbguß – und zwar oberhalb der Vergoldung – ausbildeten.

Altmeisterliche Rezepte für derartige Nuancierungen, die sich bis in die Antike zurückverfolgen lassen, haben sich zahlreich erhalten[185]. So finden sich bei einem Anonymus von 1784 folgende Angaben:

»Eine weiße Farbe. Nimm 8 Loth Salz, 1 Loth Salpeter, 1 Loth Aeris usti (Kupferoxid?), 2 Loth Salmiak, reibe diese Stücke mit Wasser klein auf einem Stein, bestreiche das Gold damit, laß es abrauchen und lösche es in Brunnenwasser, so wird es schön.«

»Ein Gold zu färben. Nimm 2 Loth Salmiak, 2 Loth Grünspan, 1 Loth Mastix, 1 Loth Vitriol, 1 gr. Salpeter, reibe es mit Wasser, glühe das Gold in der Farbe und lösche mit Brunnenwasser, so wird es schön.«

»Das Gold überaus schön hochroth zu färben. Nimm roth calcinierten Vitriol (Eisenvitriol?) 3 Loth, Salmiak 2 Loth, und schönen Grünspan 1 Loth, reibe alles miteinander und behalte es trocken und wenn du Gold färben willst, so netze den Ring, wirf ihn in das Pulver und lasse ihn oft glühend im Brunnenwasser löschen.«[186]

Was auch immer auf diese Weise chemisch und koloristisch an der Oberfläche bewirkt wurde, so standen derartige Rezepturen bereits in langer Tradition: Eine ähnliche Nuancierung des Goldes mittels gebranntem Vitriol[187] findet sich nämlich bereits in der Handschrift des Theophilus (I, 40), nach der noch etwas Salz, Wein oder Urin beigegeben werden und die daraus angesetzte Masse dann auf dem Golde vorsichtig aufgebrannt wird, um schließlich, nach Beendigung des Brennvorgangs, wieder entfernt zu werden. Ähnliche Färbungen wurden auch mittels Glühwachsen hergestellt. Es handelt sich dabei um Wachsmischungen mit Anteilen von Kupfer, Zink, Rötel, Borax etc., die auf das Gold aufgebrannt wurden und eine rötliche Färbung bewirkten[188].

Waren oberflächliche Färbungen des Goldes somit seit alters her üblich, so müssen sie doch gerade der hochmalerischen Gesinnung des 18. Jahrhunderts in ganz besonderem Maße entgegengekommen sein, zumal hier auch verschiedene Goldlegierungen (z. B. an Schnupftabaksdosen) miteinander verarbeitet wurden, und selbst in der Plastikpolychromie oder bei Möbelbeschlägen noch nuancierende Goldabtönungen üblich waren. Im Gegensatz zu den Legierungen blieben derartige Metallfärbungen der Oberfläche freilich gegenüber Abrieb stets sehr empfindlich, und es bildeten sich nach und nach charakteristische Patinen an erhabenen, der Abnutzung ausgesetzten Partien aus.

Was zur Ästhetik alten Goldes gesagt wurde, gilt in noch höherem Maße für das *Silber,* da Silberarbeiten ohnehin vielfach auf das Spiel der spitzen Lichter polierter Erhebungen und dunkler Schatten konzipiert wurden (Abb. 43). Derartig behandeltes Metall »lebt«, im Gegensatz zu den Blecheffekten total entpatinierter und gleichmäßig auf Hochglanz polierter Stücke. Denn wie bei den Bronzen kann davon ausgegangen werden, daß gerade die antiquarisch eingestimmten, die malerischen Qualitäten der Patina würdigenden Zeitalter, durchaus auch die Silberschwärzung künstlerisch berücksichtigten, wie das im übrigen schon Plinius für die römische Antike bezeugt: »Von da ging die Verwendung des Materials auch auf Triumphalstandbilder über; und es ist merkwürdig: der Wert des matten Glanzes steigt. Dies erreicht man aber auf folgende Weise: man mischt mit Silber ein Drittel sehr feinen kyprischen Kupfers ... und ebensoviel gediegenen Schwefel wie Silber; man schmilzt es so ... Silber wird auch durch das Gelb eines hartgekochten Eies schwarz, doch läßt sich diese Verfärbung durch Essig und Kreide abreiben.« (Plinius XXXIII, 131)

Über das Aussehen solchermaßen behandelter Silberskulpturen kann freilich nur spekuliert werden: Sicherlich wurden sie nicht kurzerhand geschwärzt, sondern viel wahrscheinlicher ist eine gezielte, die skulpturalen Elemente betonende und deren Glanz dämpfende, niello-artige Patinierung, insbesondere in den Vertiefungen, wobei zunächst einmal Anlauftöne, wie sie bei der Berührung von silbernen Bestecken mit Ei entstehen, denkbar sind. Die erste Phase solcher Patinabildung erfolgt ja stets mit Goldtönen, und erst bei intensiverer Einwirkung bilden sich dann auch Bräunungen und Schwärzungen aus. – Mit zunehmender Dunkelung verlieren Silberschmiedearbeiten schließlich allen Reiz. Von einer Ästhetik der Silberpatina kann deshalb nur unter bestimmten Bedingungen gesprochen werden, nämlich immer dort, wo sich jenes reiche Spiel gleißender Metalleffekte mit spitzen Lichtern und dunklen Schatten entfalten kann.

Aus alledem sind Konsequenzen zu ziehen: Daß nämlich nicht nur die römischen Bronzegießer und Silberschmiede die Patina konzeptionell in Rechnung stellten, sondern die seit der Renaissance durch intensives Antikenstudium geprägten Silberhandwerker wohl nicht minder, was in zunehmendem Maße auch für die nachfolgenden, insbesondere barocken Silberschmiede von Bedeutung gewesen sein könnte (ja selbst für die Schmiedekunst des Rokoko, zumal ein gewisses Nuancieren edler Metalle, wie wir gesehen haben, gerade im 18. Jahrhundert gang und gäbe war). Selbst noch im 20. Jahrhundert folgte man mitunter dieser Tradition: In diesem Sinne wurden z. B. Silberbestecke von Peter Behrens mit zarten Patinen konzipiert, die sich innerhalb erhabener Ornamente ausbilden sollten. Und ebenso wußte der distinguierte englische Sammler noch über die Jahrhundertmitte hinaus den malerischen Reiz des angelaufenen Silbers zu schätzen. Freilich werden – und auch dies gilt es zu bedenken – wie beim Gemälde, ja selbst noch beim Stein, häufig zwei Entwicklungslinien, eine der Patina zugewandte und eine diese ablehnende, nebeneinander hergelaufen sein.

Was konservatorisch zum Gold gesagt wurde, gilt grundsätzlich wiederum für Silber, denn Glühvorgänge und Tauchbäder müssen auch hier als nicht minder bedenklich angesehen werden, da sie in gleicher Weise Mise en couleur-Effekte bewirken. So verliert Silber, das zu lange in Tauchbädern behandelt wurde, zunächst jeden Reiz; es läuft hellgrau an und wirkt dann wie gegossenes Zinn, wie in zahlreichen Fällen geschehen. Auch müssen Gegensätze von Glanz und Matt, wie z. B. an ziselierten Stücken aus dem 18. Jahrhundert, kontrastlos zusammenfallen. Nicht minder gerät auch das farbliche Spiel von Silber mit Teilvergoldungen auf Silber total durcheinander, zumal selbst das Gold, ob nun galvanisch oder durch Feuervergoldung aufgebracht, die Farbe verändert.

Ähnlich den Patinen vergoldeter Bronzen, bei denen sich mitunter grüne und dunkle Korrosionsbeläge noch oberhalb der Goldschicht aufbauten, vermochten sich Dunkelpatinen auch beim vergoldeten Silber auszubilden. Es handelt sich dann um Korrosionen des Silbers, nicht des Goldes, weshalb sich solche Beläge (insbesondere wenn die Goldschicht noch intakt ist) auf dezente Weise entfernen lassen. Eventuelle, in plastischen Partien erhaltene Restpatinen werden damit den malerischen Reiz des alten Stückes nur noch erhöhen.

Wie beim Gold, so sollte auch beim Silber auf radikale Entpatinierungsmaßnahmen verzichtet werden, zumal die Feinsilberschicht, die vielfach auf alten Stücken von niedriglötigerem Silber ausgebildet ist, verletzt wird. Durch Glühen wie auch durch Tauchen kommt es nämlich zur Konzentration von Silber an der Oberfläche, womit nun ein höherer Weißeffekt des Silbers bewirkt wird. Dem Goldschmied wohl vertraut ist in diesem Fall, daß unter dieser Feinsilberschicht eine Zone mit höherer Kupferkonzentration auftritt, die dann bei Durchputzung des Feinsilbers eine unbeabsichtigte, farblich nuancierte »Abriebpatina« bildet. Diese entsteht zunächst einmal an exponierten Partien, an Gesimskanten beispielsweise, die jahrhundertewährender Politur ausgesetzt waren, insbesondere an niedriglötigem Silber. Derartig patiniertes Metall erhält in diesen Zonen einen stumpf-warmen Schimmer, der ein Charakteristikum höheren Alters ist und auch durch Politur nicht beseitigt werden kann. Perfektionisten werden deshalb auf Abhilfe durch erneuten Silbersud oder – was sich einfacher bewerkstelligen läßt – durch galvanische Nachversilberung sinnen, was schließlich zur totalen Denaturierung eines solchen Stückes führen muß. Bei unverdorbenem Material wird sich dagegen – sondiert man im schichtenweisen Aufbau des Metalls weiter hinunter – unter der Zone der Kupferkonzentration endlich wiederum Silber des normalen Legierungsgrades finden. Daß dieses altersbedingte Spiel unterschiedlicher Legierungsanteile durch Tauchbäder, ob nun im sauren oder im alkalischen Bereich, schwer beeinträchtigt wird, liegt auf der Hand, denn stets werden ja Legierungsanteile gelöst. Das gleiche gilt für das nachträgliche Ausglühen, bei welchem überdies die altersbedingte Kristallstruktur des alten Silbers zerstört wird. Die Behandlung derartigen Materials verlangt deshalb einen sicheren Blick und eine leichte Hand, zumal sowohl auf das farblich nuancierte Spiel der Oberflächen als auch auf den Charakter von Glanz- und Mattpartien, wie schließlich selbst auf die Erhaltung plastischer Elemente geachtet werden muß. Hierunter sind aber nicht allein die dekorativen Details, sondern auch die durch den *Herstellungsvorgang* bedingten Oberflächenstrukturen zu verstehen, also allfällige durch den Martellierungsvorgang bedingte Hammerspuren (die sich auch bei sorgfältiger Tilgung durch Feilen und Schaben an unverfälschten Stücken stets im kritischen Streiflicht erkennen lassen), wie auch mögliche Drehspuren, meist im Innern von Gefäßen, ferner originale Lötungen, Gußlunkern u. a .m. Im weiteren gehören dazu auch die bereits angesprochenen Schabespuren, welche gerade das lebendige Spiel der Epidermis bedingen, und die man, insonderheit bei den Gußpartien, mit dem Spiel einer Wasseroberfläche zu vergleichen pflegt.

Handelt es sich also hierbei um originaltypische Werkspuren, so gehören zu den unverwechselbaren Kennzeichen des nicht verfälschten alten Stücks auch alle im Laufe der Zeit durch *Benutzung und Alterung* entstandenen plastischen Strukturen, also Korrosionen, wie sie z. B. bei langer Erdlagerung – und nicht nur bei archäologischen Stücken – aufzutreten pflegten, ferner Ätzlöcher (z. B. am Grunde von Weinkannen), Kratz- und Druckspuren, dem Möbel vergleichbar (z. B. auf Silbertellern oder an mechanischer Abnutzung ausgesetzten Klapphenkeln von Kannen). In den Bereich solcher plastischen Patinen gehören im weiteren auch die Spuren getilgter Wappen, insbesondere die meist rückseitig in der Oberfläche markierten Schlagspuren, oder auch lackartige Ausbrüche in dicken Silbersudschichten – wie auch die warmfarbigen Matteffekte des nun freiliegenden niedrigerlötigen Silbers.

All diese Merkmale sind freilich allzuleicht das Opfer unreflektierter Restaurierungen, indem nun die plastisch patinierte Epidermis und insonderheit auch jene bereits angesprochene tieferliegende, kupferhaltigere Zone, das Opfer von Polieraktionen mittels der Schwabbelscheibe auf dem Schleifbock werden. Solches Silber aber ist dann nicht nur von schrecklicher Glätte, indem es die sterile Perfektion von Produkten des Industriezeitalters annimmt, sondern auch seiner historischen Dimension beraubt.

Ein Problem sind schließlich allfällige Bruchstellen, welche die Ästhetik eines zu höchster Perfektion gediehenen Stücks zu beeinträchtigen pflegen. Auch wenn ihre Beseitigung durch Löten immer Ermessenssache bleiben wird, so sollte doch an vergoldeten Partien unbedingt darauf verzichtet werden, zumal das Gold hier zu verbrennen pflegt, und alsdann wiederum eine Nachvergoldung nötig würde. Lötstellen aus Zinn, auch wenn sie eigentlich historische Zustände dokumentieren, stellen demgegenüber meist eine so weitgehende Beeinträchtigung dar, daß ihrer Entfernung wegen der niedrigen Schmelztemperatur zuzustimmen ist.

Unter Industrieluftbedingungen läuft Silber bekanntlich schnell wieder an. Werden hier nun die erhabenen Partien, z. B. von Treibarbeiten, Münzen oder Plaketten, mit dem Silbertuch anpoliert, so entsteht jenes feine und vielfach durchaus beabsichtigte Spiel von spitzen Lichtern und leisen Patina-Effekten in den Vertiefungen, das jene malerischen Qualitäten des alten Stückes ausmacht. Dieselbe Behandlung empfiehlt sich auch in Fällen, wo durch unsachgemäße Tauchbadreinigung jene gleichmäßig graue, frischen Zinngüssen ähnliche Oberfläche entstanden ist, da sich dann – bei häufigem Abreiben mit dem Tuche – nach und nach wieder die malerischen Kontraste zwischen spitzen Lichtern und dunklen Gründen einzustellen pflegen.

Hochprozentiges Silber (eine geschwärzte, griechische Münze beispielsweise) wird man wiederum schon allein durch schwaches Polieren mittels eines Tuches auf solche Weise behandeln können. Normallötiges Metall kann dagegen durch Bürsten mit einem abgemalten Borstenpinsel und mit etwas Seifenwasser (in hartnäckigen Fällen auch einmal unter lokaler Anwendung eines Zusatzes von Thioharnstoff und etwas Zitronensäure) entpatiniert werden. Verbliebene schwärzliche Patinen in den Vertiefungen verstärken so wieder die

Leserlichkeit der Zeichnung und bewirken zugleich auch ein höheres Maß an Plastizität (Abb. 43). Freilich könnte hier der Einwand erhoben werden, daß bei solchen Vorgängen mechanisch gearbeitet, also geschliffen, und damit eine laufende Verdünnung der Oberflächen bewirkt wird: Das ist unzweifelhaft der Fall, wenngleich es auch mehr oder minder nur im mikroskopischen Bereich geschieht. Indessen wird der chemische Eingriff – wegen der damit bewirkten Verätzungen und farblichen Veränderungen – der viel tiefergehende und damit auch der konservatorisch bedenklichere sein. Einschränkend ist freilich hinzuzufügen, daß starke Patinen selbstverständlich kurzen chemischen Behandlungen (z. B. mit Hilfe von Komplexonen) ausgesetzt werden müssen, insbesondere, wenn dies mit Wattestäbchen punktuell, also von den Dunkelheiten lokal ausgehend, erfolgt. Dieses Verfahren sollte freilich stets nur dort noch Anwendung finden, wo es Ultima ratio zur Verminderung extremer Patinen, doch beileibe nicht zu deren völliger Zerstörung, ist! Dabei gilt grundsätzlich, daß Edelmetalle in der Regel weniger starke Patinen, also meist noch keine Krustenbildungen aufweisen und damit eventuelle tiefergreifende chemische Behandlungen auch nicht so notwendig haben wie Kupfer, Messing und Bronzen.

Besondere Probleme stellt *bodengelagertes Silber,* bei Silbermünzen mit Legierungsanteilen von Kupfer beispielsweise, indem es nun zur regelrechten Krustenbildung von Kupfermineralien auf der Silberoberfläche kommen kann, so daß zunächst einmal der Eindruck entstehen könnte, die Münze sei zerstört. Das muß freilich keineswegs immer der Fall sein, zumal aufsitzende Kupfermineralien vielmehr oft schon durch vorsichtiges Erhitzen auf 200° C in Kupferoxid überführt und dann kurz auf chemischem Wege entfernt werden können. Letzteres erfolgt am besten mittels eines Harnstoffbades (bei möglichst lokaler Anwendung), wobei lediglich das Oxid entfernt wird, ohne dabei die metallne Oberfläche durch Herauslösen von Legierungsanteilen (insbesondere von Kupfer) zu beschädigen. Einigermaßen unbedenklich sind auch die Lösungen organischer Säuren einzustufen (Ameisensäure), wogegen Schwefelsäure (5%ig) zwar mitunter verblüffend gute Ergebnisse zeitigte (bessere sogar als mittels Komplexon III, das im alkalischen Bereich wirkt), zugleich aber zur Ausbildung aktiv nachwirkender Salze führen kann (Kupfersulfat). Doch wird hier immer fallweise zu entscheiden sein.

Erhebliche konservatorische Probleme stellen sich auch bei *Versilberungen* auf Kupfer, Messing und Bronzen (bei dem silbernen Zifferblatt einer Uhr von David Roentgen beispielsweise), wo ständiges Reinigen schließlich zur Verdünnung der Versilberung führte, so daß die darunterliegende Kupferlegierung schließlich wieder zum Vorschein kam. Werden nun die übrigen Metallpartien des Uhrengehäuses, also Rotgold, Gelbgold und grünlich schimmerndes Messing, gleichmäßig entpatiniert und auch das Maserholz des Gehäuses gar wieder auf Hochglanz poliert, so wird sich der Schwärzungseffekt des Kupfers wie auch des aufliegenden restlichen Silbers nur um so störender bemerkbar machen. Dann aber wird eine vorsichtige Entpatinierung des Silbers nicht mehr zu vermeiden sein, und das schwärzliche Kupfer wäre nun seinerseits wenigstens bis auf die Braunkupferpatina, besser aber wohl doch bis auf das glänzende Metall, zu reinigen. Es handelt sich hier um typische Probleme an Möbeln, wo Materialkombinationen stets ästhetisch miteinander in Wechselwirkung stehen.

Galvanische Nachversilberungen derartig gealterter Partien bieten sich zwar als Ausweg an – eine Verfälschung sind sie allemal. Das gilt für alle galvanischen Nachversilberungen, wie sie im übrigen selbst bei Silberschmiedearbeiten üblich sind. Die schwarze Silberpatina auf dünnen Silberblättchen polychromierter Holzskulpturen, auf geschnitzten Spiegelrahmen wie auch auf Keramik, ist demgegenüber in keiner Weise mehr reduzierbar, weshalb denn auch unzählige Figuren und Spiegelrahmen im Drang nach Perfektion und neuem Glanz kurzerhand und gedankenlos neu gefaßt wurden. Silberdekorierte Keramik, bei welcher sich die Zeichnung in ein tiefes glänzendes Schwarz verkehrte, ist glücklicherweise gegenüber derartigen Eingriffen unbeeinflußbar. Umgekehrt bedarf Silber mitunter freilich auch einmal der Nachpatinierung, z. B. bei neu angefertigten Kopien, Galvanos etc., wo Silber dann mit Hilfe von Schwefelleber in Silbersulfid verwandelt wird; graubraune Tönungen entstehen dagegen durch reduziertes Silberchlorid.

Silber-Niello-Kombinationen greifen die Möglichkeiten der Silberpatina zur Verstärkung der Zeichnung (z. B. von Gravuren) auf und setzen deren schwärzliche Effekte (dem Kupferstich vergleichbar) in die edlere Metalltechnik der Niello-Schmelze um.

Teilpolychromien auf Silber, z. B. in Kaltmalerei, waren vornehmlich im Mittelalter verbreitet. So finden sich am Schlüsselfelder Schiff im Germanischen Nationalmuseum bemalte Partien (Inkarnate und Kleidung auf silbernen Figürchen). Daß derartige Bemalungen nur mit äußerster Vorsicht und dazu wie Malereien zu behandeln sind, liegt auf der Hand. Chemische Reinigungsmittel scheiden jedenfalls weitgehend aus und sind, allenfalls nur lokal, z. B. mittels Wattestäbchen und Komplexonen, anzuwenden.

Moderne Silberfärbungen werden auf chemischem Wege, z. B. mittels Schwefelleber, erzeugt. Sogenanntes Französisches Altsilber[189] erzielt man durch Tauchen in Eisenchloridlösung und Nachbehandlung in Ätznatron.

Küchendünste wie auch Industrieabgase bewirken bekanntlich eine wesentlich forcierte Patinierung des Silbers. Aus diesem Grunde kann auf den schützenden *Lacküberzug* frisch behandelten Silbers nicht überall verzichtet werden, auch wenn der feine Oberflächenglanz dadurch beträchtlich leidet. Hier hat sich eine Lackierung mit sehr dünnem Paraloidlack bewährt, welcher entweder mittels eines Pinsels oder auch durch Tauchen aufgebracht wird. Mattsilberpartien werden freilich durch derartige Lackierungen, auch wenn sie noch so dünn aufgetragen wurden, stärker beeinträchtigt als hochglanzpolierte, da die Kontraste von Glanz und Matt dabei zusammenfallen müssen.

Ein letztes Wort sollte schließlich noch den so vielfach aufgebrachten *Klebeetiketten* gelten: Solche Aufkleber pflegen sich mitunter – je nach Legierung und Kleber – in der silbernen Oberfläche dermaßen festzufressen, daß nur noch schärfer wirkende Schleifmittel eine Beseitigung ermöglichen!

Zinn, Blei und Zink

Der Zinnpatina ermangeln in der Regel die malerischen Qualitäten korrodierter Bronzen: Sehr altes Zinn patiniert dunkelgrau, mit rauher, krustiger Oberfläche, worüber der Metallglanz schließlich vollkommen erlischt[190]. Nur bei ständiger Benutzung, bei Hautkontakt, unter Zutritt von Fett, Wachs etc. (wie z. B. an Leuchtern) kommt es zur Ausbildung transluzider seidenglänzender Patinen von zart hellfarbenem Lüster. Ihre größte Schönheit entwickeln diese bei gleichmäßig dünner Schichtbildung, weshalb sie in solchen Fällen dann auch mit der glasiggrünen Kabinettpatina verglichen werden können. Doch gehören derartige Erscheinungen eher zu den Seltenheiten.

Zinn bildet mit seinen Legierungsanteilen Oxide, wobei es unter Wasserzutritt zur Krustenbildung kommt: Korrosionen wirken nun fort in die Tiefe, sollten indessen auch nicht gleich mit *Zinnpest* verwechselt werden. Diese entsteht vielmehr nur unter sehr speziellen Bedingungen bei Dauerlagerungen unter 12–13° Celsius. Auch reagieren verschiedene Legierungen des Zinns immer recht unterschiedlich, wobei es dann zu partiell auftretenden Zinnerkrankungen kommen kann, deren Interpretation metallurgisch-mineralogisch freilich so komplex ist, daß diese Problematik hier zu vernachlässigen ist – zumal es ja um den konservierungsästhetischen Aspekt solcher »Patinen« geht!

Da das meiste Zinn zu Haushaltsgeräten verarbeitet wurde, sollen zunächst einmal die Patinen kunstgewerblicher Gegenstände, nämlich von Krügen, Tellern, Schalen etc., betrachtet werden: Zinn war Gebrauchsware, das Silber der weniger wohlhabenden Leute; es wurde demzufolge liebevoll mit Scheuerkräutern und Polierpulvern auf Hochglanz gebracht, weshalb man auch den Metallglanz des Silbers durch bestimmte *Silberzinnlegierungen,* z. B. bei Kaffeekännchen, zu imitieren suchte. Solches Zinn patiniert weniger, oft nur fleckförmig, und seine Farbe spielt dann ins Warmfarbige.

Das Problem einer Entpatinierung stellt sich deshalb bei Silberzinn nicht mit der gleichen Schärfe wie bei altersgrau erloschenem Zinngeschirr, und Fleckbildungen sollten, sofern überhaupt nötig, nur lokal durch vorsichtiges Polieren reduziert werden; ein leiser Metallglanz der Oberflächen läßt sich vielfach allein schon mit einem Silbertuch erzielen. Es entstehen dadurch, wie an Silbermünzen und Medaillen, hohe Lichter, wogegen allfällige Verdichtungen der Patina im Dunkel der Profiltiefen ein malerisches Spiel der Architektur solcher Gefäße zu entwickeln pflegen.

Schärfer arbeitende Mittel – nämlich polierende, also durch Schliff wirkende, doch nicht chemische – müssen indessen immer dort, wo ein höherer metallischer Glanz unbedingt gefordert wird, eingesetzt werden. Konservatorisch gänzlich unbedenklich ist eigentlich nur das Waschen in Seifenlösung und ein Nachwässern in destilliertem oder entionisiertem Wasser. Anschließend kann mittels Polierpulver (wie z. B. mit Wiener Kalk oder Trippel) dezent nachpoliert werden. Dabei gehen die unter der polierten Ebene liegenden Korrosionen noch nicht kurzerhand mit verloren, ebenso nicht all das, was in den Vertiefungen von Profilen, Gravuren etc. durch das Poliermittel nicht mehr erreicht wird. Auch könnte ein milder Metallglanz lediglich auf exponierte Partien beschränkt bleiben, wogegen die Hauptflächen in einem geglätteten hellen Grau zu belassen wären, zumal sie durch das Dunkelgrau der Vertiefungen noch plastisch-malerisch differenziert werden.

Gröbere, krustige Patinen sind dagegen, wenn auch immer nur mit größter Vorsicht, wegen der damit verbundenen Kratzgefahr, lokal und mittels feinster Stahlwolle oder mit Glasradierern weiterzubehandeln. Dies gilt besonders für die stets sehr häßlichen Fleckpatinen. Extrem schwärzliche Schichten können schließlich auch einmal – doch stets nur als Ultima ratio – in Komplexonbäder getaucht werden, um dann auf die übliche mechanische Weise weiterbearbeitet zu werden. Zu berücksichtigen ist dabei freilich, daß die mechanische Behandlung durch oberflächlich wirkende Politur (also eigentlich durch Schliff) wie auch die tieferwirkende chemische (nämlich durch Ätzung) schon zu den rigorosen Methoden zu zählen sind! Daher gilt grundsätzlich – wie bei Bronze, Messing und Kupfer –, daß weniger Manipulation zugleich auch ein ästhetisches Mehr ist! Hingegen muß immer wieder dringend von der Anwendung von Säuren abgeraten werden, da diese eine gleichmäßige Abtragung der Korrosionsprodukte (wie bei zu intensiver Tauchbadbehandlung) zur Folge haben, zumal dann im Falle rigoroser Entfernung aller Patinen der Effekt eines frischen, noch nicht abgeglätteten silbergrauen Abgusses entsteht. (Salzsäure wirkt überdies ihrerseits wiederum patinierend, insbesondere auf neue geglättete Güsse.)

Zinn in Kombination mit anderen Materialien, wie

etwa Fayence (als Gefäßdeckel beispielsweise), wird immer dann ästhetische Probleme bereiten, wenn sich bereits Dunkelgraupatinen ausgebildet haben, die nun in Konflikt mit glänzend strahlenden Fayenceoberflächen geraten müssen. Hier wäre ein gemäßigtes Entpatinieren, das den Glanz des Metalls wieder an exponierten Stellen – wie bei natürlicher Abnutzung – betont, durchaus zu vertreten. Doch sollte man dabei stets das lebendige Spiel von glänzend polierten erhabenen Partien und dunkel patinierten Vertiefungen im Auge behalten.

Im allgemeinen kann daher gelten, daß glänzend erhaltene Metalloberflächen, auch wenn sie grau patiniert sind, immer noch einen gewissen Metallcharakter besitzen und daß eine gewisse Reduktion derartiger Patinen somit auch sehr viel problemloser vonstatten gehen wird als bei Stücken, deren Oberfläche bereits porös und krustig korrodiert ist. So sind die um 1600 verbreiteten hochplastischen, reliefierten Prunkzinnteller (Temperantia-Schalen), je nach Legierung und Pflege, mitunter derartig dunkelgrau, ja schwärzlich und bis zur Auflösung korrodiert, daß der Oberflächenglanz und damit das zarte Spiel der Feinplastik durch fortgeschrittene Zersetzung des Metalls bereits gänzlich verlorengegangen sein kann (Abb. 44). In solchen Fällen ist eine Reduktion der Patina überhaupt nicht mehr zu empfehlen. Zugleich bezeugen derartige Stücke wiederum nur zu deutlich, daß ihre Oberflächen ursprünglich perfekt glänzend verstanden wurden: Gebrauchszinn wurde an den erhabenen Stellen stets liebevoll poliert, weshalb dieses Spiel von Lichtern und Schatten, von glänzendem Metall auf den erhabenen Partien und Dunkelheiten in den Vertiefungen, bereits vom Gießer in Rechnung gestellt worden sein muß. Auf ähnliche Effekte wurde bereits im Zusammenhang mit der Behandlung von Silbermünzen verwiesen, deren Zeichnung und Plastik durch Patinen, die beim Abpolieren mit dem Tuch in den Vertiefungen verblieben, nur an Kraft zu gewinnen vermögen.

Zinnskulpturen und Plaketten werden deshalb, zumal sie vielfach als Ersatz des kostbaren Silbers verstanden wurden, nicht anders zu behandeln sein, wobei die stärker patinierten Stücke im Unterschied zu solchen aus Silber wiederum nur mit der allergrößten Vorsicht angegangen werden sollten, weil hier die gleichmäßig dicken Graupatinen, vornehmlich bei stärkerer Ausbildung, nicht ohne Verlust an feinplastischer Substanz abgetragen werden dürfen. Überdies würden, insbesondere durch das plötzliche Aufreißen der Lichter, sehr häßliche Übergänge zwischen Glanz- und Matt- bzw. zwischen hellen Metall- und schwärzlichen Patina-Effekten entstehen. Da beim Silber zumindest die Patinaschicht stets außerordentlich dünn ausgebildet ist und meist schon mit einem Silbertuch reduziert werden kann, bestehen in solchen Fällen eben sehr wesentliche Unterschiede zum Zinn! Vorsichtiges Ausbürsten, leichtes Polieren mit einem Tuch, gegebenenfalls ein Wässern in entmineralisiertem Wasser (um ätzende Verbindungen zu entfernen) und lokale Behandlung (beispielsweise mit gelöstem Wachs) dürften dann das einzige sein, was hier noch in Frage kommt.

Zinnerne Medaillen haben sich im übrigen bei pfleglicher Behandlung und bedingt durch deren Legierung oftmals hervorragend erhalten. Durch Verdichtung des Zinns beim Prägen und Wahl entsprechender heller Zinnlegierungen mochte überdies eine dem Silber ähnliche Oberfläche erzielt worden sein. Geringe Flecken sollten hier in Kauf genommen werden, allenfalls werden sie mit Wachslösung konserviert.

Zu berücksichtigen ist im weiteren auch, daß Skulpturen aus Zinn oder auch plastische Zinngefäße aus Formstücken zusammengesetzt worden sein können. Zum Zusammenlöten diente dann Zinnlot einer leichter schmelzbaren Legierung. Derartige Lötstellen sind unter alten Patinen nicht zu erkennen, desgleichen nicht im unpatinierten Zustand. Bei Reduktion der Patina könnten sie indessen sehr störend in Erscheinung treten, zumal sie meist unterschiedlich korrodiert sind. In diesem Falle – und nur, wo Entpatinierung unbedingt erforderlich ist – kann dann auch einmal kurz auf elektrolytischem Wege reduziert werden. Die Farbe solchermaßen behandelten Zinns ist freilich ein gleichmäßiges stumpfes, bleiches, helles Grau und bar des Reizes metallener Oberflächen. Insbesondere wird dabei auch die Leserlichkeit allfälliger Gravuren und feinplastischer Details fast völlig zerstört. Bei anschließender Lagerung völlig entpatinierten Zinns in Wasser bildet sich im übrigen, je nach Beschaffenheit (pH-Wert etc.), nach und nach wieder ein schwacher Anflug von Grau. Abschließendes leichtes Polieren der Erhöhungen bewirkt erneut ein zartes Spiel von Lichtern und Halblichtern und damit eine Belebung der Oberflächen. Nachpatinierung durch die Atmosphäre bei gelegentlichem Abpolieren mit einem Tuch verstärkt diese Kontraste mit der Zeit, doch benötigt der Vorgang, je nach Legierung, oftmals viele Jahre.

Eventuelle Nachpatinierungen (z. B. von Ergänzungen abgebrochener Partien) werden, wo sie unvermeidbar sind, am besten unter Zuhilfenahme von verdünnter Salzsäure mit einem Kupfersalz zu zartem Grau bewirkt. Schwärzliche Effekte erzielt man, wofern erwünscht, durch dünne Zwischenverkupferung mit Hilfe von Kupfersulfat, das anschließend mit Schwefelleberlösung behandelt wird. Doch ist all diesen künstlichen Patinierungen stets eine gewisse Sterilität eigen. Bessere Ergebnisse erzielt man daher bei Ergänzungen durch dezentes Sandstrahlen des Metalls und anschließendes Patinieren nebst nachfolgendem Polieren. Denn nur auf diese Weise kann auch eine gewisse malerische Fleckwirkung erzielt werden.

Blei oxidiert, ähnlich wie Zinn[191]. Bei Zutritt von Essigdämpfen bildet es mit Kohlensäure stabiles Bleikarbonat, also stabiles Bleiweiß. Bei Einwirkung von schwefliger Säure aus der Atmosphäre entstehen Schwefelbleiverbindungen: schwarzes und (stabiles) weißes Schwefelblei (welches z. B. nach H_2O_2-Behandlung des schwarzen Schwefelbleis entsteht). Schwefelblei bildet sich sowohl durch Bewitterung als auch unter musealen Lagerungsbedingungen, wenngleich hier sehr viel langsamer.

Auch gegenüber sehr schwachen Säuren ist Blei noch empfindlich. So empfiehlt sich beispielsweise die Lagerung in Eichenholzkästen nicht, da Gerbsäuredämpfe auf die Dauer mit dem Metall zu reagieren pflegen, wobei sich wiederum weißes Bleikarbonat bilden kann. Bei der natürlichen Patinierung von Blei durch Belüftung entsteht dagegen meist ein mittleres Grau, das auf poliertem Blei eine malerische dünne Edelpatina mit feinen Glanzeffekten auszubilden vermag. Polierte, d. h. an der Oberfläche verdichtete, und unpolierte Partien bewirken überdies unterschiedliche Patina-Effekte: Über den polierten Partien entsteht ein feiner transparent warmgrauer Ton, auf unpolierten dagegen ein trockenes, pastelliges, dunkles Grau. Stärkere Patinabildung wirkt freilich rauh und matt, und es ergeben sich Übergänge zur Bleikorrosion, zum »Bleifraß«, wobei alle Stadien des Zerfalls zu beobachten sind. Zunächst bildet sich eine hellgraue Kruste von Bleikarbonat und Schwefelblei, die dann bei fortschreitendem Verfall zur Abrundung scharfer Kanten, z. B. von Bleiplaketten führt, und im weiteren zu Kavernenbildung und immer tiefgreifenderer Zerstörung. Abbildung 46 zeigt eine vergoldete Bleiplakette, deren Blei sich unter der Vergoldung bereits weit hinunterzersetzt hat, und wo die Vergoldung nur noch plättchenweise wie auf kleinen Dübelchen erhalten ist. Darunter befinden sich Hohlräume, die mehr oder minder mit weißlichem Pulver gefüllt sind. – Derartige Vorgänge lassen sich meist schon durch leichtes Imprägnieren mit Bienenwachslösung abstoppen, nachdem das locker aufsitzende Korrosionsprodukt abgepinselt wurde. Auch Kavernenbildung kann auf solche Weise gestoppt werden, indem man mit Wachslösung imprägniert, zugleich erfolgt eine Festigung der abblätternden Vergoldungen bzw. der Oberfläche.

Bei der Bildung von Bleifraß sind die Lagerungsbedingungen der Bestände zu überprüfen. Schädliche Einflüsse können z. B. unter Umständen auch von den Plakettenunterlagen herrühren; man verhindert das durch die für Münzsammler produzierten Aufbewahrungsmaterialien. Gefahren drohen auch generell – also nicht nur für Blei – von Klebepasten, wie sie für die Fixierung von Münzen und Plaketten verwendet werden. Vorsicht ist auch bei Vitrinen und Schränken aus Preßspanplatten geboten, weil bestimmte Sorten von Spanplatten die gefürchteten Formaldehyddämpfe absondern!

Zink korrodiert ähnlich wie Zinn und Blei. Es bilden sich u. U. stabile weiße Zinkoxidbeläge, also Zinkweiß. In der Regel genügen Behandlungen mit gelöstem Bienenwachs.

»55 Sols zu zahlen an den Waffenmeister ... für ein Wachstuch ... als Füllung für die 16 Fensterkreuze der Dachkammer des Schlosses von Angiers, wo der Harnisch des Königs (René von Anjou) aufbewahrt wird. In Ermangelung des besagten Tuches regnete und schneite es ... auf den Harnisch, welcher stark rostete und noch mehr rosten könnte.«

Aktenvermerk vom 21. November 1459

Eisen

Waffen, Harnische, eisernes Gerät setzen, soeben erst gereinigt, unter Zutritt von Feuchtluft schnell wieder Flugrost an. Mit pastellig-ockrigen Anflügen, die sich rasch zu krustigen Belägen verdicken können, geht es weiter. Unter Ausbildung dunkelbrauner Rostplatten, bei Aufblähung des Zersetzungsproduktes um ein Vielfaches, kommt es schließlich zum Abblättern, und der Prozeß erneuert sich: Die Korrosion frißt sich tiefer und tiefer. Zutritt von Salz – selbst schon durch Hautkontakt auf gereinigtem Eisen noch aktiv – tut ein übriges, saurer Regen nicht minder.

Rostpatinen sind deshalb in den allerseltensten Fällen eine künstlerisch genutzte Eigenschaft des Eisens, denn erst die Moderne hat ihnen mit der Entwicklung stabiler, sich nicht weiter zersetzender Beläge zugleich ästhetische Qualitäten zuerkannt. Aus diesem Grunde wurde dem Vorgang des Rostens auch bis in unsere Tage durch Aufbringung von Schutzüberzügen aus Leinöl, Öllakken, Farb- oder Bitumenanstrichen entgegengewirkt; für die Antike ist das schon durch Plinius (XXXIV, 15) bezeugt.

Bei *Bodenlagerung* zersetzt sich Eisen meist schnell, es bildet mit dem Erdreich Mineralkrusten, die je nach Lagerungsbedingungen und Einwirkungsdauer von sehr unterschiedlicher Ausbildung und Stärke sein können. Den Bronzen ähnlich entsteht dabei mitunter längs der ursprünglichen Oberfläche eine mineralisierte Zone, die sowohl aus aktiv arbeitenden weichen Hydroxiden und ätzenden Eisenchloriden, als auch aus mehr oder minder stabilen, korrosionsbeständigen Mineralien von großer Härte (wie Vivianit, Magnetit etc.) aufgebaut sein kann. Letztere ermöglichen eine Präparation auf diese mineralisierte Epidermis, vor allem dann, wenn aufsitzende Mineralkrusten nur von geringer Stärke sind. Freilich können derartige Beläge vielfach auch außerordentlich plastisch und quasi kristallin ausgebildet sein, ja sie setzen mitunter selbst einmal aus, was dann die Weiterpräparation, insbesondere von plastisch geschmiedeten Gegenständen, wesentlich erschwert. Im Gegensatz dazu ist die Phantasie des Präparators bei planen Oberflächen, z. B. von Schwertklingen, nicht in gleichem Maße gefordert.

Das *Herausschleifen* von Eisen mittels der Schleifwelle aus total korrodierten Knollen ist – selbst bei Zuhilfenahme von Röntgenaufnahmen – kein »wissenschaftliches« Verfahren, sondern vielmehr fast immer ein subjektiv interpretierender Vorgang; er bedeutet infolgedessen eine quasi künstlerische Nachgestaltung solcher Oberflächen. *Fast jede dieser Schliffpräparationen ist deshalb fragwürdig* und anzweifelbar, und nirgends – auch nicht bei den Bronzen – wird auf so bestürzende Weise deutlich, daß das Entfernen derartiger Patinen immer zugleich einen irreversiblen interpretatorischen Eingriff in einen historisch gewachsenen Bestand bedeutet.

Die Präparation einer Axt aus einer Rostknolle (Abb. 10) soll das verdeutlichen, denn sie demonstriert wiederum nur das gestalterisch Übliche derartiger Vorgänge. Denn obschon hier der Verlauf der massiven Kanten noch durch Zuhilfenahme von Röntgenfotos einigermaßen rekonstruierbar in Erscheinung trat, waren doch Ausdehnung und Form der Schneide, weil vollständig mineralisiert, längst nicht mehr zu bestimmen, so daß der Restaurator sie schließlich kurzerhand mittels Kitt ergänzte. – Angesichts derartiger Surrogate stellt sich natürlich die Frage nach alternativen, weniger irreversiblen Methoden, wie z. B. durch Gegenüberstellung eines mehr oder minder unbehandelten und zumindest weniger radikal zurechtgemachten Fundkomplexes mit interpretierenden Modellen. Den didaktischen Zwecken des Museums wäre jedenfalls auf diese Weise vollauf zu genügen.

Dabei ist die Präparation mit der Schleifwelle gegenüber den häufig noch geübten elektrolytischen Verfahren (wo alle mineralisierten Eisenbestandteile kurzerhand aufgelöst und somit zerstört werden) bereits die wesentlich schonendere Methode. Denn bei elektrolytischer Behandlung bleibt schließlich nichts anderes als ein blankes Eisenskelett zurück (Abb. 45), wie das besonders die älteren Sammlungsbestände demonstrieren. Überdies hat allein schon die Einwirkung der Natronlauge des Elektrolytbades eine bleierne Verfärbung ursprünglich blankpolierten Eisens zur Folge.

Die Schliffpräparation bis auf die mineralisierte Oberfläche wird indessen immer dort der letzte Ausweg sein, wo Eisen mit edleren Metallen, mit einer Silbertauschierung beispielsweise, einhergeht. Derartige Tauschierungen lassen sich zunächst einmal durch den Dichteunterschied im Röntgenbild und im weiteren auch durch das eventuelle Ausbleiben der Eisenkorrosionen über dem Silber identifizieren, wobei die intakte Oberfläche dann auch die Präparation mit Hilfe der Röntgenbefunde ganz wesentlich erleichtert.

Solche Präparate pflegen freilich ästhetisch sehr unter dem unterschiedlichen Erhaltungszustand der Metalle zu leiden, zumal das unedlere Eisen ja durch Rostbildung und Elektrolyse meist zerstört und nur noch als Braunmineral erhalten ist, wogegen das Silber oftmals nicht nur seinen metallischen Charakter, sondern auch die Präzision der Verarbeitung bewahrt haben kann.

Als subtilere Alternative zu solchen Präparationen vermittels der rotierenden Scheibe bietet sich das Arbeiten mit dem *Feinsandstrahlgerät* an: Bei dieser Methode werden die weniger harten Eisenkorrosionen bis auf die Kristallisationsprodukte der Hartmineralien abgedeckt (Abb. 47, 48), wobei sich der »gestalterische« Vorgang noch in Grenzen hält. Ihr Vorteil liegt im sensitiven Eingehen auf die Beschaffenheit mineralisierter Strukturen, ihr Nachteil in einem dezenten Sandstrahlcharakter der freigelegten Oberflächen.

Das solchermaßen behandelte Eisen bedarf alsdann in vielen Fällen noch einer *Nachbehandlung durch entmineralisierende Wässerung* in destilliertem Wasser, oder, besser noch, im Elektrolytbad. Doch ist tieferliegenden Salzeinschlüssen auf diese Weise in der Regel nicht beizukommen, weshalb bodengelagertes Eisen auch im Museum vielfach noch weiterarbeitet und Teile der Oberfläche abzuspalten pflegt. Gegen diese äußerst lästige Eigenschaft, insbesondere archäologischen Materials, wollte sich bislang kein wirksames Mittel finden lassen, doch könnte die Lösung des Problems mit dem soeben erst entwickelten Wasserstoff-Niederdruckplasmaverfahren nähergerückt sein. – Darüber hinaus sind in vielen Fällen noch *Festigungsmaßnahmen* des korrodierten, in Rost umgesetzten Materials notwendig, welche durch härtende Tränkungsmittel erfolgen.

Imprägnierungen mittels Kunstharzen, wie vielfach geübt, bewirken freilich zunächst einen fettglänzenden, tiefbraunen und satten Farbton, der dann weniger den Eindruck von Metall, als vielmehr von Kunststoff hervorruft. Anschließend sanftes oberflächliches Abstrahlen mit dem Feinsandstrahlgerät pflegt indessen den spitzen Harzglanz wieder zu dämpfen und den satten Farbton einigermaßen ins Pastellige anzuheben.

Trotz dieser Nachteile bleibt die Eisenimprägnation mit derartigen Kunststoffen, wie z. B. mit den (leider irreversiblen) Epoxidharzen, gegenüber der früher geübten elektrolytischen Entrostung immer noch das weitaus geringere Übel; mineralisiertes Eisen, das noch die Form der originalen Oberfläche bewahrt hat, wird auf diese Weise wenigstens für längere Zeit konserviert.

Als relativ reversibles, stabilisierendes Material, das nur geringe Dunkelung der Korrosionsprodukte bewirkt, empfiehlt sich dagegen Paraloid B 72 (das sich auch bei der Festigung von Hölzern bewährte). Erhitztes Paraffin, ein häufig benutztes Mittel, hat hingegen wieder Dunkelung und fettigen Glanz zur Folge; freilich ermöglicht es einigermaßen solide Tiefenimprägnierungen.

Auch jüngeres, *nicht bodengelagertes Eisen* gibt noch zahlreiche konservatorische und restaurierungsästhetische Probleme auf. So sind an Rüstungen beispielsweise nicht selten alle Stadien des Zerfalls zu beobachten: Von der stets liebevoll gepflegten und daher unkorrodierten und hochglänzenden Epidermis über alle Grade korrosionsbedingter Grauwerte bis zu tief ätzendem dunkelbraunen Rostfraß mit plastischer Zersetzung. Derartigen Korrosionen wurde schon immer durch Schliff, mit elektrolytischen Verfahren oder gar mittels grober Sandstrahlgebläse begegnet, mit Methoden also, die auch heute noch und mitunter selbst im Museum zur Anwendung kommen, und die das Problem dann auf schlichte Weise zu lösen pflegen. Daß dabei vieles, insbesondere die feinen Ätzzeichnungen, schwer geschädigt wird, ist allerorten dokumentiert.

Als generelle Verfahren zur konservatorischen Behandlung scheiden derartige Eingriffe deshalb zunächst einmal aus. Elektrolyse und grobe flächendeckende Sandstrahlung sollten bis auf wenige Ausnahmefälle ins Reich der Restaurierungshistorie verwiesen werden. Doch was bieten sich schon für alternative Verfahren? Als schonendste Stufe ist zunächst die Entfernung von Flugrost und schwachen Korrosionen mit Hilfe der feinsten Gradation von Stahlwolle nebst Waffenöl zu nennen. Der gleichen Stufe zuzurechnen ist auch die vorsichtige Politur durch sehr feine, langsam rotierende stählerne Bürsten unter Zuhilfenahme von Wasser, wodurch – bei geringerem Grauwert – ein etwas höherer Glanz auf den korrodierten Partien bewirkt wird. Der Nachteil dieses Verfahrens liegt freilich in der Wassereinwirkung, die bei stärker korrodierten Stücken unbedingt zu vermeiden ist, da Wasser, auch bei Behandlung des Eisens im Trockenschrank, keineswegs wieder vollkommen entfernbar ist. Wassereinwirkung scheidet weitgehend auch bei Stücken aus, die noch mit Leder benietet bzw. mit Stoff oder Holz kombiniert sind.

Beide Verfahren müssen ohnehin bei tiefergehender Korrosion versagen; es bot sich in solchen Fällen bislang nur die radikale Behandlung mittels Elektrolyse an, die aber jene bereits geschilderte perfekt entrostete Metallruine zur Folge haben mußte. Dieses Verfahren wirkt wenigstens handwerklich präzise, wenngleich es auch einer differenzierteren Betrachtung nicht standzuhalten pflegt. Es wird nämlich dabei etwas ganz Wesentliches übersehen: daß diese glänzende Metallruine mit einer auf die gleiche Weise und meist nur noch viel eindrücklicher zerstörten vorgeschichtlichen Schwertklinge eines gemeinsam hat – die Verdrängung des Alterungsvorgangs des Originals als historischen Prozeß und die schlichte Gleichsetzung des ursprünglichen Metallglanzes, d. h. geschmiedeter und polierter Oberflächen, mit jenem, den nur der Zufall durch Korrosion und anschließendes stark ätzendes Entpatinieren und Schleifen noch übriggelassen hat. Und hier zeigt sich denn auch das Dilemma von Nutzen und Nachteil der Restaurierung erneut und mit aller Schärfe: denn *nicht allein der rein handwerkliche Ansatz, die Logik des Technikers mithin, der immer nur die technischen Prozesse im Auge hat, sondern vielmehr der historische und der konservatorische Aspekt werden am Anfang solcher Entscheidungsfindungen zu stehen haben. Dem Handwerk wird demgegenüber immer nur dienende Funktion zuzuweisen sein. Kultivierte Restaurierung bedingt deshalb zunächst einmal das Überdenken allzu festgeschriebener Prozesse von gänzlich anderen Positionen her.*

Doch was bieten sich überhaupt noch für Alternativen? Hier sind vorderhand solche Verfahren zu nennen, die das organisch gealterte Original nicht einfach denaturieren, d. h., die ihm seinen rostigen Charakter in einem beschränkten Maße noch belassen, wobei Rost eventuell in eine chemisch einigermaßen stabile Verbindung zu überführen wäre. Freilich wird es immer eine Frage subjektiver Entscheidung bleiben, inwieweit das Korrosionsprodukt – ob Rost oder eine wie auch immer stabilisierte Korrosionsschicht – als Teil des organisch Gealterten zu akzeptieren ist. Gröbliche Schmiedearbeiten werden dabei den Entschluß zur Belassung von Rost wesentlich erleichtern; doch was ist dort zu unternehmen, wo hoher Metallglanz einmal ein wesentliches Element der technischen oder der künstlerischen Konzeption gewesen ist? In solchen Fällen ist unser Problem dann wieder jenem der Pflege von Edelmetallen, z. B. von Bauhaus-Geschirren, ähnlich: Bei diesen ist freilich die Beseitigung der schwärzlichen Korrosionsbeläge wesentlich weniger problematisch, denn die Patinen von Silber, Tombak und Kupfer sind hier in der Regel nur dünn ausgebildet, und eine tiefer wirkende Korrosion wird deshalb in den allerseltensten Fällen stattgefunden haben. Die Oberflächen präsentieren sich folglich nach der Entpatinierung mit unbeeinträchtigtem Glanz einer noch völlig perfekten Epidermis. – Das alles ist aber beim Eisen nicht mehr möglich, wenn der Korrosionsvorgang erst einmal wie üblich fortgeschritten ist und metallische Glätte sich nun in eine stumpfe, dunkle Mattigkeit verwandelt hat. In solchen Fällen wird sich wiederum die Frage nach eventueller Erhaltung einer Rostpatina stellen, mit Wachs- bzw. Paraffinbehandlung als einziger konservatorischer Maßnahme. Auch ist eine *Behandlung mit Rostumwandlern* ins Auge zu fassen, deren farbverändernde Eigenschaften freilich zu berücksichtigen sind; denn phosphorhaltige Umwandler bewirken Vergrauungen, Tannin führt dagegen zu intensiven Schwärzungseffekten. Doch bilden sich in beiden Fällen relativ stabile Korrosionsprodukte. Starke Rostbildungen können im weiteren auch alkalisch (auf Kali- oder Natronlaugenbasis) vorbehandelt werden, wobei die stabileren Brauneisenmineralien nicht unmittelbar mit in Lösung gehen. Auf Rostumwandler wird deshalb in vielen Fällen nicht zu verzichten sein – insbesondere nicht auf die schwärzenden Tanninprodukte. Diese haben allerdings vielfach den Nachteil zu geringer Effizienz, zumal brauner Eisenrost noch in jene nicht selten gänzlich unerwünschte tief violettschwarze Verbindung umgesetzt wird, die freilich nach und nach wieder ins Braune umzuschlagen pflegt. Damit aber wird der Charakter der Eisenkorrosion gegenüber dem dezenteren Braun des Rostes nur noch störend gesteigert! Dies alles wird sich freilich wiederum durch anschließendes Polieren des Eisens mit Hilfe von Stahlwolle und Waffenöl mildern lassen, wobei dann auch geschwärztes Korrosionsmaterial erneut mitentfernt wird, so daß die Schwärzung nachläßt. Hartnäckige Fälle behandelt man zunächst punktuell mit Glasradierern, feinen Stahlbürsten oder, stets nur lokal, auch mit dem Feinsandstrahlgerät weiter.

Die durch Tanninbehandlung bedingten Schwarzeffekte können freilich mit ursprünglich eingeschwärzten Ätzlinien derartig in optische Konflikte geraten, daß die Leserlichkeit solcher Ätzzeichnungen beeinträchtigt wird. Hier sind deshalb Rostumwandler nur mit Vorsicht anzuwenden. Daß eine alternative elektrolytische Entrostung dagegen in vielen Fällen, weil zu summarisch wirkend, keine Lösung des Problems bringt, wurde bereits bemerkt. Dies gilt insbesondere auch in jenen Fällen, wo alte Schwärzungen bereits zerstört wurden. Einen Ausweg bietet hier deshalb nur noch individuell mechanisches Arbeiten unter der Lupe, z. B. wiederum mit Glasfaserstiften, Feinsandstrahlgeräten, Skalpellen oder Stahlwolle. Auf diese Weise kann jedenfalls punktuell präzise gearbeitet werden. Letzte Reste von Rost sind dann mittels Rostumwandler zu behandeln oder selbst zu belassen; derartig behandeltem Eisen fehlt dann freilich die ursprüngliche Glätte der Oberflächen, die von »Perfektionisten« so besonders geschätzt wird. Für diese wird dann auch kein Zweifel bestehen, daß zum gründlich entpatinierten Eisen auch Schliff und Neueinschwärzung, ja selbst noch das nachträgliche Blauen, Nachbräunieren und Nachvergolden gehören. Eine solche Perfektionierung aber wird methodisch in eine Linie mit der Entfernung geschwärzter originaler Altsilberfassungen polychromierter Skulpturen zu setzen sein – und, wie so häufig geschehen, mit deren Ersatz durch neues Silber. Es ist deshalb letztlich eine immer nur subjektiv zu beantwortende Frage des Patina-Bewußtseins, inwieweit in den gealterten Bestand von Eisenobjekten einzugreifen ist.

Daß im übrigen jedwede Korrektur eines solchen Gefüges wiederum weitere Maßnahmen zur Folge haben muß, das verdeutlichen *Metallkombinationen*, z. B. von Eisen und Messing – wie bei einem mit Messingnieten besetzten Panzer zu sehen. Je weiter nämlich hier die Behandlung des Eisens fortschreitet, desto radikaler wird auch die Entpatinierung des Messings ausfallen müssen, womit sich Zug um Zug auch der Eindruck gewaltsamer »Renovation« verstärken wird.

Die *Abnahme von Nieten* ist ohne deren Beschädigung kaum möglich, doch wird sie immer dort unvermeidbar sein, wo Lederpartien durch Säurereaktion mit dem Metall Korrosionen verursachten. In solchen Fällen sind dann wenigstens die Nietenköpfe, wofern noch original, zu retten.

Was schließlich das *Nachschwärzen* zeichnerischer Details angeht, so ist zunächst einschränkend festzuhalten, daß diese Maßnahmen wohl zu allen Zeiten als mehr oder minder selbstverständlich angesehen wurden, wenn eine solche Schwärzung bei radikalen Reinigungen verlorengegangen war.

Überdies ist die reichste Ätzzeichnung ohne eine gewisse Schwärzung nur noch wenig leserlich. Hier könnte deshalb auch – und das ist wiederum nur Sache der individuellen konservatorischen Position – unter Einbeziehung alter Schwarzreste einer Neueinschwärzung in Maßen zugestimmt werden. Das geschieht dann

z. B. mittels dunkelgrau abgestimmter Öl-/Harzfarbe, doch nicht mit reinem Schwarz. Diese Maßnahme wird um so leichter fallen, je glatter die Metalloberfläche noch erhalten ist, zumal sich die Schwärzung dann nur in der Ätzung und nicht zugleich in den korrosionsbedingten Vertiefungen festsetzt.

Die *Konservierung der Oberfläche* kann mit einer schützenden Wachsschicht (Bienenwachs in Testbenzin) vorgenommen werden. Derartige Schutzüberzüge haben sich einigermaßen bewährt, soweit das Eisen nicht berührt wurde, und bestechen durch einen dem Material verwandten dezenten Glanz. Auch ist die Schutzwirkung etwas beständiger als z. B. die ausschließliche Pflege mit Waffenöl, wo sich die Fingerabdrücke neugieriger Besucher schon nach einigen Monaten wieder deutlich – durch erneute Flugrostbildung – zu markieren beginnen. Museumsleute benützen deshalb stets Handschuhe beim Umgang mit Eisen; das gleiche gilt für nichtpatiniertes Messing und Kupfer. – Neben der Imprägnierung mit Bienenwachs bewährte sich auch eine sehr dünne Lackierung mit Paraloid B 72: Das Material ist widerstandsfähiger als Bienenwachs und führt dann zu geringerer Dunkelung der Rostanflüge in korrodierten Zonen. Paraloid macht sich allerdings zugleich durch einen etwas höheren Glanz bemerkbar, der aber durch relativ dünnen Auftrag zu vermeiden ist. Lacke haben jedoch stets den Nachteil geringer Belastbarkeit an Partien, die, wie bei Rüstungen, mechanischen Beanspruchungen durch bewegliche Teile, also durch Abrieb, ausgesetzt sind. – Für all die genannten Materialien ist indessen festzuhalten, daß eine wirklich ästhetisch wie technisch befriedigende Lösung des Problems dauerhafter Oberflächenkonservierung noch nicht gefunden wurde.

Besondere Fragen wirft die Behandlung von *Schmiedeeisen* auf, beispielsweise von Gittern. Diese waren ja ursprünglich allein schon aus konservatorischen Gründen polychromiert, vergoldet oder gar gelüstert und deshalb wohl bis zum 19. Jahrhundert selten oder gar nicht geschwärzt. Solches Eisen muß zunächst gründlich auf Polychromiereste untersucht werden. Da diese freilich fast stets zerstört und damit auch nicht zu retten sind, stellt sich dann die Frage nach einer wie auch immer gearteten Neubehandlung. Rekonstruktionen der Polychromie stehen an diesem Orte nicht zur Diskussion; sie werden aber, sofern sich Farbreste erhalten haben – insbesondere bei Stücken, die, z. B. in der Denkmalpflege, noch in Nutzung stehen –, immer wieder ernsthaft in Betracht zu ziehen sein. Hier interessiert vielmehr zunächst nur der konservierungsästhetische Aspekt: Auch die nachgeschwärzten Eisen sind ja in den allermeisten Fällen schon wieder durch Rostfraß bedroht. Entrostung ist deshalb vielfach nicht zu vermeiden. Behandlungen mit Tannin führen zwar zur Vereinheitlichung, da der Rost geschwärzt wird – und sind deshalb auch von Fall zu Fall zu diskutieren –, in den meisten Fällen erreicht man jedoch die tief unter der Farbschicht festsitzende Korrosion damit nicht. Und hier ergibt sich dann als Ausweg nur noch die Abnahme der polychromen Reste mittels Abbeizen, Abbrennen usw. sowie nachträgliches gründliches Entrosten, z. B. durch Gerbsäurekonservierung. Nach Abschluß der Behandlung sollte dann wieder vorsichtig mit Stahlwolle nachpoliert werden (was bei stark korrodiertem Eisen kaum mehr zu empfehlen ist, zumal dabei nur ein gewaltsamer »kunstgewerblicher« Effekt entsteht). Der Abschluß der Oberfläche erfolgt schließlich mit Bienenwachslösung. Neuanstriche als Konservierungsmaßnahme kommen demgegenüber nur bei Außengittern in Betracht.

Weitere Probleme ergeben sich bei Materialkombinationen, z. B. von Eisen mit Holz. Hier gilt als Regel, daß eine Pflege des Holzes, etwa durch Reinigung und Oberflächenbehandlung, meist auch eine solche des Metalls nach sich zieht, zumal rostiges Eisen einerseits und behandeltes Holz von quasi Möbelcharakter andererseits sich ausschließen, ebenso wie poliertes Eisen und ungepflegtes »vergammeltes« Holz. Das gleiche gilt z. B. für Messer mit Silber- und Elfenbeingriffen. Schwarz zerfressener Stahl wirkt leicht schmutzig und ungepflegt, wenn man die Griffe einer zu starken Entpatinierung unterzieht. Bei derartig beschädigten Stählen könnte sich ohnehin eine weitgehende Entfernung der Patina mehr oder minder bis aufs Metall empfehlen, wie auch bei noch in Gebrauch befindlichen Messern, zumal solche Bestecke vielfach »ungepflegt« und darum »verwahrlost« wirken.

Das gleiche kann selbst für Stahlmöbel und für verchromten Stahl in Frage kommen, deren Ästhetik ganz wesentlich auf der Perfektion glänzend polierter Flächen basiert, wie noch darzulegen ist.

Gußeisen, das Material von Ofenplatten beispielsweise, ist traditionsgemäß geschwärzt, und zwar aufgrund der technischen Notwendigkeit, daß eiserne Öfen außerordentlich heiß wurden und eine Polychromierung demzufolge auch nicht lange ertrugen. Derartige Güsse sind rauh; für sie gilt deshalb das, was wir im Zusammenhang mit Schmiedeeisen sagten: Je rauher, desto weniger bieten sich »kunstgewerbliche« Manipulationen der Schwärzung durch Nachpolieren mit Stahlwolle an. Ein mattes gleichmäßiges Schwarz ist in solchen Fällen immer die beste künstliche Patina.

Selbst die feinen Silbergüssen ähnlichen Berliner Eisenarbeiten aus dem frühen 19. Jahrhundert wurden, dem Zeitgeist entsprechend, nur durch matte Anstriche geschwärzt. Deren Patina ist deshalb lediglich ein mattes gleichmäßiges Schwarz, das zu dieser Zeit ganz allgemein als Eisenpatina und wohl auch für Schmiedeeisen üblich war. Derartige Schwarzpatinen wurden etwa durch Räuchern des Gußstücks über Kienspänen nebst anschließendem Lackieren erzielt. Als Lack diente dazu in der Gleiwitzer Hütte anfangs des 19. Jahrhunderts ein Gemisch aus »1 Quart Leinöl, ½ Pfund Burgunder Harz, 6 Lot Bleiglätte und ¼ Pfund Weihrauchharz«. Der Lack wurde dünn über die gerußte Oberfläche gestrichen und dann so lange auf eisernen Pfannen eingebrannt, bis er seinen Glanz verlor. Auf ähnliche Weise erfolgten bräunliche und grünliche Abtönungen, z. B. an Pariser Gußeisen aus der Zeit um 1830; auch Bronze- und Silbertönungen waren üblich[192].

Erst die Moderne kennt die hochmalerische *Rostpatina* auf vorgerosteten Stählen für Gebäude und Außenskulpturen. Angeblich bedürfen sie keiner Pflege, zumal sie stabile Patinen ausbilden sollen. Beobachtungen an einer Stahlplastik von Horst Antes stimmen aber eher skeptisch: An stärker bewitterten Stellen und somit an häufig befeuchteten Partien, z. B. am Boden (hier wohl unter Einwirkung von Salz und saurem Regen), verdickten sich die Rostkrusten und fielen dann plättchenweise in Stücken bis zu zwei Millimetern wieder ab. Für die Konservierung solcher Eisenpatinen hatte dieser Künstler im übrigen die Behandlung mit einem Steinfestigungsmittel auf der Basis von Kieselsäureester empfohlen, einem doch wohl eher fragwürdigen Material, da es naheliegt, daß sich unter einer solchermaßen konservierten Oberfläche der Rostfraß fortsetzt.

Als Korrosionsschutz für Eisen kamen seit altersher neben den schon für die Antike gesicherten Asphaltanstrichen vornehmlich Bräunierungen in Form von eingebrannten Ölen in Frage, die mit der Zeit einer zusätzlichen Altersbräunung unterworfen waren. Von Fall zu Fall, d. h. bedingt durch das Ausmaß des Rostbefalls und der Zerstörung der Oberfläche, ist hier mit Bedacht zu entscheiden, ob derartige originale Altbräunierungen nicht doch erhalten werden können. Dies gilt insbesondere für die lüsterartigen klassizistischen Bräunierungen von Stählen – in Kombination mit Gold –, die sich durch einen zarten bläulich-bräunlichen Schimmer auszeichnen. Derartige Bräunierungen besitzen dann die Qualität eines Stilmittels. Über ihre Herstellungstechnik ist nichts bekannt. (Moderne Bräunierungen werden in kaltem Verfahren chemisch erzeugt.)

Die Patinen von Keramik, Terrakotta, Fayence und Porzellan

»Zerbräche die Magd keine Töpfe,
was würde aus dem Töpferstand.
Arbeiten doch Gottes Geschöpfe
so einander geschickt in die Hand.«
Deutscher Töpferspruch, nach R. Wihr 1977

Keramik, besonders die unglasierte hochgebrannte Ware, gehört zu den beständigsten Materialien; sie überdauert Jahrtausende. Ihr hoher Resistenzgrad gegenüber Schwankungen der Luftfeuchtigkeit, Temperatur und der Einwirkung von Säuren und Alkalien bedingt deshalb meist auch einen guten Erhaltungszustand, wenn man von den üblichen Abnutzungsspuren des Alters einmal absieht.

Wesentliche Patinabildung ist deshalb nur bei Glasuren zu beobachten, entweder durch Abrieb (z. B. bei Porzellanen) oder in Reaktion mit Waschmitteln oder auch mit ätzenden Milieus, wie sie vornehmlich bei Bodenfunden gegeben sind. Und nur in solchen Fällen kann es dann – je nach Zusammensetzung des Tones, der Wasseraufnahmefähigkeit bzw. Dichte des Scherbens, der Qualität des Brandes und dem Chemismus des umgebenden Milieus – zu Zersetzungserscheinungen kommen. Diffundierende Minerallösungen tun ein übriges, indem sie den Scherben penetrieren und dabei mannigfaltige Mineralkrusten aufbauen. Die häufigsten sind Kalksinter bei Lagerung in Kalkböden, vermischt mit Sand und Erde. Gips- und Silikatsinteraggregate treten je nach Bodenbeschaffenheit noch hinzu; ebenso Lösungen von Eisen und Mangan, die starke Verfärbungen heller Tone bewirken können. Festverbackene Aschen finden sich nur in Ausnahmefällen. Krakeleebildungen sind ebenfalls relativ selten, z. B. an niedrig gebranntem Material, das nach langer Bodenlagerung rascher Trocknung ausgesetzt wurde. Konservatorisch ist alles weitgehend oder auch gänzlich entfernbar und sollte deshalb auch kein grundsätzlicher Diskussionsgegenstand sein, zumal es sich um Patinen handelt, die nicht ursächlich – wie bei den Metallen – aus dem Original gebildet wurden. Freilich können sich je nach Zusammensetzung des Scherbens und der Intensität der Einwirkung solcher Patinen auch zum Teil irreversible Schäden eingestellt haben, die dann als Echtheitsmerkmale, wie sie meist nur in langen Zeiträumen entstehen, in Kauf zu nehmen sind.

Reiches Anschauungsmaterial solcher Keramikpatinen bietet hier die altgriechische Töpferware, insbesondere wegen ihrer hochdifferenzierten Techniken und der damit verbundenen Empfindlichkeit der Oberflächen. Da sie noch in beträchtlicher Menge zur Verfügung steht, sollen an ihr modellhaft alle nur möglichen Erscheinungsformen solcher Patinabildungen demonstriert werden:

Je nach Tonbeschaffenheit, Brand, Bestattungsriten (wie z. B. Leichenbrand), Bodenlagerung und Klimaeinwirkung vermochten sich hier vom ofenfrischen Zustand über Krustenbildung bis hin zur weitgehenden Auflösung des Scherbens alle Formen von Patinen auszubilden; wobei selbst noch wechselnde Erhaltungsgrade einzelner zusammengehöriger Fragmente häufig sind (Abb. 52), wie wir das im übrigen von bodengelagertem Glas, selbst noch des Mittelalters, kennen.

Die häufigsten Patinen wurden durch irgendwelche Krusten gebildet. Es entstanden, insbesondere im Inneren der Gefäße, traubig-unregelmäßige Aggregate, die sich hier meist über einer gleichmäßig grauen und relativ dünnen kalkigen Schicht aufbauten. Als unnachahmliche Echtheitsmerkmale sollten sie, zumal sie hier die Erscheinung des Ganzen in keiner Weise beeinträchtigen, wo irgend möglich belassen werden.

Von den Böden aufsteigend finden sich ferner auch häufig die sogenannten Wurzelpatinen: hellgraue längliche Krusten, die unter der Lupe betrachtet oftmals noch Abdrücke feiner Würzelchen erkennen lassen, wobei es mitunter auch zur Einbettung organischer Reste kommen konnte.

Krustenbildungen entstehen im weiteren vielfach längs der Krakelees des Untergrundes; sie sind meist relativ beständig und können, sofern noch Silikatsinter hinzutreten, sogar außerordentlich hart ausgebildet sein. Ihre *Abnahme* erfolgt durch Säuren mit Hilfe von verdünnter Zitronen-, Ameisen-, Essig- oder auch Salzsäure, wie auch mittels Kleesalz oder komplexbildender Verbindungen. Patinen, die aus Silikaten bestehen, sind jedoch (z. B. durch Messern oder Sandstrahlen) nur auf mechanischem Wege entfernbar. Sowohl Kalk- als auch Silikatsinter pflegen dabei in der Gefäßoberfläche charakteristische matte Spuren zu hinterlassen, weshalb die glänzende Gefäßoberfläche hier insbesondere in den schwarz gefirnißten Partien vielfach leicht ankorrodiert ist. Charakteristisch für die Originale ist, daß derartige Sinterkrusten, insbesondere auch die sogenannten Wurzelspuren, oftmals unter der Quarzlampe weißlich-bläulich fluoreszieren. Ähnliche Erscheinungen finden sich auch auf archäologischem Marmor.

Soweit Keramik auf *chemischem Wege durch Säuren* entpatiniert wurde, kann es nachträglich, bedingt durch ungenügendes Wässern, zu sekundärer Patinabildung durch weiteres Aussintern von Kalk kommen. Mangelhaft ausgewaschene Salzgehalte tun dann noch ein übriges. Derartige Patinen sind meist außerordentlich fein gezeichnet, und der Kalk blüht in grauen Linien über Krakelees oder Spannungsrissen auf, ist jedoch gegenüber dem Originalsinter vielfach so weich, daß er sich bereits mit den Fingern abreiben läßt.

Typisch für echte Stücke sind auch schwarze oder braune Patinen von Mangankonkretionen sowie von Eisendendriten (Abb. 53) und Verfärbungen durch Eisenlösungen (z. B. bei der weißgrundigen korinthischen Ware) zu einem warmen Braun.

Eine Sonderform derartiger Mineralkrustenpatinen bilden schließlich jene durch Röhrenwürmer aufgebauten Kalkkrusten submariner Funde. Echtheitsmerkmale kommen ihnen wohl kaum zu, zumal ihr Wachstum im Gegensatz zu den Bodensintern relativ schnell vonstatten zu gehen scheint.

Wie das Lackieren von Bronzen und Silber stets eine Verfälschung der materialeigenen Ästhetik der Oberflächen, ihres Lichts und ihrer Stofflichkeit mit sich bringt, so trifft dies in gleicher Weise auch auf das *Überziehen von Keramiken mit Lacken* zu. Das aber ist eine nicht nur im Handel, sondern selbst in Museen noch vielfach geübte Methode, insbesondere bei griechischer Keramik: Denn die durch den Herstellungsprozeß und die Patinabildung bedingten Glanzunterschiede der verschiedenen Tonmaterialien, d. h. der formbaren Massen und der weiß, gelb, rot, violett und schwarz aufbrennenden Malschlicker, werden dabei kurzerhand vereinheitlicht, wodurch nun die charakteristischen Pastell-, Halbmatt- und Glanzeffekte gänzlich aufgehoben werden. Völlig denaturiert wird insbesondere auch der eigentümlich metallische Schimmer der Schwarzpartien, der erst durch den Versinterungsprozeß während des Reduzierbrandes[193] zustandegekommen ist. Verstärkt werden derartige Effekte schließlich noch durch das Erblinden der Lacke, wodurch das Spiel der Oberflächenpatinen beeinträchtigt wird.

Die Ursachen für derartig unbedachte Eingriffe in die Stofflichkeit liegen meist in zahlreichen Retuschen,

Ergänzungen oder mattkorrodierten Partien des Originals, deren Integration zwar farblich, jedoch nicht hinsichtlich des eigentümlichen Glanzes des Originals gelingen will. Und so bietet sich schließlich als schlichteste Lösung des Problems die fatale Lackierung des Ganzen an, wodurch der gewünschte schrecklich einheitliche Glanz von Original und Retusche auch mühelos zustandekommt. Der Kenner freilich bemerkt, daß etwas nicht stimmen will; denn zum Original gehören nun einmal jene feinen Glanzunterschiede der einzelnen Töne: beim Firnis das irisierende glänzende Schwarz mit den feinen Wurzelspuren, das halbglänzende helle Rot des Scherbens, stumpfes Dunkelrot und ein stets pastelliges Weiß. Unberührte Stücke bewahrten überdies einen ausgesprochen »trocknen«, mageren Charakter. Vorbildlich unverdorbene Oberflächen finden sich beispielsweise in den Athener und den Vatikanischen Museen.

Was für die Vasenmalerei gilt, trifft in gleicher Weise auch auf die Terrakottaplastik zu. In diesem Sinne wurde z. B. die bekannte Terrakottaskulptur »Zeus mit Ganymed« in Olympia mit einem Lack dergestalt eingelassen, daß sie heute wie mit Speck abgerieben zu sein scheint. Daß bei solchen Maßnahmen das differenzierte Spiel weißer und schwarzer Engoben, des Grundtons und der Abrieb- und Sinterpatinen wiederum vollkommen durcheinandergeraten mußte, dürfte auf der Hand liegen. Besonderes Augenmerk ist deshalb im weiteren immer auch auf *verfärbende Eigenschaften von Festigungsmitteln* zu richten, wie sie bei brüchigen Scherben zur Anwendung kommen. Und hier sind es wiederum die weißen Tonschlicker, die besonders gefährdet sind.

Als hochgebranntes Material ist griechische Keramik nur in Ausnahmefällen stark erweicht und zersetzt, insbesondere wenn sie langer Salzeinwirkung ausgesetzt war; in bestimmten südetruskischen Nekropolen beispielsweise oder bei Lagerung im Meer, wie im Falle der (in ca. 35000 Scherben) wiederaufgefundenen Stücke der Sammlung des Lords Hamilton. Üblich ist solche Erweichung indessen bei fast allen nordeuropäischen Bodenfunden, etwa bei Hallstatt- und Alemannenkeramik.

Bei erweichten Scherben ist, nach sehr vorsichtigem Waschen, Entmineralisieren und Trocknen, zunächst einmal eine Festigung notwendig – in einem Vorgang, der am besten in der üblichen Weise durch Tränkung mittels Nitrozelluloselösung erfolgt. Es kommt dabei im Gegensatz zu den polymerisierenden Harzen zu nahezu keiner Verfärbung und Dunkelung; der Scherben behält vielmehr etwa den Helligkeitsgrad des eben noch bodenfeuchten Materials, was in gleicher Weise auch für die pastelligen Knochenmehlauflagen auf vorgeschichtlicher Keramik gilt. Ein Vorzug von Nitrozellulose ist überdies, daß das Material reversibel ist, da Nachbehandlungen mit Azeton bereits allfällige oberflächliche Überschüsse entfernen helfen.

Extrem geweichte Scherben aus niedriggebranntem Material mit mehliger Oberfläche (z. B. Terrakotta) wird man hingegen nicht auf wäßrigem Wege reinigen. Hier empfiehlt sich vielmehr nur eine vorsichtige Behandlung mit Hilfe von Alkohol, Azeton etc. und eine Weiterbearbeitung auf trockenem, mechanischem Wege. Derartige Stücke (Tanagrafiguren, das unteritalische Terrakottenmaterial) behalten auf diese Weise ihre matte helle Graupatina, insbesondere auf den vor Abrieb geschützten Vertiefungen.

Auf die Gefährdung der weißen Tonschlicker durch Lackierung und Tränkung des Scherbens wurde bereits verwiesen. Weitere Gefahren drohen ihnen durch ihre Eigenschaft, die färbenden Substanzen restauratorischer Ergänzungsmaterialien zu absorbieren. Das aber geschieht beispielsweise durch unbedachtes feuchtes *Einschleifen tongrundig gefärbter Gipsmassen,* deren Farbschlämme, meist von rotockriger Tönung, bei unachtsamer Arbeitsweise vornehmlich die empfindlichen weißen Tonschlicker zu penetrieren pflegt. Eine Reinigung solchermaßen verfärbter Partien ist kaum mehr möglich. Beispiele ruinierter Keramik befinden sich in zahlreichen öffentlichen und privaten Sammlungen. Hochgradig gefährdet sind deshalb auch weißgrundige Gefäße (Lekythen) und deren eventuelle Kaltmalerei in Violett, Blau, Grün, Braun etc., wie sie seit der Klassik üblich wurde. Der Farbigkeit solcher Gefäße entsprechen im übrigen vielfach die verblaßten Farbreste an Figürchen aus Tanagra, Myrina und anderen Orten.

Ein weiteres Kapitel sind die *Abnutzungspatinen:* Sie umfassen alle Formen von Abrieb und Gebrauchsspuren, wie auch klimabedingte Substanzverluste. Dazu gehören bei rotfiguriger Keramik charakteristische Ablösungen der rotgrundigen, weil weniger harten Partien des Scherbens, wobei sich die schwarze lineare Zeichnung durchaus noch präzise erhalten haben kann (Abb. 54), zumal sie wegen ihrer stärkeren Versinterung der Bewitterung gratweise standzuhalten vermochte. Derartige Erosionspatinen sind für Gefäße typisch, deren Ton erweichte, und die sodann im saugfähigen roten Ton Wasser absorbierten, wobei sie dieses wechselweise wieder abgaben; Frosteinwirkung tat noch ein übriges. Bei derartigen Schäden mag es für eine kosmetisch zurechtmachende Restaurierung naheliegen, die Ausbrüche mittels gefärbter Kittmassen zu verschlämmen, was indessen nur eine fatale Denaturierung der Gefäßoberfläche bewirken muß, die der Kenner bemerkt, selbst wenn er nicht sogleich in der Lage sein wird, die Ursache zu bestimmen. Derartige Facelifting-Operationen der Epidermis des Gefäßes beweisen überdies wieder nur zu deutlich, daß die neuerworbene schreckliche Glätte den Glanz der Ursprünglichkeit nicht mehr zurückzugewinnen vermag.

Zu verurteilen sind im weiteren auch *kosmetische Eingriffe* in die Substanz der Klammerungen antiker Keramik. Schon seit dem siebten vorchristlichen Jahrhundert war es üblich, beschädigte Gefäße durch Bohrungen, in welche dann Bronze- bzw. Bleiklammern eingefügt wurden, wieder zurechtzuflicken. Durch Korrosion derartiger Verbindungen entstanden freilich im Laufe der Zeit häufig mehr oder minder amorphe, in Kalksinter eingebettete Mineralbildungen, die indessen auch ein untrügliches Indiz hohen Alters sind; ihre Beseitigung, Verkittung der Löcher und anschließendes Retuschieren bedeuten nun einmal einen nicht mehr rückgängig zu machenden Eingriff in den historischen Bestand.

Eine Sonderstellung nehmen die durch Leichenbrand etc. verursachten *Brandpatinen* ein: In diesem Sinne ist schon vorgeschichtliches Material häufig erheblich zwischen Schwarz und Rot verfärbt, doch wurde damit diesen ohnehin relativ grob verarbeiteten Gefäßen zugleich auch ein eigener malerischer Reiz verliehen, weshalb sich Eingriffe durch gewaltsame Reinigung, Retuschen usw. erübrigen. Überdies sind die Scherben durch Brand vielfach bis in die Tiefe verfärbt. Problematischer sind dagegen wieder die Brandbestattungsmerkmale antiker Vasen (Abb. 55): Je perfekter nämlich die Keramik, desto eher müssen Verfärbungen der einzelnen Scherben nach dem Zusammensetzen störend in Erscheinung treten. Das gilt in hohem Maße für rotfiguriges Material, zumal die Schwarzpartien durch den Nachbrand kaum gefährdet waren, wogegen sich die rotgrundigen Teile in ein grünliches Grau zu verwandeln pflegten. Beim Zusammensetzen aber werden graue Scherben neben rote oder ockerbraune zu liegen kommen, was sich letztendlich außerordentlich störend bemerkbar machen muß.

In solchen Fällen wird dann mancherorten das *Rückbrennen im Reduzierbrand*[194] geübt, wodurch das Material wieder seine schöne rote Farbe erhält: perfekter, roter (und steriler) mitunter, als es ursprünglich das Holzkohlenfeuer vermochte. Überdies gehen bei solchen Maßnahmen auch alle Patina-Effekte noch mit verloren, und selbst eine *Echtheitsüberprüfung* durch Thermolumineszenzanalyse ist nun nicht mehr möglich. Derartige Stücke könnten somit schließlich gar einmal als Fälschung ausgeschieden werden: Verfälschungen sind es allemal.

Glasierte archäologische Keramik bildet bei Bodenlagerung vielfach trübe, undurchsichtige Oberflächen aus. Auch kann es zum Verfall von Glasuren, z. B. durch die Sprengwirkung des Frostes oder auskristallisierende Salze, und, bedingt durch die Zersetzung der Schmelzen, auch zur Ausbildung der bereits angesprochenen charakteristischen Anlauffarben kommen (bei altpersischen Fayencen beispielsweise oder bei arabischer Lüsterkeramik, deren reiches Irisieren auf der Korrosion der obersten Glasurschicht in Form von Schüppchenbildung beruht). Unbedingte Echtheitsmerkmale sind derartige buntschillernde Interferenzerscheinungen keineswegs, da sie, wie zahlreiche Imitationen beweisen, zwar relativ einfach nachzuahmen sind, indessen einer mikroskopischen Untersuchung nicht standhalten. Denn die echten Patinen heben sich gegenüber den relativ simplen Ätzmerkmalen derartiger Fälschungen deutlich ab.

Konservatorisch erübrigt sich in der Regel die Behandlung solcher Patinen, zumal sie ein reizvolles malerisches Spiel zu entfalten pflegen. Und nur in Ausnahmefällen, beispielsweise dort, wo eine Unterglasurmalerei verunklärt wird, kann auch an eine Dämpfung oder gar Beseitigung derartiger Effekte gedacht werden. Ein Abschleifen und Nachlackieren der erkrankten Partien, wie früher geübt, wird dabei ins Reich der Restaurierungshistorie zu verweisen sein. Bewährt – weil überdies reversibel – haben sich demgegenüber Tränkungen, z. B. mittels Paraffinlösung. Als problematischer, weil nicht mehr entfernbar, sind Behandlungen mit einem Steintränkungsmittel auf Silikonfluoridbasis anzusehen, wie sie in der Literatur beschrieben wurden[195].

Krakelierte Glasuren wurden bei häufigem Gebrauch durch Speisereste und bei Erdlagerung auch von verfärbenden Substanzen penetriert, was dann in manchen Fällen (z. B. bei islamischer Keramik[196]) zu starker lokaler Dunkelung längs der Krakelees führen konnte (Abb. 56). Hinsichtlich ihrer Beseitigung werden auch hier Nutzen und Nachteil sehr sorgfältig gegeneinander abzuwägen sein, und auch hier gilt: weniger ist mehr. Das aber wird nicht von jedermann akzeptiert werden. Sehr vorsichtige Waschmaßnahmen, zunächst mit einem Geschirrspülmittel, anschließend mit destilliertem Wasser, und eventuelles Nachbleichen in Wasserstoffsuperoxid haben mitunter Erfolge erzielt; mikroskopische Zwischenkontrollen der Wirkungsweise sind dabei unerläßlich. Was an orientalischer Keramik heute eher als störend empfunden wird, das war an altchinesischen und koreanischen Seladonglasuren vielfach wohlberechnetes Stilmittel: großmaschige Krakeleenetze und deren bräunliche Verfärbungen der blaßgrünen Feldspatschmelze, die sichtlich von der Bronzepatina her stimuliert wurden. Aus dem gleichen Geist einer Sammlerästhetik wurden in Japan zerbrochene altchinesische Gefäße mittels goldenem Lack wieder zusammengesetzt[197].

Unfreiwillig *dunkelnde Unterglasureffekte* können schließlich selbst durch die Klebemittel der Restauratoren bewirkt sein, zumal dünnflüssige Kleber, deren Eigenschaft vielfach eine dunkelnde ist, durch die Krakelees und unter die Glasuren einzudringen pflegen, wo sie dann durch kein Mittel mehr zu beseitigen sind. Als reversibler, wenig verfärbender, wenn auch nicht sehr dauerhafter Klebstoff bietet sich wiederum Nitrozellulose an.

Silberne Mattdekors auf Keramik patinierten bekanntlich schwärzlich. Ihr ursprünglich metallischer Glanz ist mit keinem Mittel mehr rückgängig zu machen – man erinnere sich des silberdekorierten Steinzeugs aus dem frühen 18. Jahrhundert.

Kaltmalerei ist starker Abriebpatinierung und Zersetzung der Bindemittel unterworfen. Hierzu gehören beispielsweise Vergoldungen auf Meißner Porzellan, wie sie in der Mitte des 18. Jahrhunderts in Augsburg vorgenommen wurden. Insbesondere das Waschen mit scharfen Spülmitteln oder gar in der Spülmaschine führt zum alsbaldigen Ruin. Das gleiche gilt selbst für die Porzellanfarben.

Die Ergänzung von Keramiken sollte in möglichst reversiblen Techniken ausgeführt werden, beispielsweise mittels durchgefärbten Modellgipses, der insbesondere bei den feinen Töpfertonen griechischer Keramik dem Charakter des Materials näherkommt als eine wie auch immer geartete Retusche. Bei stärkerem Zusatz von Farbpulvern pflegt es freilich zur Herabsetzung der Bindefähigkeit der Masse zu kommen, weshalb nun stärker bindende Gipssorten oder auch Leimzusätze erforderlich sind (welche freilich auch den Abbindeprozeß verzögern). Retuschen an feiner Keramik wird man z. B. mittels Acrylfarbe ausführen. Sie ermöglicht ein flächiges, d. h. wenig fleckiges Auftrocknen (wie es z. B. bei Temperafarben einzutreten pflegt) und schnelles, wasserunlösliches Abbinden. Überdies ist der Charakter der Farbe jenem von Engoben ähnlich. Ölfarbe sollte demgegenüber wegen ihrer gilbenden Eigenschaften und ihres dumpfen, schweren Charakters nur in Ausnahmefällen zur Anwendung kommen, beispielsweise als stark harzhaltige Öl-/Harzlasur, wo höchste Transparenz und dicker glühender Schmelz gefordert sind, was mittels Acrylmaterial nicht zu erreichen ist.

Porzellan ist – vom Abrieb der Glasuren, der Malfarben und eventueller Vergoldungen einmal abgesehen – von außerordentlicher Dauer und selbst noch gegenüber Salzeinwirkung von erheblicher Resistenz. Das offenbaren beispielsweise meeresgelagerte Ming-Porzellane. Das Patinaproblem stellt sich deshalb hier nicht mit der gleichen Schärfe wie bei Keramiken.

Ergänzungen an Porzellanen werden allgemein mit weniger Skrupeln vorgenommen, auch wenn es sich um plastische Dekors handelt, als dies bei antiker Keramik der Fall ist. Die halbdiaphanen Porzellane imitiert man am besten mittels Gießharzen, die mit Pulverfarben koloriert werden. Gießharze ermöglichen überdies auch die Imitation schmelzender Glasureffekte. Ihr Langzeitverhalten ist freilich wiederum gänzlich unbekannt. Konventionelle Restaurierung arbeitet hingegen, wie beim Gemälde, mit Grundierungsmassen, Aquarell-, Tempera- und Ölfarben, sowie mittels eines Schlußfirnisses. Doch bleibt die Technik stets empfindlich, im Gegensatz zu den neueren Methoden, die auf dünnflüssigen Epoxidharzen basieren (z. B. Plastogen EP). Diese verfügen über eine hervorragende Bindefähigkeit, ermöglichen auch hauchdünne Aufträge, pflegen hochgebrannte Scherben nicht zu penetrieren und lassen sich mit Hilfe von Abbeizern (auf Lösungsmittelbasis) auch wieder relativ leicht entfernen. Auf saugenden Scherben dürfen sie indessen unter gar keinen Umständen zur Anwendung kommen!

Glaspatinen

»Wann die Gläser Flecke bekommen und mahlicht werden. Das kommt daher/ weil kein Glaß ohne Zusatz des Saltzes kan gemacht werden/ und weil rare und Venetianische Gläser selten gebraucht sind/ derwegen beisset das Saltz endlich durch das Glaß/ davon entspringen diese Flecken/ derhalben soll man solche schöne Gläser/ aufs wenigst halbe Jahr (sie werden gebraucht oder nicht) mit frischem Saltz-Wasser auswaschen lassen so werden sie keine Schäden noch Flecken bekommen.«

Kunstbüchlein für den Haus-Vatter..., 2. Bd., 1687

Glas ist genaugenommen nur eine unterkühlte Schmelze, sein Aggregatzustand somit ein labiler. Glasflüsse, aus Sand und Soda bzw. Pottasche erschmolzen, bedingen zunächst einmal wasserlösliche Natron- bzw. Kaliwassergläser. Erst stabilisierende Zusätze, wie z. B. Kalk, bewirken dann eine Erhärtung! Als Regel gilt dabei: Je höher die Zusätze an Flußmitteln (wie etwa von Pottasche), desto niedriger ist der Schmelzpunkt und demzufolge um so höher die Empfindlichkeit der Gläser! Glas mit hohem Silikatgehalt ist demgegenüber stabiler, es nähert sich in seinem Charakter dem Quarz, woraus zu folgern ist, daß alle stark alkalihaltigen Schmelzen empfindlich reagieren; dies gilt ganz besonders für die alten Gläser.

Bei Antiken werden die häufigsten Glaspatinen durch das Herauslösen alkalisch reagierender Anteile im Boden hervorgerufen, und es verbleiben dann jene eigentümlich irisierenden Skelettschichten aus Kieselsäure von hohem malerischen Reiz, die oft nur noch als Schuppen auf gesunden Partien aufliegen. Tiefer wirkende Verfallsstadien machen sich durch Krakeleebildung bemerkbar; Oberflächenkrakelees und selbst tiefer wirkende Sprungbildungen können aber schon bei relativ jungen und klaren (z. B. barocken) Gläsern auftreten (Abb. 57). Diese Risse, im Verein mit Schuppenbildung, sind vielfach bereits der Anfang vom Ende, da das Glas oftmals schon durch Berühren mit der warmen Hand einfach zerfällt.

Daß der Zersetzungsvorgang tatsächlich bereits unmittelbar nach der Schmelze beginnt, beweisen z. B. stark alkalische Gläser, deren Glanz binnen Tagen ermattet, wobei sich weißliche Anflüge bilden. Fenstergläser, die der Bewitterung durch Industrieemissionen mit H_2SO_3 oder tierischen Ausdünstungen und Exkrementen ausgesetzt sind, können relativ schnell solche ersten Zersetzungserscheinungen ausbilden, obwohl es sich bei modernen Gläsern ja fast immer um Schmelzen hoher Temperaturen und demzufolge um solche mit geringerem Empfindlichkeitsgrad handelt. *Mittelalterliche Glasfenster* sind als niedrigschmelzende Glasflüsse weitaus anfälliger; unterschiedliche chemische Zusammensetzung der Gläser bewirkt überdies auch deren höchst unberechenbare Reaktion auf Bewitterung und Belichtung. So vermochten z. B. die hellblauen und hellgrünen Gläser selbst Jahrhunderte zu überdauern, wogegen sich die tief dunkelblauen romanischen Gläser nicht selten ins Schwärzliche verfärbten. Weiße Gläser können ins Bräunliche umschlagen, ebenso in violette und rosa Tönungen. Bei Glasfenstern hat Schuppenbildung überdies den Abbau von Überfangglasfarben und Schwarzlotmalerei zur Folge. Und wie im Tafelgemälde bewirkt dann unterschiedliche Alterung ein Auseinanderfallen des Kolorits, wie auch ein Nachlassen der Präzision der Zeichnung und der Schattenschraffuren. Die Leuchtkraft der Gläser wird überdies noch durch Erblindung beeinträchtigt, die im fortgeschrittenen Stadium durch Wettersteinkrusten aus wasserhaltigen Sulfaten auf der Außenseite der Glasscheiben weiter verstärkt wird. Hinzu kommen im Endstadium der Zersetzung, als Folge natürlicher Alterung und bewirkt durch Zutritt von Kohlensäure, Bildungen von krätzig-dunkelbraunen Karbonaten. Derartige Beläge führen alsdann zu laufender Feuchtigkeitsabsorption – und diese ist es in erster Linie, welche die Zerstörung der Gläser vorantreibt. Hinzu treten Schäden, die durch Algen und Flechten ausgelöst werden, und die z. B. auf Kaligläsern mit Phosphatanteilen einen geeigneten Nährboden finden. *Kraterartige Verätzungen* der Oberfläche sind die Folge.

Derartige auch mit Ringverwitterung bezeichnete Effekte entstehen im übrigen immer an Schwachstellen der erkalteten Schmelze, an Bläschen, mangelhaften Durchschmelzungen oder auch an Schadstellen. In ihrem Zentrum befindet sich deshalb stets ein dunkler Punkt, der konzentrische Kreise ausbildet, die sich meist unter einem dünnen Glashäutchen entwickeln und im fortgeschrittenen Stadium zu kraterartigen Erscheinungen führen. *Fleckverwitterungen* von kristalliner Struktur bilden überdies dunkelbraune Flecken unter einer intakt wirkenden Oberfläche aus, z. B. an mittelalterlichen Hohlgläsern (Abb. 59, 60). Sie gehen vielfach in *sternartige Verwitterungen* über, die dann durch Strahlenbündel gekennzeichnet sind, welche schließlich eine Art von Stachelhalbkugel zur Folge haben, die sich bei starkem Befall mit ähnlichen Bildungen zu einem Netz verwachsen kann, und deren Färbung dann wiederum vielfach von warmem Braun ist. Die Auswirkungen sind stets die gleichen, denn sie fördern den Zerfallsprozeß der Schmelze. Der Zersetzungsvorgang kann schließlich bei bodengelagertem Material so weit gediehen sein, daß das Glas seinen Charakter völlig verliert und nunmehr an Plastik erinnert. Dies geschieht unter Gewichtsreduktion und völligem Verlust an Transparenz. Am Ende steht schließlich ein braunes, opakes, mitunter durchaus noch glänzendes Material, das allenfalls seinen gläsernen Kern bewahrte.

Diese verschiedenen Verfallsstadien wurden für mittelalterliche Glasgemälde in einem unlängst unternommenen Versuch zur Schadensdokumentation nach sechs Merkmalen festgelegt[198]: 1 = Oberfläche teilweise abgewittert; 2 = Oberfläche total abgewittert (sog. Flächenfraß); 3 = teilweise verbräunt; 4 = gänzlich verbräunt; 5 = Lochfraß weiß (mit Wetterstein); 6 = Lochfraß verbräunt.

Für *die Behandlung geschädigter Gläser* kommen, wie beim Tafelgemälde, chemische und mechanische Arbeitsgänge in Frage. Letztere sind zwar, wo irgend möglich, vorzuziehen, pflegen indessen (wofern sie unbedacht erfolgen) das Problem nur noch zu intensivieren, da im Korrosionsbelag noch Teile der ehemaligen Malerei, der Schwarzlotzeichnung etc. enthalten sein können, so daß das Übel letztlich nur verschlimmbessert wird. Chemische Verfahren sind nur der letzte Ausweg und sollten angesichts des komplexen Chemismus der Gläser weitgehend ausscheiden. In jedem Fall sollten *prophylaktische Behandlungen,* wie Schutz- und Isolierverglasungen mit der entsprechenden Belüftung und Klimatisation, bevorzugt werden, wobei auf stabile Klimata bzw. die Vermeidung von Klimataschen zu achten ist. Dieses ist freilich in Sammlungsräumen meist noch einigermaßen gewährleistet, doch in Kirchen angesichts zunehmender Installation von Heizungen oft leichter gefordert als getan. (Denn das kurzfristige Aufheizen von Kirchenräumen, z. B. anläßlich von Gottesdiensten, muß zu starken Klimaschwankungen führen, wobei solche Klimagefälle vielfach selbst zwischen Innenräumen und Schutzverglasungen ausgelöst werden; Schwitzwasserbildung ist dann die Konsequenz.)

Als *erfolgversprechende Konservierungsmethode* bewährte sich z. B. bei sehr gedünnten, defekten Scheiben *deren Einbringung zwischen Deckgläser,* wie bei einem biologischen Präparat. Der Nachteil liegt dann, neben dem etwas unberechenbaren Feuchtigkeitshaushalt, in der Verdickung solcher Partien, was zur Folge hat, daß diese nicht mehr in die originalen Bleiruten einzufügen sind. Auch bedürfen derartige Verglasungen noch der Vorschaltung einer zusätzlichen Schutzverglasung, um der Bildung von Schwitzwasser – wie beim verglasten Dia – vorzubeugen.

Immerhin kann so auf das *fragwürdige Kleben* mittels der immer unberechenbaren Klebstoffe auf einen »Objektträger« zunächst einmal verzichtet werden, insbesondere aber auf die irreversiblen Epoxidharze, die mit der Zeit starken Vergilbungen ausgesetzt sind und mit keinem Mittel mehr rückgängig gemacht werden können. – Die Folgen derartiger Dublieraktionen sind vielerorten zu studieren, beispielsweise in Chartres, wo man auf der Höhe der »Epoxidwelle« gedankenlos und fortschrittgläubig Menschheitsdokumente mit diesen Klebern verunstaltet hat. Reversibilität sollte deshalb bei solchen Maßnahmen an erster Stelle stehen!

Nicht zu verzichten ist dagegen auf die Verwendung von Epoxidharzen bei der Klebung zerbrochener Glasscheiben und Hohlgläser, doch sind diese – bei der ausschließlichen Beschränkung auf die Brüche – hier auch weniger gefährlich, zumal noch eine Quellmöglichkeit mit scharfen Lösungsmitteln besteht und damit auch ein eventuelles Auseinandernehmen einigermaßen gewährleistet wird. Bewährt hat sich insbesondere Plastogen EP, das auch auf den weichen Glasscheiben des 19. Jahrhunderts noch haftet.

Zu vermeiden ist das Aufbringen von *Schutzlackierungen,* beispielsweise mittels Acryl- oder Silikonharzen, zumal diese keinen Dauerschutz gewährleisten, weil sie durch UV-Strahlung korrodieren und auch in beschränktem Maße selbst noch wasser- und schwefeldioxiddurchlässig sind[199]. Ihre Wiederentfernung wird überdies ebenfalls nur durch quellende Lösepasten ermöglicht bzw. durch Kombinationen scharfer Lösungsmittel, die eine Aufblähung der Lackschicht bewirken und dann eine Sprengwirkung auf die altersbedingte Schuppenstruktur ausüben. Lackierungen von Gläsern sollten deshalb allenfalls Ultima ratio sein.

Schlechthin unlöslich sind, wie bei den Dublierungen, auch *Imprägnierungen* mit polymerisierenden Harzen (insbesondere wieder mittels Epoxiden), wohingegen eine Behandlung mit Wachsen[200] eine eventuelle Lösung des Problems in Aussicht stellen könnte. Denn Wachse sind chemisch stabil und leicht reversibel, und schwerer schmelzende Sorten kämen dann möglicherweise selbst noch als Dublierungsklebstoffe in Betracht. Langzeiterfahrungen stehen freilich wiederum aus (Sonneneinstrahlung?).

Sehr kritisch sind schließlich auch *Einbettungen* in die an und für sich sehr lichtbeständigen Methacrylsäureester zu sehen, wie das mit Fenstern des Kölner Domes[201] geschah, zumal das Langzeitverhalten solcher Harze wiederum gänzlich hypothetisch ist, auch wenn sie noch über längere Zeit löslich bleiben. Einen wesentlich tiefgehenderen Eingriff, weil nun gänzlich irreversibel, stellen demgegenüber die *Überschmelzungen der Scheiben* mit einer hauchdünnen Glasschicht nach dem Glas- und Aufdampfverfahren dar. Erfahrungen über das Langzeitverhalten sind überdies auch hier, über erste Versuche hinaus, noch nicht diskutiert worden. Zu verzichten ist schließlich auch auf das früher vielfach geübte *Nachbrennen der Gläser,* das zu einem Verlust an Schärfe der Zeichnung wie auch an ursprünglicher Farbigkeit führen muß.

Chemische Behandlungen von Glaspatinen, insbesondere von Bodenfunden – zu sehen unter größtem Vorbehalt –, hängen ganz wesentlich vom Zustand der Gläser ab. So können mineralische Verfärbungen von Eisenhydroxid, Mangandioxid, Calciumkarbonat u. a. m. auftreten, die – allerdings erst in gründlicher Kenntnis der Technik und des jeweiligen Erhaltungszustandes – auch einmal mit schwachen Komplexonkompressen behandelt werden dürfen. Dies gilt indessen nur für Gläser, deren Gefügestruktur noch keinerlei Schäden erkennen läßt, bei mittelalterlichen Scherben (von Hohlgläsern beispielsweise), die in konservierenden – meist alkalischen Milieus (Kloaken) – gelagert waren (vgl. Abb. 49).

Auf diese Weise können Gläser mit farbigen Überfangschmelzen mittels schwach alkalischer Komplexonlösung mitunter sehr erfolgreich gereinigt werden. Wässerung in entmineralisiertem Wasser dient dann der Neutralisation; Einlegen in Alkohol der – freilich radikalen – Trocknung, was sich nur bei einigermaßen gesunden Gläsern empfiehlt. Als relativ unbedenklich gilt in solchen Fällen mitunter selbst eine Behandlung mit 2%iger Schwefelsäure oder besser mit organischen Säuren wie Essigsäure, bei entsprechender Wässerung und Trocknung (doch ist insbesondere bei Kalikalkgläsern Vorsicht geboten, weshalb Säuren in solchen Fällen als gänzlich untaugliches Mittel abzulehnen sind). Ihr Vorzug liegt in der Neutralisation freier alkalischer Bestandteile des Glases. Indessen haben sich alkalische

Komplexone auf derartigen Überfangfarben in der Regel besser bewährt als Säurebehandlungen; jede Maßnahme muß jedoch immer von Fall zu Fall und unter dem Mikroskop überprüft werden, zumal einzelne Farben, wie z. B. stumpfes Weiß oder helles Grün – das, wie bei den kupferhaltigen Pigmenten im Bild, auch bei derartigen Gläsern nach Braun umgeschlagen sein kann – empfindlich auf chemische Behandlungen zu reagieren pflegen. Dafür ist jedoch immer wieder der jeweilige Erhaltungszustand maßgebend[202]!

Die dezente Abnahme von verfärbenden Oberflächenpatinen sollte indessen kein grundsätzlicher Diskussionsgegenstand sein, sofern sich diese schadlos beseitigen lassen; die Gläser pflegen dabei an Klarheit ungemein zu gewinnen, und ein Denaturierungseffekt ist angesichts vielfältiger Alterserscheinungen ohnedies nicht zu befürchten.

Eine spezielle Form der Glaszersetzung – besonders eindrücklich an Hohlgläsern zu beobachten – ist das Schwitzen, bei welchem Tröpfchen von Kali- oder Natronlauge ausgeschieden werden, die sodann unter Einwirkung von Kohlendioxid aus der Luft in entsprechende Karbonate übergehen. Diese aber sind wiederum stark hygroskopisch, indem sie nun der Luft Wasser entziehen, welches in der Folge mit der Glassubstanz reagiert. Hier ist zunächst – und je nach Fall – eine alkalibindende Komplexonbehandlung nebst Wässerung vorzunehmen. Nach dem Trocknen erscheint dann meist eine bereits korrodierte und ermattete Oberfläche, welche durch Wasseraufnahme aus der Luft nach und nach wieder in den Zustand der Tröpfchenbildung zurückkehrt, sofern die Hygroskopie nicht durch relative Trockenlagerung eingeschränkt wird. Imprägnationen der Glasoberfläche sollten dennoch immer nur die Ausnahme bleiben, denn die bereits angesprochenen Imprägnierungen bedeuten ja stets einen auch die Ästhetik des Materials tiefgreifend beeinflussenden Eingriff. In diesem Sinn bewirken Lackierungen, etwa mittels Acrylharzen, einen unangemessenen Glanz und sind in ihrem Verhalten bei Bewitterung auf Dauer gänzlich unberechenbar.

Wasserlösliche PVC-Lösungen bewährten sich bei bodenfeuchten Scherben. Wo indessen derartige Behandlungen noch hinausgeschoben werden können, sollten sie unbedingt unterbleiben; die gefährdeten Stücke sind vielmehr sorgsam klimatisiert in Vitrinen zu bewahren (was bei etwa 45% relativer Luftfeuchtigkeit zu erfolgen hat). Plötzliche Schwankungen des Luftfeuchtigkeitsgehalts, wie sie z. B. bei Transporten auftreten, können allein bereits zum gänzlichen Verlust solcher Gläser führen.

Stets ein problematisches Kapitel sind auch die allerorten üblichen *Ergänzungen* defekter, unvollständiger Hohlgläser mittels Kunststoffen, und es stellt sich immer wieder die Frage, inwieweit derartige Komplettierungen überhaupt noch vorzunehmen sind. Ihr Dilemma liegt nämlich stets in jenen den unterschiedlichen Materialien Glas und Kunststoff eigenen Kontrasten der Brechungsindizes, wie auch des Glanzes der Oberflächen: Neben Glas nimmt sich Kunststoff nun einmal wie Seife aus! So sollten derartige Ergänzungen denn auch immer nur dort und dann nur mit Bedacht zum Einsatz kommen, wo aus stabilisierenden Gründen der Einbau von Kunststoffbrücken zwischen frei stehenden Scherben ohnehin unvermeidbar ist. Denn schon allein das Eingießen und Schleifen derartiger Gießharze ist mit Strapazierungen des Originals verbunden, wie überdies auch das Langzeitverhalten solcher Materialien, ihre Haftfähigkeit auf dem Glas beispielsweise, gänzlich unbekannt ist.

Glaskrankheiten, wie die antiker Gläser, befallen im übrigen auch Glasuren: In diesem Sinne können die irisierenden Effekte römischer Gläser in gleicher Weise auch auf den blaugrünen persischen oder den arabischen Keramiken des Mittelalters auftreten, wo sie dann erheblich zu deren malerischem Reiz beitragen. Über die Behandlung derartiger Patinen, wofern überhaupt nötig, wurde bereits im Keramikkapitel berichtet.

Einem Grenzbereich der Gläser zuzurechnen sind auch die niedrigschmelzenden Glasflüsse – die Emaillen aller Techniken. Sie pflegen ähnliche Alterungserscheinungen auszubilden wie die Glasuren. Hierzu gehören auch Verfärbungen weißer Emaillen durch Kupfer in Form von Grünpatinen an mittelalterlichen Objekten[203].

Ein besonderes Problem sind *Spiegelgläser:* Originale, z. B. barocke Gläser, sind meist fleckig, als Folge von Schäden in der Verspiegelung. Derartige Fehlstellen machen sich dann durch schwärzliche Fleckbildungen, die felderweise in malerische Grauzonen überzugehen pflegen, störend bemerkbar. Der Vorgang kann dann bis zur völligen Erblindung führen, wobei selbst marmorartige Adern weißlicher Nuancierung ausgebildet werden. Im Gegensatz zu modernen Spiegeln, die perfekt geschliffen sind, weisen alte Gläser vielerlei Unebenheiten in den Oberflächen auf, die durch den

Produktionsvorgang bedingt sind, so daß diesen schwärzlichen Schadzonen zugleich auch ein gewisses Spiel der Oberflächen entspricht. Überdies sind ja in der Regel auch die vergoldeten Rahmen in den allermeisten Fällen nicht mehr perfekt erhalten: Die Vergoldungen haben vielmehr ihre eigene, sehr malerische Patina angenommen, wobei Polimente, Grundierungsreste, Krakelees, Schmutz und Fehlstellen reizvolle malerische Effekte hervorrufen. Neue, technisch perfekt hergestellte Gläser würden hier diese pittoreske Patinastimmung nur störend beeinträchtigen, weshalb auch Manipulationen der Fehlstellen im Glas unterbleiben sollten. Silberhinterlegungen werden sich lediglich dämpfend auswirken, aber keine befriedigende Lösung bringen. Große, alte Spiegel sind überdies stets aus verschiedenen Gläsern zusammengesetzt, die dann mit schwärzlichen Kanten aneinanderzustoßen pflegen, wobei an deren Berührungszonen Schadstellen entstanden. Als Spuren ihres Alters sollten sie in Kauf genommen werden.

Steinpatinen

»Ich weiß nicht, wie einige an solchen beschmutzten Sachen ein Wohlgefallen finden können, da sie nicht allein die Prangsteine und schöne Statuen, sondern selbst auch gantze Gebäude so jämmerlich verderben ...«

Gérard de Lairesse 1730 (1707), Bd. II

»Seid mir gegrüßt, einsame Ruinen, heilige Gräber, schweigende Mauern! Euch rufe ich an; zu euch richte ich mein Gebet. Ja, während der große Haufen mit geheimem Schrecken vor euerm Anblick zurückbebt, weckt ihr meinem Herzen tausend anziehende Empfindungen und Gedanken.«

C. Volney, 1792

Mit zarten Pastelltönen beginnt es auch hier: Frisch gebrochene Steine laufen an, dunkle hellen auf, helle dunkeln. Der rote Sandstein vergraut, um schließlich zu schwärzen. Weiße Marmore patinieren warmfarbig: die milesischen beispielsweise, deren kostbar rostbraune Nuancierung erst in Jahrtausenden durch Oxidation feinster Spuren von Eisen entstand. Selbst Besonnung pflegt sich auszuwirken – so beginnt der graugrüne Mainsandstein, das Material der Gartenfiguren des Ferdinand Dietz, sich auf der Sonnenseite zu röten. Ständiger Wechsel von Insolation und Abkühlung aber führt schließlich zur Lockerung des steinernen Gefüges. Die Oberfläche dehnt sich aus, das darunterliegende Material indessen nicht. Einzelne Gesteine, wie Alabaster, geben überdies in trockenen heißen Klimata gar Teile ihres Kristallwassers ab, was dann zu charakteristischen Zerfallserscheinungen führen muß. Es bilden sich scharfkantige Gesteinsbrocken, einer zerborstenen Windschutzscheibe nicht unähnlich. Die Winde üben im weiteren ihre erodierende Wirkung aus: Es kommt wiederum zur Ausbildung plastischer Patinen, wie in Kap Sunion oder am Aphaia-Tempel in Ägina, wo mit der Beharrlichkeit feiner Sandstrahlgebläse durch Jahrtausende die Gesteinsstruktur immerfortwährend herauspräpariert wurde, den Bewitterungserscheinungen an weichen und harten Jahresringen des Holzes vergleichbar.

Saure Regen, Abgase und Chemikalien, tierische Exkremente (von Tauben, Schwalben, Fledermäusen), Insekteneinwirkung (Steinwespen) sowie organische Säuren und aus dem Boden aufsteigende oder auch in der Luft mitgeführte Salze bewirken darüber hinaus auch eine Ätzung des Gesteinsgefüges (Abb. 61, 62), insbesondere immer in Bodennähe. Es zersetzen sich dessen Bindemittel, ja Alabaster löst sich schlechterdings auf (Knossos); Marmore werden zuckerkörnig, Sandsteine zerbröseln zu Sand und Mineralkrusten bauen sich andernorts wieder auf. Von Smogdämpfen und Staubwinden geschwärzt, sintern Wettersteinaggregate heraus, wo sie vor Schlagregen geschützt sind: an der Unterseite der Architrave auf der Akropolis etwa oder an den Kapitellen des Dogenpalastes in Venedig.

Feuchtigkeit und aufsteigende auskristallisierende Salze, im Zusammenwirken mit löslichen Anteilen des Steins sowie mit Frösten und intensiver Sonneneinstrahlung, entfalten schließlich selbst erhebliche Sprengwirkung. Umgekehrt kommt es in Reaktion mit gasförmigen und festen Verunreinigungen auch zur Bildung harter undurchlässiger Krusten und damit wiederum zu Spannungen. Dann aber löst sich schließlich die Epidermis der Sandsteine, platzt schollenweise ab, und Kalksteine zersplittern mit muschligem Bruch. Auch das härteste Gestein widersteht auf die Dauer der Bewitterung nicht (Abb. 61, 62); selbst Granite, wie der grobe rote von Assuan, scheinbar für die Ewigkeit gemeißelt, zerfallen in Jahrtausenden im stetigen Wechsel von Hitze und Kälte, weshalb schon Kaiser Hadrian die Memnonskolosse restaurieren lassen mußte, worauf sie freilich für immer verstummten.

Steinkonservatorische Maßnahmen, wie z. B. die Wachsbehandlung von Marmor, sind deshalb schon früh bezeugt (Plinius XXXIII, 122). Und selbst die häufig geübte Färbelung bzw. farbige Fassung, ja Vergoldung (goldene Pforte in Freiberg) muß nicht ausschließlich unter ästhetischen Gesichtspunkten gesehen werden. Minderwertige Steine, die den Einwirkungen der Witterung nicht gewachsen waren, bedurften ohnehin einer konservierenden Bemalung, wie beispielsweise das Material des Zeustempels in Olympia oder das der unteritalischen griechischen Tempel, die mitunter noch farbige Reste bzw. die den Stein bedeckende weiße Schlämme bewahrt haben (Agrigent). Resümiert man dies alles, so muß die Entfernung von Steinpatinen wie bei der polychromierten Steinskulptur stets unter *Berücksichtigung möglicher farbiger Reste* erfolgen, zumal Bauten häufig bemalt wurden, wenngleich deren ursprüngliches Aussehen in den seltensten Fällen dokumentiert ist. Als Hilfsmittel zur farblichen Rekonstruktion dienen neben der Spurensicherung am Bau allfällige Architekturzeichnungen und Modelle, Ansichten, Schriftquellen und Materialrechnungen sowie Hinweise aus der Architekturtheorie, deren Deutung freilich immer auch den Bewertungen des Zeitgeistes unterliegt. So z. B. kollidierten erste farbliche Befunde an griechischen Statuen und Tempeln mit den ästhetischen Idealen eines blütenweißen Klassizismus, wie ihn Goethe vertrat: »So viel aber möchten wir behaupten, daß der köstliche Stoff des pentelischen Marmors sowie der ernste Ton eherner Statuen . . . den Anlaß gegeben, die reine Form über alles zu schätzen.«[204] Mittlerweile wissen wir jedoch, daß griechische Tempel bunt gefaßt waren, wenngleich über die Behandlung von Mauerwerk und Säulen nur anhand von Spuren spekuliert werden kann. So fanden sich nach dem Zeugnis der Ausgräber am Fußboden des Aphaia-Tempels in Ägina noch Reste von roter Farbe auf Stuck[205]. Farbspuren dokumentieren auch die architektonische Ornamentik des Parthenon. Das gleiche trifft selbst noch auf die Bauten der römischen Antike und der Spätantike wie auf die des frühen Mittelalters zu. Erst mit Gotik, Renaissance und Barock mehren sich zunehmend Nachrichten und Indizien über Färbelungen, insbesondere von Sandsteinen und Ziegeln, wobei wiederum der konservatorische Nebeneffekt nicht übersehen werden darf. In diesem Sinne heißt es bei Vitruvius Teutsch, Nürnberg 1548, man habe wegen der Nachlässigkeit der Ziegelbrenner »darum das Dünchen erdacht, darauf man dieser Zeit weißt oder solche schön mahlet«[206]. Aus dem gleichen Grund, doch sicherlich auch aus ästhetischen Erwägungen, wurde die Dunkelpatina des roten Keupersandsteins der Lorenzkirche in Nürnberg seit 1690 immer wieder mit roten Lasuren färbelnd übertüncht. Selbst noch das frühe 19. Jahrhundert mochte da, allen klassizistischen Träumen von Materialgerechtheit zum Trotz, mitunter auf eine farbige Einstimmung der Mauern nicht gänzlich verzichten: So bestimmte Schinkel beispielsweise 1817 für die Behandlung des Backsteinmauerwerks der Neuen Wache in Berlin, daß deren Fugen nachträglich auszustreichen und zu ritzen seien, und daß das Ganze mit einer »lichten Ölfarb, welche die Fugen durchscheinen läßt«, zu streichen wäre[207]. Damit wurde der Steinpatina hier im traditionell-klassizisierenden Sinn keinerlei Ästhetik zuerkannt, was insbesondere für den Schinkelschen Klassizismus nicht überraschen kann, da er doch selbst die Akropolis bedenkenlos überbauen wollte. – Die frühromantische Strömung des Klassizismus war freilich andere Wege gegangen, weshalb Caroline Murat, Königin von Neapel, gar einen in Pompeji gefundenen Kameenschmuck mitsamt der versinterten Aschenpatina fassen ließ[208], wie im übrigen schon Marie Antoinette den Maler Hubert Robert und den Architekten Migue beauftragt hatte, Bauernkaten nachzubauen, mit strohgedeckten Dächern, Hühnerhof und Dunghaufen: Damit aber diese Attrappen inmitten künstlicher Natur nicht unecht wirkten, ahmte man selbst die Armut und Verfallenheit wirklicher Elendshütten nach. Mit dem Hammer wurden Sprünge in die Mauern geschlagen, man ließ Kalk romantisch abbrökkeln, riß ein paar Schindeln wieder ab. »Hubert Robert«, so heißt es in Stefan Zweigs Antoinette-Biographie, »tüncht künstliche Risse in das Holz, damit alles morsch und uralt anmute, die Schornsteine werden schwarz angeraucht.«

Wir haben gesehen, daß der Steinpatina damit, ganz wie beim Gemälde und bei den Bronzen, durch die Jahrhunderte eine unterschiedliche Bewertung zugekommen war, wie sich die Geister hinsichtlich der Qualitäten solcher Patinen ja selbst heute noch zu scheiden pflegen. Versuchen wir indessen auch hier zu differenzieren, so wird generell wohl Einigkeit darüber herrschen, daß alles grobe Natursteinmauerwerk durch malerische Rieselpatinen eine reizvolle Bereicherung erfahren kann, eine kunstvolle Steinmetzfassade hingegen nicht. Denn in diesem Fall dürfte de Lairesses Bemerkung von »solchen beschmutzten Sachen« kaum Widerspruch herausfordern, zumal doch die schwärzlichen Steinpatinen unserer Großstädte keinerlei malerischen Reiz mehr entwickeln. Dies pflegen die allerorten üblichen Reinigungsmaßnahmen nur zu unterstreichen, die das lebendige Spiel des Werkstoffs in seiner natürlichen Farbe und Struktur vielfach wieder mit überraschender Schönheit zutage treten lassen. Wo solche Eingriffe also nicht zur Gefährdung, insbesondere skulpturaler Elemente (durch Sandstrahlgebläse), führen, da wird gegen derartige Maßnahmen auch vom konservatorischen Standpunkt kaum etwas einzuwenden sein, sofern dabei ein gleichmäßiger Abtrag solcher Patinen gewährleistet ist. Abzulehnen aber sind geschmäcklerische Gestaltungen in »schöpferischer Denkmalpflege«, wie beispielsweise an der Sebalduskirche oder der Frauenkirche in Nürnberg, wo man nach der Reinigung des roten Sandsteines einzelne Partien, die eine etwas tieferwirkende Patinierung durchgemacht hatten, schwärzlich beließ, wodurch sich eine Art von Schwartenmageneffekt einstellte (Abb. 63).

Dicke Staubkrusten, vermischt mit Exkrementen, pflegen überdies im Zusammenwirken mit Nässe den Stein stärker zu schädigen als alle Reinigungsmaßnahmen dies vermögen. Im übrigen läßt allzu perfekter Reinigungseffekt in unseren Industriestädten bald wieder etwas nach. Anders die Putze: Insbesondere die farbigen, die ockrigen oder eisenroten werden – im Gegensatz zu den weißen und hellgraufarbenen – durch Schmutzpatinen zunächst nur ins nuancenreich Pittoreske gesteigert, weil die Sterilität des künstlichen Materials damit gemildert wird; ja, selbst alte Putze – man erinnere sich der venezianischen Palazzi – müssen erst jene ihnen eigentümliche Ästhetik entwickeln. Derartige Farbputze bieten sich deshalb in Industrieregionen geradezu als Lösung des Verschmutzungsproblems an.

Dem Verfall des Materials ist freilich auf Dauer durch Reinigungsmaßnahmen und oberflächliche Imprägnierungen allein nicht zu wehren: Das Auswechseln erkrankter Steine war deshalb letztlich schon bei der Grundsteinlegung mit eingeplant, wie derartige Maßnahmen bis in unsere Tage als selbstverständlich angesehen werden. Und ebenso – wenn auch erst als moderne Lösung – bietet sich nun der Abguß gefährdeter Skulpturen (Erechtheion) bzw. deren steinerne Kopie mittels der Kopiermaschine des Steinmetzen an, wofern die Originale zerstört, aber im Gipsabguß noch vorhanden sind (Reims, Westportal).

Bei den Baudenkmälern der Antike wie bei allen nutzungsfreien Monumenten, die längst zu Symbolen für Historie, zu »Denkmälern an sich« wurden, stellen sich die Probleme jedoch ungleich schärfer: Auf Beispiele einigermaßen zwingender Anastylosen, des Nike-Tempels oder der Ara pacis, wurde bereits eingangs verwiesen und auch auf die Problematik der Wiederaufrichtung des Tempels G in Selinunt. Was also verspräche eigentlich die Anastylose der gigantischen Trümmerstätten am Mare Africano? Gewiß doch auch die Zerstörung einer der eindrucksvollsten Ruinenstätten der klassischen Antike und eines traditionsbefrachteten Wallfahrtsortes klassizistisch-romantischer Italienfahrer überdies: Vernichtung von Historie also durch Wiedererrichtung von Historie? Es sei denn, verborgene Meisterwerke träten wieder neu ans Licht.

Auch von Ruinenkosmetik war eingangs die Rede: vom Aphaia-Tempel in Ägina beispielsweise, dessen Trümmer wie Reliquien liebevoll in Neues gefaßt wurden (Abb. 64). Hier ist denn auch – inmitten des kulminierenden Historismus – noch ein gerüttelt Maß an Magie im Spiele.

Aus konservatorischen Gründen wäre das alles wohl in den seltensten Fällen notwendig gewesen, da Steinkonservierung keiner derartigen Pflästerchen bedürfte und solches Flickwerk, insbesondere die säuberlich rechtwinklig eingearbeiteten Marmorstücke in Kap Sunion, nur Angriffsflächen für neue Erosionen bietet: Die Kanten sind hierbei überdies schutzlos der Bewitterung ausgesetzt (Abb. 65, 66). Steinfestigung, Injektion bröckelnden, zerborstenen Gesteins also, wäre, weil ohnehin unvermeidbar, da wohl besser und billiger gewesen, auch wenn es an Langzeiterfahrung letztlich noch gebricht.

Wenden wir uns deshalb wiederum kurz den *technischen Prozessen* zu: Als Tränkungsmittel zur oberflächlichen Steinfestigung dienen insbesondere *Kieselsäureester* und *anorganische Lösungen,* die durch Verkittungen des lockeren Gefüges mittels Harzen bzw. Silikaten oder dem Stein gemäßen Mineralien eine Festigung bewirken sollen.

Vornehmlich Sandsteine, die sich in Sand aufzulösen beginnen, vermag man auf diese Weise, zumindest auf Jahrzehnte, wieder zu sanieren. Tieferwirkender Rißbildung an Kalken oder an Marmoren kann freilich mittels dieser Behandlung kaum mehr entgegengewirkt werden, da das Tränkungsmittel die Risse nun nicht mehr genügend verkittet, und auch dem Eindringen des Wassers, insbesondere auch des schwefelsauren Regens, nicht ausreichend zu wehren ist. Schollenbildung der gefestigten Oberfläche ist dann die Folge. Kieselsäureester sind deshalb nur zur Behandlung geringerer Steinschäden geeignet, beispielsweise von gelockerten Sandsteinen; eine anschließende Hydrophobierung des Steins, um das Eindringen von Wasser zu verhindern, ist unbedingt erforderlich.

Als dem steinernen Werkstoff gemäßes Festigungsmittel dürfte der Verwendung von Minerallösungen wie Kieselsäureester (oder gelegentlich auch Kalkwasser) dennoch zunächst der Vorzug zu geben sein, in Anbetracht des immer noch etwas unberechenbaren Verhaltens der Kunstharze, und weil Mineralbildungen das natürliche Gefüge noch am ehesten zu simulieren vermögen. Die Erfahrungen mit dem Langzeitverhalten der Kunststoffe an Steinen waren nämlich mitunter überraschend schlecht[209], weshalb so manches Material, einstmals überschwenglich gepriesen, längst wieder sang- und klanglos aus den Ateliers verschwunden ist.

Wo indessen jene auf Kalk- oder Kieselsäurebasis arbeitenden Festigungsmittel zu versagen pflegen, da wird – angesichts fehlender Alternativen – auf *harzige Tränkungsmittel* nicht mehr zu verzichten sein; bei den splittrigen, rissigen Kalken und Marmoren beispielsweise, d.h. immer dort, wo die Klebkraft auch des Kieselsäureesters nicht mehr ausreicht. Hier sind es dann vornehmlich die Acrylharze, die nun der Festigung dienstbar gemacht werden, wobei sich für Plexiglas immerhin schon eine recht gute Haltbarkeit (von über 50 Jahren), und zwar unter normalen Witterungsbedingungen, nachweisen läßt. Langzeittests, die freilich den Zeitfaktor nie gänzlich zu simulieren vermögen, lassen überdies auf eine Jahrhunderte währende Dauer solcher Materialien – also für die absehbare Periode unseres Denkmalkultus – hoffen, sofern den Prognosen optimistischer Chemiker Glauben zu schenken ist. Bei derartigen Tränkungen wird dann zwischen lokalen Behandlungen einzelner Partien, der Imprägnation erkrankter Oberflächen und schließlich auch der tiefenwirksamen Volltränkung zu unterscheiden sein. Denn ob Sandstein oder zuckerkörniger Marmor: Auf die Dauer ist den Einwirkungen des Klimas nicht zu wehren, und das Gefüge wird bis ins Innerste zerstört. Dann aber bieten sich keine Alternativen, und Volltränkung im Bad und unter Vakuum mittels solcher Acrylharze (monomeren Methylmethacrylaten) ist dann der Weisheit letzter Schluß. Beim anschließenden Härtungsvorgang ist freilich stets auch eine Schrumpfung des Festigungsmittels in Kauf zu nehmen, weshalb der Tränkungsflüssigkeit noch sogenannte Haftvermittler zuzusetzen sind, deren Aufgabe es ist, für einen festen Kontakt zwischen Korngefüge und Bindemittel zu sorgen. Auch ist zu bedenken, daß Imprägnationen, sofern sie nicht gleichmäßig erfolgen (was die Volltränkung immer noch am besten gewährleistet), zu lokalen Spannungen, insbesondere bei Erwärmung, zu führen pflegen. Bestimmte Festigungsmittel wie z. B. die Epoxidharze reagieren überdies auf Wassereinwirkung. Das derzeit günstigste Tränkungsmittel dürfte deshalb in der Tat wohl das Acrylharz sein. Freilich bewirken Imprägnationen immer auch eine Verfärbung des Steins, so dunkeln z. B. Sandsteine mit zunehmender Bindemittelzufuhr, wie auch umgekehrt auf dunklen Steinen, bei zu satter Kieselsäurebehandlung, weißliche Verflekkungen nicht selten sind – nicht nur auf dem roten Sandstein, sondern vielmehr selbst noch auf solcherart gefestigtem, bröckelndem Beton. Denn in der Technik wird nichts geschenkt, weshalb Vorteile meist mit Nachteilen erkauft werden müssen. Indessen ist zugleich auch zu bedenken, daß viele Steine zunächst dunkler waren und erst durch die Bindemittelauslaugung nach und nach heller geworden sind.

Steinfestigung dient also in erster Linie extrem bewitterten *Außenskulpturen,* den vom Schlagregen, von Frösten und Industrieluft zerfressenen Sandsteinen, den zersplitternden griechischen Marmoren, ja selbst den in Trockenklimata gefährdeten Kalken und Graniten Ägyptens.

Werden gefährdete Stücke – wie jetzt endlich die Koren des Erechtheions – statt dessen beizeiten den Einwirkungen der Witterung entzogen, durch Kopien ersetzt[210] und in Innenräume verbracht, so ist eine Imprägnierung nur noch in Ausnahmefällen notwendig. Dies gilt z. B. für Sandsteinfiguren, deren Epidermis sich in Sand aufzulösen beginnt und selbst noch im Museum dem Abrieb ausgesetzt ist. Freilich stellen sich damit zugleich auch gänzlich neue Probleme, die nun plötzlich primär ästhetischer Natur sind, sichtbar etwa an den mit Rußkrusten bahnenweise überwitterten Marmorskulpturen der Akropolis, deren schwärzliche Rieselpatinen auch das letzte entstellen, was an plastischer Substanz noch übriggeblieben ist. In Anbetracht der Zufälligkeit solcher Patinen dürfte auch der Entschluß zu einer wenn auch wohlabwägenden Reduktion erleichtert werden.

Blicken wir deshalb wieder auf die technischen Möglichkeiten: Hier haben sich *lösende Pasten* vielfach bewährt[211], bei deren Anwendung freilich stets auch auf Polychromiereste zu achten ist. Auszuschließen ist die Behandlung mit schärferen Chemikalien, ganz zu schweigen von scharfen, ätzenden Mitteln wie *Flußsäure,* welche die Oberflächenskulptur zerstören und den Stein überdies noch verfärben, wie in einem bedeutenden Museum gesehen.

Freilich stehen solche Behandlungen bereits in einer langen Tradition, zumal antike Marmorskulpturen seit dem Klassizismus, ja vermutlich schon seit der Renaissance, sehr häufig mit Säuren behandelt wurden. Daß dabei eine dem Biskuitporzellan ähnliche, rauhe Oberfläche auf Kosten des zarten Schmelzes der Lichter und Schatten zustandekommen mußte, dürfte auf der Hand liegen. Schlimmer noch – es mußte auch die plastische Substanz an ursprünglicher Akzentuierung und Schärfe der Zeichnung zugunsten eines malerisch verfremdenden Elements verlieren. Ein typisches Beispiel solcher Stilverfremdung ist das 1845 aufgefundene »Mädchen von Chios«, dessen ohnehin weichfließende Linienführung durch Säureeinwirkung nun – über die latent malerische Grundstimmung hinaus – ins Hochmalerische verfremdet wurde.

Säurebehandlung bot sich überdies auch zur Patinierung von Fälschungen und Ergänzungen an: »Man ergänzt bloße Rümpfe mit seltenen und ungewöhnlichen Attributen; um die Ergänzung zu verbergen, läßt man die angesetzten Stücke anlaufen, braun werden, mit Firniß überziehen, wenn es Bronze ist, oder mit Scheidewasser den Marmor ätzen, daß man alles für alt ansieht.«[212] Anschließend wurde die solchermaßen korrodierte Oberfläche noch durch farbliche Mittel weiterpatiniert, indem man den Marmor färbelte, mit einer Farbe »of the finest antiquity«[213].

Überaus störend macht sich immer wieder auch *Grünalgen-* und *Pilzbefall* bemerkbar: Hier erfolgt eine schonende chemische Behandlung, beispielsweise mittels Formalinlösung und Nachwässern oder auch mit Wasserstoffsuperoxid (25%ig), dem etwas Ammoniak zugesetzt wird. Ein gründliches Nachspülen ist dabei unerläßlich!

Im allgemeinen gilt für Steinpatinen: Je feiner der Stein, desto differenzierter haben allfällige Behandlungen zu erfolgen, von Carrara- oder Parosmarmor beispielsweise, wo die Epidermis in ihrem zarten, lichtdurchlässigen Schmelz sich jener von Alabaster- oder Steatitskulpturen zu nähern vermag. Freilich nahmen sehr dichte, fein polierte Steine mit der Zeit zugleich auch eine vom Künstler meist unerwünschte fettig glänzende Oberfläche an, wobei der Stein sich etwas ins Graubräunliche verfärbt, weshalb schon Bernini bemerkte, daß der Marmor für das Porträt nichts tauge: »Marmor . . . nimmt neun oder zehn Jahre nachdem er bearbeitet ist, eine gewisse Süßigkeit an und wird schließlich fleischfarbig.«[214] Wenn nun derartige Patinen gleichmäßig ausgebildet sind, so sollten sich Eingriffe erübrigen. Indessen pflegen sich starke Fleckwirkungen eben doch außerordentlich störend bemerkbar zu machen. In solchen Fällen – und nur in eben diesen – sollte zunächst allein mit Seifenwasser, z. B. mit Venezianer Seife, gewaschen werden, alsdann ist eine vorsichtig mechanische Nachbehandlung lokaler Fleckpatinen möglich. Schärfere Mittel zur Behandlung von Fettresten sind *organische Lösungsmittel* und *Lösepasten* und je nach Fall auch einmal Salmiakgeist, der als einziges Alkali nach dem Verdunsten reines Wasser hinterläßt. Bewährt haben sich im weiteren Pasten aus Bleicherde und Benzin oder Trichloräthan, Trichloräthylen etc., und bei Verfleckungen mit Mineralöl oder bitumenähnlichen Stoffen auch Lösungsmittelgemische aus gleichen Teilchen Toluol, Brennspiritus und konzentriertem Ammoniakwasser, ferner scharfe Lösungsmittel wie Butylamin, Pyridin und Dimethylformamid etc., die freilich alle sehr giftig sind!

Indessen ist immer wieder festzuhalten, daß diese Maßnahmen an einem vom Künstler nicht vorhergesehenen Alterungsbestand bei ungleichmäßiger Anwendung nur zu fleckförmigen Veränderungen der Qualitäten der Oberfläche, insbesondere aber der zarten Lichter, zu führen pflegen, die Auguste Rodin einmal im Zusammenhang mit einer Büste Jean Antoine Houdons folgendermaßen charakterisiert hat: »Dieser Bildhauer hat besser als irgendein Maler oder Pastellist den schimmernden Glanz der Iris wiedergeben können. Die Augen hat er mit höchster Kunst gestaltet; er hat geistreiche, ganz kleine Erhöhungen angebracht, die je nachdem sie beleuchtet sind, den Widerschein des Tageslichts in der Pupille vollendet vortäuschen.«[215]

Mitunter kommt es auch zur Ausbildung tieferwirkender Fleckpatinen, beispielsweise wenn weißer Marmor, zusammen mit Eisen (wie häufig bei *archäologischen Objekten*) längerer Feuchtigkeitseinwirkung ausgesetzt war. Ähnliches bewirkt auch Kupfer in Reaktion mit Alabaster, wobei es dann, wie beim Elfenbein, zu leuchtend grünen Verfärbungen kommen kann. Hier hat schließlich eine Mineralisierung in der Tiefe der Epidermis stattgefunden, die kaum mehr rückgängig zu machen ist. Versuchsweise können Pasten aus Bleicherde und 5%iger Komplexonlösung angewandt werden, wobei freilich zu beachten ist, daß zugleich auch eine Korrosion auf polierten Marmoroberflächen erfolgen kann.

Wie wir bereits im Zusammenhang mit dem »Mädchen von Chios« gesehen haben, sind *bodengelagerte Steine* wie Keramiken häufig mit Sinterkrusten überzogen, die einerseits ein wesentliches Mittel zur Alterungs- und Echtheitsbestimmung sein können, andererseits aber eine erhebliche Verunklärung der plastischen Substanz bedingen, wie wir das von zahlreichen antiken Skulpturen kennen. Die Abnahme solcher Krusten erfolgt dann bei Kalken nicht kurzerhand, wie früher häufig geübt, mittels Säuren, sondern vielmehr am sichersten auf mechanischem Wege – durch vorsichtiges lokales Abmessern, wobei silikatisierte Sinter freilich außerordentlich hartnäckig sein können. Echtheitsbeläge sollten dabei stets nur an untergeordneten Partien belassen werden. Zugleich ist wiederum auf Polychromiereste zu achten, die vielfach durch Sinter verdeckt wurden, wie dies eine Freilegungsprobe an einem Relief vom Siphnier-Schatzhaus in Delphi demonstriert (Abb. 67).

Bodengelagerter Alabaster bildet durch Strukturumwandlung feinste Gips- und Kalkspatkristalle aus, die dem Ganzen ein pulvriges, pastelliges Aussehen verleihen können. Die gleiche Erscheinung tritt auch an feuchtgelagerten Alabastergegenständen auf, z. B. an Sarkophagen. Hier empfiehlt sich dann eine konservierende Wachs- oder Paraffin-/Wachsbehandlung, welche den materialeigenen Glanz nicht beeinträchtigt. Es muß aber immer wieder betont werden, daß es bei all diesen Maßnahmen an Langzeiterfahrung noch gebricht.

Auch härtere Materialien, wie bodengelagerte Marmore, sind noch derartigen Umsetzungsprozessen ausgesetzt. So verliert bewitterter polierter Marmor in der ersten Korrosionsstufe zunächst einmal seinen Glanz. Kohlensäureeinwirkung führt überdies zur Lösung von Calciumkarbonat, das sich an geschützten Stellen als Sinter (Gips) wieder niederzuschlagen vermag; dabei können Rußpartikel beim Aufbau jener bereits beschriebenen schwärzlichen Krusten mit beteiligt sein. Eisenhaltige Verbindungen verleihen der Oberfläche überdies eine gelbliche Tönung.

Werfen wir schließlich noch einen Blick auf das Erscheinungsbild von Steinpatinen im Ultraviolettreflexlicht, so fluoresziert die durch oberflächliche Verwitterung entstandene Alterspatina des Marmors meist gesprenkelt-weißlich bis grünlichweiß, wogegen der Marmor an frischen unverwitterten Bruchstellen eine violette bis purpurne Farbe zeigt.

Die Patina organischer Materialien

»Das weiße Elfenbein ist trockner als das olivfarbige; daher legen die Künstler letzteres an einen heißen Ort, um es weiß zu machen, ehe sie die Arbeit liefern, wozu sie es gebraucht haben, indem das Elfenbein je weißer je schöner ist. Es braucht aber desto mehr Zeit, gelb zu werden, je olivenfarbiger es ist, indem nach Abgang dieser Farbe die weiße sich einfindet, ehe die gelbe zum Vorschein kommt.«

Krünitz-Enzyklopädie 1788

Elfenbein

Es kann keinem Zweifel unterliegen: Von den verschiedenen Elfenbeinsorten wurde die weiße am meisten geschätzt, weshalb den gelblichen mehr oder minder wohl immer durch allerlei Bleichmethoden nachgeholfen wurde, was in vielen Fällen auch mit vergilbten Elfenbeinarbeiten geschah[216]. Die Gegner der Patina finden hier somit eine ernstzunehmende Bestätigung: was Wunder also, wenn Elfenbein mitunter selbst in heutigen Museumswerkstätten noch gebleicht wird!

Reinweißes Elfenbein lag natürlich zunächst im Interesse eines blütenreinen Klassizismus, wie das die Krünitz-Enzyklopädie und etwa gleichzeitig auch Roubo[217] belegen. Ähnliches mag auch für das Rokoko gegolten haben, zumal wiederum Roubo, noch ganz in der Tradition des Louis-quinze, bestätigt, daß die Struktur beim grauen Elfenbein weniger sichtbar wäre, und daß diese Farbe mit der Zeit verschwände, so daß es »sehr schön weiß« würde und nicht vergilbe.

»Zum Weißmachen«, so heißt es auch in der »Warenkunde« von C. H. Buse, 1806, »haben die Künstler verschiedene Mittel, die sie geheim zu halten pflegen. Auch das gewässerte Elfenbein nimmt mit der Zeit an der freien Luft wieder eine gelbliche Farbe an, die endlich, wenn die Verwitterung näher kommt, rötlich zu werden pflegt. Daher werden die feinsten Kunstwerke aus Elfenbein in dicht verkütteten Gläsern aufbewahrt, und nicht so verwahrte aufs neue gebleicht.« Was aber für Klassizismus, Rokoko und Empire zutraf, das dürfte wohl in gleicher Weise für das 17. Jahrhundert gegolten haben, weil dessen Bevorzugung von Elfenbein-Ebenholzkombinationen zugleich auch scharfe Schwarz-Weiß-Kontraste vermuten läßt. Ebenso werden auch wesentlich weniger antiquarisch-malerisch eingestimmte Epochen das Elfenbein gebleicht haben, insbesondere aber das hohe Mittelalter, weil Elfenbeinarbeiten hier stets mit Rot, Blau und Gold teilpolychromiert wurden. Dies erfolgte sicherlich in Kombination mit dem weißen und nicht mit dem gelblichen Material (wie das ähnlich auch beim teilpolychromierten Carraramarmor geschah). Gebleicht wurde somit wohl immer.

Als einfachste Methode, und seit altersher üblich, diente dazu die Sonnenbleichung, die selbst noch in der späten Enzyklopädie von Prechtl (1834) empfohlen wird. Bei stärkerer Gilbung sollten die Gegenstände indessen mit Bimsstein und Wasser behandelt und dann der Sonne ausgesetzt werden, was wohl neben dem Abschleifen der Epidermis eine der Wasserstoffsuperoxidbleichung ähnliche Wirkung hatte. Kleine Stücke wurden auch durch Erhitzung gebleicht, doch sollte diese Methode bei größeren Stücken wegen möglicher Rißbildung vermieden werden. Im 19. Jahrhundert wurde überdies auch eine Behandlung mittels schwefelsaurer Dämpfe üblich, wie sie noch in der »Verarbeitung des Hornes« von Andés 1911 erwähnt wird. Dieser Autor beschreibt darüber hinaus radikalere Methoden, wie das Einlegen in schwefelsaure Bäder, in ungelöschten Kalk, Chlorkalk und Wasserstoffsuperoxid, was indessen zu irreparablen Schäden an der ohnehin altersreduzierten Substanz geführt haben muß.

Auch an Möbeln wurden Elfenbeineinlagen häufig durch Nachbearbeitung, insbesondere durch Zurückschleifen, ihrer natürlich patinierten Oberfläche beraubt. Sie büßten dadurch nicht nur ihre plastische Patina, sondern vielfach auch alle farbig eingefärbten Gravuren mit ein. Zugleich erhielten sie nicht selten ihre kräftig weiße Farbe zurück, was nun inmitten altersgebräunter Oberflächen zu harten Hell-Dunkel-Kontrasten führen mußte, die in dieser Weise nie von den Ebenisten beabsichtigt waren. Gemildert wurden solche Effekte freilich wieder durch die üblichen gelben Schellackpolituren, die das Ganze mit einem »Galerieton« patinierten.

Archäologisches Elfenbein pflegt im Zusammenwirken mit Metallen, je nach Einwirkungsdauer, tiefer verfärbte Metallpatinen auszubilden; so sind z. B. die Schliemannschen Funde aus dem Gräberfund von Mykene in Reaktion mit Bronzen leuchtend grün durchbeizt, zahlreiches archaisches Elfenbein in Delphi nicht minder. Eisen bewirkt demgegenüber die üblichen (und ebenso irreversiblen) Verbräunungen.

Bernstein

Das Material ist bekanntlich ein fossiles Harz, das durch Belichtung und Einwirkungen der Atmosphäre patiniert. Starke Belichtung führt nicht nur zu kräftiger Dunkelung, wobei weißgelbe Steine in Jahrhunderten verbräunten, sondern vielmehr auch zur Bildung von Krakelees bis in eine Tiefe von etwa einem Millimeter. Es entstehen (wie bei kranken Gläsern) im Durchlicht netzartige Sprünge – unter Umständen das Licht stark reflektierende Effekte –, die z. B. typisch für barocke Bernsteinarbeiten sind (Abb. 70). Im weiteren Verfallsstadium kommt es zu borkenartigen Ausbildungen und dann zur Schuppenbildung in Tiefen von ein bis zwei Millimetern und schließlich zum Verlust dieser Zone. An jüngeren Stücken, beispielsweise des 19. Jahrhunderts, sind diese Krakeleepatinen dagegen verständlicherweise schwächer ausgebildet und wohl nur dort zu beobachten, wo die Steine einmal starker Belichtung und Erwärmung ausgesetzt waren. Doch kann der Vorgang der Krakeleebildung bis hin zur Entstehung krustiger Oberflächen im direkten Sonnenlicht derartig beschleunigt werden, daß er bereits nach zehn bis zwanzig Jahren deutlich sichtbare Folgen hat. Bernsteinharz bewirkt überdies dem Gemälde ähnliche Alterungsvorgänge: Alte geschliffene Steine fluoreszieren deshalb auch bei Bestrahlung mit der Quarzlampe, wie wir das auch von alten Harzfirnissen kennen.

Ist schon der *Gilbungseffekt* von Bernstein wie bei allen Harzen beträchtlich, so nimmt auch die Empfindlichkeit alter Steine mit dem Helligkeitsgrad des Materials zu, wobei die knochigen, weißlichen Stücke gegenüber Lösungsmitteln sehr viel empfindlicher reagieren als die transparenten dunkelroten Stücke. Dies ist von Bedeutung bei der Entfernung alter Lackierungen, die sich leider sehr häufig auf Bernsteinarbeiten finden. Da Lackierungen vielfach härter als der Stein auftrockneten, ist deren Abnahme oftmals mit Schwierigkeiten verbunden. Doch können alte Lackierungen derartig verbräunt und vergraut sein, daß der Stein dadurch jeden Reiz verliert und die Entfernung solcher Patinen nunmehr zu einem dringenden Desideratum wird. Die chemische Ablösung sollte dabei stets nur unter dem Mikroskop erfolgen, da allein auf diese Weise frühzeitig eine Beeinträchtigung des Steins festgestellt werden kann. Besser bewährt hat sich deshalb ein vorsichtiges Nachpolieren schliffreduzierter Lackreste, also eigentlich ein Schleifen mit kleinen weichen Bürsten unter dem Mikroskop; Seifenlösungen mit neutraler Seife sind dann geeignete Reinigungsmittel, die den Poliervorgang unterstützen, wobei Seifenmaterial freilich in den Sprüngen verbleibt! Die Lacke werden auf diese Weise mehr oder minder nur aufpoliert, der tote Lack aber nicht total heruntergeschliffen. Lackierte Steine erhalten dadurch wieder Transparenz und einen schwachen Glanz. Der Nachteil dieser Poliermethode liegt aber in der Gefährdung feinster plastischer Details, die allzuleicht verschliffen werden können.

Tränkungen mit Bernsteinöl, dem Destillat des Steins, bewirken eine Tiefenimprägnierung durch die Krakelees, wobei diese optisch etwas geschlossen werden; der Stein wird dadurch transparenter und etwas dunkler, Bernsteinöl ist freilich ein Derivat des Steins, kein »flüssiger Bernstein«. Es hat nur geringe Quellwirkung und verklebt vielmehr durch schwer flüchtige Anteile die Krakelees, was kurzfristig einen konservierenden Effekt bewirkt, längerfristig jedoch in seinen Auswirkungen noch nicht erforscht ist. – Weiteres zur restauratorischen Problematik des Bernsteins wird im Möbelkapitel (S. 189f.) erörtert.

Textilien

Wie die Beizen der Ebenisten, so waren auch die in der Textilfärberei gebräuchlichen Färbematerialien nur von mäßiger Beständigkeit. Sie verblichen im Licht, wobei dieser Prozeß mit der Zeit in eine Phase der Stabilisierung einmündet. Dennoch sollten alte Textilien keiner intensiven Belichtung ausgesetzt werden, und Lichtstärken von 50 Lux werden (wie beim Papier) als die obere Grenze für eine Präsentation angesehen.

Die verblassenden Eigenschaften der Textilfarbstoffe waren im übrigen schon früh bekannt, weshalb man kostbare Tapisserien vielfach – in Analogie zu den hinter lichtschützenden Vorhängen gehaltenen altniederländischen Gemälden – sorgfältig in Truhen verwahrte und keineswegs immer und überall einer Dauerbelichtung aussetzte. Insbesondere die gelben Farbstoffe, einschließlich des kostbaren Safrans, verblaßten, und mit ihnen auch die häufig mittels Pflanzenfarbstoffen überfärbten Orangetöne, also die gesamte warmfarbige Palette von Gelb über Orange, bis hin zu den rosigen Inkarnatfarben; nur die auch in der Malerei und in der Ebenisterie einigermaßen bewährten Karmin- und Krapprotfarbstoffe vermochten mitunter ihre Intensität zu bewahren. Wiederum erwiesen sich auch die braunen und schwarzen Töne, wie beim Möbel, von guter Beständigkeit, und wesentlich besser auch (weil ohne schwefelsaure Rückstände) das tiefe Blau des Indigos. Fast vollständig verloren gingen indessen immer die Grüntöne aus Indigo und Gelb verschiedener Herkunft, weshalb sich die grüngebeizten Partien durch Ausbleichen des Gelbs vielfach ins Blaue verschoben haben, wie wir das ja schon an zahlreichen Gemälden beobachtet haben. Lediglich kupfergrüne Färbungen vermochten unter günstigen Bedingungen ihren Farbton zu bewahren, doch konnten hier – wie beim Gemälde und beim Möbel – Oxidation und Sulfidierung ihrerseits zersetzend wirken, wie auch die ätzenden Eigenschaften des Färbematerials nicht ohne Folgen für die Faser blieben. Dieser Umstand erklärt denn auch die häufige Verwendung organischer Mischfarbstoffe auf der Basis von Indigo und Gelb anstelle von Kupfergrün, wie wir das ähnlich beim Gemälde kennengelernt haben.

Stärkeren Veränderungen, insbesondere durch Verblassen, waren in neuerer Zeit auch die Anilinfarben unterworfen, die seit etwa 1865 bei Orientteppichen Verwendung fanden[218]. Der Verwandlungsprozeß, insbesondere bei den türkischen Teppichen und Kelims, bewirkte hier zugleich auch einen Wandel in ihrer Bewertung; denn solche Stücke waren zunächst – ein kurzer Blick auf die Rückseiten offenbart es – sichtlich von schreiender Buntfarbigkeit, von Rosa- und Violetttönen, in Kombination mit kräftigem Dottergelb, Rot und Blau, die sich erst altersbedingt von dieser »ethnologischen« Palette in jene müden Grau- und Braunnuancierungen verwandelten, die den heutigen Sammler so faszinieren (vgl. auch Abb. 51).

Ja, selbst die Manufakturen stellten sich auf diese sammlerische Ästhetik ein, indem sie nun, je nach Absatzmärkten, zu gedämpften Tönen übergingen. (So z. B. bevorzugt das Publikum in den USA bereits seit Jahrzehnten helle Pastelltöne, wogegen im gehobenen, wohldistinguierten britischen Bürgertum – der Neigung zum Understatement gemäß – ein dezentes Bleichkolorit geschätzt wird.)

Selbst künstliche Patinierung war deshalb gang und gäbe. In diesem Sinne wurde schon 1907 in London eine große Wäscherei gegründet, deren Verfahren es gestattete, neuen Teppichen ein älteres Aussehen zu verleihen[219], wie auch heute noch das Waschen in Chlorwasser, das Abbrennen mit der Lötlampe etc. allerorten üblich ist. Auch imitierten die Manufakturen die Merkmale alter handgefärbter Garne, indem sie zonenweise »fehlfarbene« Partien einknüpfen ließen, die dann den Effekten unterschiedlich auseinandergealterter Naturfarben nahekommen sollten.

Starken farblichen Veränderungen unterworfen waren immer wieder auch die pflanzlichen Farben von Gobelins, deren dezent patinierte Grauwerte heute vielfach noch mit kräftigen Blautönen durchsetzt sind, bei ebenso unvermittelt eingesprengtem und nicht minder intensiv erhaltenem Karminrot. Nur eine Gegenüberstellung mit noch bewahrten farbigen Entwürfen, wie z. B. im Brüsseler Rathaus, vermag hier das Ausmaß farblicher Verluste zu verdeutlichen. Auffallend ist dabei zunächst einmal die Dominanz unbeeinträchtigter Blautöne in der Vegetation der Vorder- und Hintergründe, die heute altersbedingt farblich derartig zusammengefallen sind, daß sie nur noch durch unterschiedliche Helligkeitsgrade differenziert werden. Hinzu kommen in Vordergründen und auch in Figuren bräunliche, graue und silbrig-schwärzliche Töne, wogegen sich das Gelb allenfalls noch in Anflügen erhalten hat, wie zugleich auch alle Inkarnate einem mehr oder minder trüben Grau gewichen sind. Nur Rot und Weiß platzen wieder unvermittelt heraus, was sich im allgemeinen bei gewaschenen Exemplaren noch verstärkt bemerkbar macht.

Allein bei Stücken, die vermutlich einer geringeren Belichtung unterworfen waren, findet sich noch in Spuren etwas Grün im Pflanzenwerk, doch stets durchsetzt mit dem üblichen, immer noch relativ intensiven Indigoblau in den Schatten.

Gegenüber derartigen, in erster Linie durch das Verblassen der warmen Farben verursachten partiellen Veränderungen ergaben sich zusätzliche Verfärbungen durch die Alterung der Textilfaser, wobei es beim Stoffdruck und bei archäologischem Material bis zur kaffeefarbenen Verbräunung kommen konnte. Schäden an der Faser wurden überdies wie beim Papier durch ätzende Farbstoffe bewirkt (Eisengallus).

Die Ähnlichkeit zur Problematik des Leders und insbesondere des Möbels ist somit nicht zu übersehen, nicht nur in den Erscheinungen der Alterung, als vielmehr auch zu den daraus resultierenden Eingriffen der Restauratoren: Textilien werden nach verbreiteter Auffassung nicht nur konserviert, sondern vielmehr häufig wie Möbel restauriert. Zur Konservierung, sofern überhaupt noch durchführbar, bedarf es vielfach einer Reinigung, sorgsamer Waschung also, die – wie wir bereits gesehen haben – auch altersbedingte koloristische Dissonanzen steigern muß; danach ist vorsichtige Trocknung wie auch eventuelle Fixierung auf stabilisierenden Geweben nötig, was indessen nicht durch Applikationen mit Hilfe von Klebstoffen, als vielmehr durch Heftung mittels vorsichtig angebrachter Nähte geschehen sollte.

Komplettierung freilich bedeutet immer zugleich auch Wiederherstellung, Renovation also, mittels eingezogener Fäden, und somit »Totalretusche«; damit ist es aber um die leichte Reversibilität – und diese ist nun einmal das oberste Gesetz zumindest beim Gemälde, doch schon längst nicht mehr beim Möbel – schlecht bestellt. Die vornehmste konservatorische Behandlung alter Textilien stellt darum deren »archäologische« Präsentation, d. h. Fixierung auf neutral eingefärbten Stützgeweben und unter weitgehendem Verzicht auf »Retusche«, dar. Denn wie beim Möbel und beim Musikinstrument, ja im gesamten Bereich des Kunstgewerbes überhaupt, gerät die Restaurierung von Textilien allzuleicht zur unfreiwilligen »Renovation« und somit in die Sphäre der farblich, zeichnerisch wie auch stofflich zurechtmachenden Interpretation. Um so wichtiger ist denn auch immer die seriöse Dokumentation aller Vorgänge, vom Befund über die Konservierung bis hin zu solchen »Retuschen«.

Papier

Die vergilbenden Eigenschaften der Papiere sind hinlänglich bekannt. Durch Belichtung und Oxidation kommt es zum Zerfall der Faser und der Bindemittel, wobei modernes holzschliffhaltiges[220] und mit Kunstharzleimen gebundenes Material aufgrund seines Säuregehalts wesentlich schneller zersetzt wird als die alten mit Proteinen gebundenen Hadernpapiere. Wie für Textilien empfiehlt sich deshalb für Papiere ein Lichtschutz für alle Wellenbereiche. Die museale Präsentation erfolgt wiederum mit einer maximalen Belichtungsmenge von 50 Lux, was einer Kellerbeleuchtung entspricht.

So schicksalsgegeben das Verbräunen der Papiere hingenommen wurde, so üblich war auch deren Bleichen. In diesem Sinne schildert schon Goethe rückblikkend die in seiner Jugend (ca. 1755) völlig selbstverständliche *Bleichung* vergilbter graphischer Blätter: »Genug, in diesem Gefühl seiner bisherigen Verschwendung wollte mein Vater jene Kupferstiche so viel wie möglich wieder hergestellt wissen. Daß dieses durch Bleichen möglich sei, war bekannt; und diese bei großen Blättern immer bedenkliche Operation wurde unter ziemlich ungünstigen Lokalumständen vorgenommen. Denn die großen Bretter, worauf die angerauchten Kupfer befeuchtet und der Sonne ausgestellt wurden, standen vor Mansardenfenstern in den Dachrinnen an das Dach gelehnt und waren daher manchen Unfällen ausgesetzt. Dabei war die Hauptsache, daß das Papier niemals austrocknen durfte, sondern immer feucht gehalten werden mußte.«[221] Bemerkenswert an dieser Schilderung ist das andauernde Nässen der Papiere, wodurch eine kontinuierliche schwache Wasserstoffsuperoxidbleichung zustande kam, weshalb der Vorgang nach dem Trocknen rückstandsfrei beendet war. Es handelte sich somit um eine relativ schonende Bleichmethode, die auch in der modernen Papierrestaurierung noch genutzt wird, da sie behutsamer als die Behandlung mit Wasserstoffsuperoxid wirkt, zumal dieser stets noch produktionsbedingte Anteile von Schwefelsäure enthält. Ohne anschließende Nachleimung werden derartig behandelte Blätter dann lediglich etwas weicher und lappiger geworden sein.

Inwieweit vergilbte graphische Blätter einer Bleichung oder zumindest einer Waschung zu unterziehen sind, bei welcher wenigstens der gröbste Schmutz bzw. die stärkste Vergilbung zu entfernen wären, das wird immer Ermessenssache bleiben. Es dürfte indessen – und hier steht an erster Stelle der Betrachtung immer die ästhetische Position – einer verbreiteten Auffassung entsprechen, daß derartige Maßnahmen mit Bedacht und in Grenzen vorgenommen werden, zumal eine totale Bleichung von Papieren die historische Dimension verkennen hieße! Diese erst unlängst auf einer Restauratorentagung aufgestellte Forderung – die historische Patina nicht gänzlich zu entfernen – beleuchtet indessen zugleich auch die Problematik einer solchen letztlich immer subjektiven Entscheidung.

Daß graphische Blätter, insbesondere die feinen Kupfer- und Stahlstiche, durch Verbräunung als Folge von Dauerbelichtung, durch Fleckbildung, Wasserränder, Stockflecken und insbesondere durch bakteriellen Befall (bacterium violatum) erheblich an Leserlichkeit, Kontrast, Nuancierung und auch an Dauer einbüßen, liegt auf der Hand. Denn wer das »glühende« Schwarz von graphischen Blättern im Zustand einer Waschung, also einmal quasi wie im noch druckfrischen Zustand bewundern konnte – in welchem sich das Schwarz eines Kupferstichs wieder in voller Intensität und ohne die durch den Trocknungsvorgang bedingte Vergrauung präsentiert –, der vermag zu beurteilen, wie allein die durch Oxidation der Druckfarbe bewirkte langsame Nivellierung der Kontraste zu einem Verlust an Valeurs geführt haben muß. Treten stärkere Patina-Erscheinungen im Papier noch hinzu, so muß es zwangsläufig zu weiteren Einbußen kommen. Gemäßigte Wasch- und Bleichvorgänge sollten deshalb nicht grundsätzlich abgelehnt werden, zumal hier die Möglichkeit besteht, vom ursprünglichen Kontrastreichtum des Originals Wesentliches zurückzugewinnen. In der Regel stellt eine Bleichung überdies noch eine konservatorische, d. h. antibakterielle wie fungizide Maßnahme dar, bei welcher dann zugleich eine stabilisierende Leimung und Pufferung der Papiermasse sinnvoll sind; solcherart behandelte Blätter versprechen deshalb auch eine wesentlich höhere Lebensdauer, ohne daß bei sachgemäßer Behandlung eine Denaturierung zu befürchten wäre.

Gefahren ergeben sich freilich stets bei *Preßvorgängen* (z. B. unter Zuhilfenahme von Silikonpapier), durch welche die Papierstruktur und die Abdrücke der Plattenränder oder allfällige plastische und lokale Verformungen des Papiers, wie z. B. bei Falzbeindrucken, in Mitleidenschaft gezogen werden. (Das gleiche gilt im übrigen auch für die Blindprägung von Ledereinbänden, die nicht verpreßt werden dürfen.)

Indessen gibt es schließlich immer Ausnahmefälle,

wo anders zu verfahren sein wird: Piranesis »Vedute di Roma« beispielsweise sind in den römischen Ausgaben stets in Buchform, und damit gefaltet und rückseitig mit Klebefälzen versehen, auf dem Markt erschienen. Originale Einzelblätter weisen demzufolge vielfach noch diesen plastischen »Mittelfalt« auf, dessen Beseitigung im Zuge einer Naßpräparation eine vertretbare Maßnahme ist. (Die späteren Ausgaben verfügen über diesen Mittelfalt ohnehin nicht mehr, da sie in Loseblattform ediert wurden.)

Den Bereichen der Patinabildung zuzuordnen sind im weiteren alle *Reaktionen der Papiersubstanz mit den Farbmitteln* des Druck- und Illuminiermaterials. So bewirkt die aus einer Auflösung von Eisen in Gallapfelsäften bereitete Eisengallustine charakteristische Schäden, den sogenannten *Papierfraß,* indem nun das saure Material nach und nach die Leimanteile des Papiers zerstört und zugleich auch die Faser schädigt. Ähnliche Erscheinungen werden ferner durch Grünspan bewirkt (Basisches Kupferazetat[222], Abb. 68, 69), der schließlich selbst zum Zerbröckeln des Papiers, ja zum Herausfallen der mit diesem Farbmaterial angelegten Partien führen kann. Grünspan oxidiert und sulfidiert überdies, wodurch sich grün illuminierte Zonen vielfach in ein schmutziges Braun verfärbten.

Konservatorisch – und hier sei wieder der konservierungsästhetische Aspekt vorangestellt – wird derartig geschädigten Partien zunächst nur stabilisierend zu begegnen sein. Das geschieht beispielsweise durch partielles oder völliges Hinterlegen mit dünnem Japanpapier und Kleister, insbesondere aber, sofern noch möglich, durch Einbringen von niedrigviskoser Zellulose als Trennschicht zwischen dem Kupfergrün und der Papiersubstanz. Doch was ist schon zu unternehmen, wenn Papiere beidseitig bemalt sind und überdies durchzubrechen drohen? Versuche, solchermaßen geschädigte Blätter in Laminatfolien, z. B. aus Acrylharz, regelrecht zu versiegeln, müssen schließlich zur völligen Denaturierung des Papiers führen, zu einem irreversiblen, häßlichen Produkt des Plastikzeitalters, dem überdies wohl nicht allzu lange Lebensdauer vorauszusagen ist. So bleibt in derartigen Fällen als materialgerechte, konservatorisch am ehesten vertretbare Lösung nur die Stabilisierung mittels sorgfältig aufgesetzter und nahezu transparent auftrocknender Japankaschierungen. Oder besser noch: die Spaltung in zwei Papierhälften, nebst anschließender Zwischendublierung von zähem, richtungsfreien Japanpapier[223]. Doch sind dem Verfahren vorläufig bei illuminierten Blättern, bei fett bedrucktem Material und insbesondere auch bei tinten- und kupferfraßbefallenen Papieren Grenzen gesetzt.

Es ist hier nicht der Ort, um historische Konservierungsverfahren für Papiere darzustellen, und wir beschränken uns deshalb lediglich auf den Hinweis auf eine schon sehr alte Prophylaxe – wie sie aus einer Passage bei Horaz hervorgeht –, die sich dann sichtlich über lange Zeit bewährte: »Man könnte noch Dichtungen schaffen, die wert sind mit Zedernöl bestrichen und im Zypressenschrank aufgehoben zu werden.«[224] Derartige Behandlungen mußten freilich zugleich immer auch Dunkelungen zur Folge haben, wie wir das von Papieren her kennen, die längere Zeit, z. B. in Büchern, mit Nadelhölzern in Berührung kamen. Eichenhölzer besaßen dagegen den Nachteil eines wegen ihres Gerbstoffgehaltes die Proteine des Leims zerstörenden Effekts, und nicht zufällig wohl wurden Buchdeckel im Mittelalter fast immer aus Buchenholz gefertigt, das keinerlei Gerbstoffanteile enthielt.

Anders als beim Gemälde ist schließlich beim gedruckten Material die Problematik der Ergänzung zu sehen, denn hier ist eine Komplettierung defekter graphischer Blätter ohne subjektive interpretatorische Maßnahmen durchaus denkbar, sofern entsprechende Vorlagen in analogen Druckzuständen zur Verfügung stehen. Das Museum wird freilich von derartigen Möglichkeiten wohl kaum mehr Gebrauch machen. Der private Sammler wird das möglicherweise anders sehen, weshalb derartige komplettierende Restaurierungen durchaus üblich sind. Das gleiche gilt für das gedruckte Buch, wo die Ergänzung fehlender Textseiten heute mehrheitlich – vor allem in den Bibliotheken – abgelehnt wird.

Neutrale, d. h. ohne graphische Details in die Fehlstellen eingesetzte Papiere, auch der gleichen Struktur und Farbe, werden dagegen von Fall zu Fall zu bejahen sein, denn sie pflegen den Zustand eines defekten Blattes in keiner Weise zu vertuschen; vielmehr üben sie lediglich eine stabilisierende und optisch etwas vertuschende Wirkung aus – doch wird es immer Angelegenheit des einzelnen Sammlers bleiben, inwieweit er mit dem originalen Fragment zu leben vermag. – Im Gegensatz dazu wird man bei der Konservierung der Buchrükken und -einbände um stabilisierende und komplettierende Maßnahmen nicht herumkommen, wenn dadurch die Erhaltung des Bestandes an sich, nicht aber dessen grundlegende Erneuerung, gewährleistet ist.

Die Patina von Möbeln und hölzernen Musikinstrumenten

»Geräucherte Eiche, stumpfes Nußbaum werden mit einem stumpfen Braun oder Grün zusammengestellt, man imitiert sogar den Staub, um die Farben noch mehr abzudämpfen ... Diese Patinastimmung beherrscht man, das sei nicht bestritten, sie wird aber zu oft wiederholt ...«

INNENDEKORATION, 1909

Vom Dilemma der Renovation

Hölzer verschiedenster Art, Elfenbein, Schildpatt, Perlmutter, Textilien und Leder, naturfarben oder gebeizt, Metalle wie Gold, Bronze, Kupfer, Eisen und Zinn, ferner Glas, Porzellan und Steine: Das sind die Materialien, aus denen Möbel und auch Musikinstrumente gefertigt wurden. Hinzu kommen zahlreiche Überzüge, in Form von Grundierungen, Farbschichten, Polituren oder Lacken, sowie Harze, Wachse und Öle. Metalle wurden überdies durch Vergoldung und Versilberung oberflächlich veredelt, ferner durch Metallfärbungen mittels Chemikalien wie auch mit lackartigen Überzügen nuanciert (vgl. dazu das Kapitel über die Metallpatinen, S. 278 ff.).

Unter günstigen Umständen, wie z. B. im trockenen Wüstenklima Ägyptens, vermochten Möbel und hölzerne Musikinstrumente Jahrtausende zu überdauern. In einem gewissen Maße konservierend wirkte auch sauerstoffarme Naßlagerung in Moorböden, in mittelalterlichen Kloaken oder unter submarinen Bedingungen. Zutritt von Feuchtluft hat demgegenüber alsbaldige Fäulnis zur Folge, und Holzschädlinge beschleunigen noch den Ruin. Spezielle konservatorische Probleme stellen besonders die Naßhölzer, bei welchen gespeichertes Wasser durch Füllstoffe ersetzt werden muß, z. B. durch Polyglykole (die freilich einen wachsartigen Charakter bewirken).

Die Bekämpfung schädlingsbefallener Hölzer erfolgt durch Tränkung oder Injektion handelsüblicher Holzschutzmittel. Stark befallene Hölzer bedürfen überdies einer Imprägnierung mit verfestigenden Lösungen, wie sie die Industrie anbietet. Bei starkem Befall wird damit freilich die ursprüngliche Stabilität keineswegs mehr erreicht. Der möglichst unsichtbare Einbau stabilisierender Hölzer ist deshalb fallweise zu erwägen, ja bei stark beanspruchten Teilen, wie z. B. den Beinen eines

Flügels, nicht mehr zu vermeiden. In Fällen extremer Belastung, bei Klavierböden beispielsweise, haben sich auch Tränkungen mit dünnflüssigen Epoxidharzen bewährt, die freilich das Klangbild beeinträchtigen; auch fehlen wiederum Langzeiterfahrungen.

Technologisch sind Möbel und hölzerne Musikinstrumente häufig komplexe Gebilde, die vielfältiger Abnutzung unterworfen waren: Sie verblichen im Licht, verfärbten, wurden abgegriffen, zerkratzt oder brachen gar, und wurden demzufolge immer wieder renoviert, wobei die Frage nach der Ursprünglichkeit ihrer Oberflächen gar nicht erst zur Diskussion stand. Schleichend wurden sie deshalb von Generation zu Generation verfremdet und mehr und mehr aus ihrem originalen Rahmen verdriftet, ja schließlich zum Versatzstück von Historie und damit zum Sammlungsobjekt und musealen Exponat umgedeutet. Diesem Vorgang entsprach am neueren Kunstmarkt, aus nicht minder unreflektiertem Glauben an die Wiederherstellbarkeit des Kunstwerks, das Zurechtfrisieren zum hochglanzpolierten Statussymbol, zum Demonstrationsobjekt pekuniärer wie staatlicher Macht: etwa als ormoulubepflastertes Prestigesymbol von Botschaftsgebäuden (Ormoulu = vergoldete Bronze). Überdies mischten sich in die Freude am Schönen – an »Fülle, Ornament und tüchtig umgebender Phantasie« – immer wieder auch Träume von glanzvolleren Zeiten in exklusiver Nobilität, worüber das Möbel – insbesondere aber das französisch-absolutistische – nun zum Fluchtmedium einer voyeurhaften Sammlergesellschaft geriet: Das Sammeln ist denn auch »die vertrackteste Art abzureisen« (Bloch).

Möbel und auch Musikinstrumente erfuhren deshalb seit dem Historismus eine gänzlich neue Bewertung, weshalb sie nun zum Gegenstand intensiver Forschung und Restaurierung wurden. Neu war dabei die Frage nach ihrer Originalität, nach ihrer Technologie (der Komposition ihrer Lacke beispielsweise), nach der Ursprünglichkeit von Farben und Oberflächen, wie man im übrigen nun auch Überlegungen zur Konservierungsethik und -ästhetik anstellte. Zugleich wurden Möbel und Musikinstrumente bis in unsere Tage unbekümmert weiter frisiert, man erinnere sich nur der Stradivari-Geigen, deren Kostbarkeit man sich zwar schon früh bewußt war, und die dennoch seit Beginn des 19. Jahrhunderts – also zu Zeiten, da man die Zeugen vaterländischer Vorzeit zu sammeln begann – rigoros und ohne des musealen Gedankens Blässe durch Umbau den veränderten klanglichen Bedingungen vergrößerter Konzertsäle angepaßt wurden. Daß dabei dem Gesichtspunkt der Originalität der Lacke und Oberflächen hinsichtlich Farbtönung, Glanz und Elastizität ebensowenig Rechnung getragen wurde wie der originalen Konstruktion der hölzernen Klangkörper, das liegt auf der Hand; und eine sammlerische Ästhetik – als Vorform einer museal-konservatorischen – dürfte demzufolge für das Musikinstrument erst nach und nach und mit dem aufkommenden Geigenmystizismus entwickelt worden sein. Immerhin war man sich zu dieser Zeit über den engen Kreis der Geigenbauer hinaus der relativen Abhängigkeit des Klangbilds von der Komposition der Lacke bewußt geworden, was nun auch das Interesse an der Erhaltung originaler Oberflächen weckte. Zugleich wurde wiederum selbst noch in großen Sammlungen und bis auf den heutigen Tag der Forderung nach Spielbarmachung von Instrumenten entsprochen, indem nun – wie beim Möbel, bei alten Uhren und Waffen – der Aspekt der Benutzbarkeit und nicht jener der Dokumentation möglichst originaler unverfälschter Zustände im Vordergrund stand. Auch ermangelte es noch einer systematischen Quellenforschung für historische Rezepturen und Herstellungstechniken, zumal dieses Wissen ja einstmals ängstlich als Arcanum gehütet worden war.

Günstiger lagen die Dinge schon deshalb beim Möbel, weil sich hier zahlreiche Quellenschriften erhalten haben, aus denen insbesondere die Entwicklung der Polituren und ihrer Techniken in großen Linien rekonstruiert werden kann, wenngleich auch von den Arcana der Ebenisten kaum einmal etwas über den engen Rahmen der Werkstätten hinausgedrungen ist. Wer hier zu neuen Einsichten gelangen will, der wird das Verständnis für die Konstruktion von Möbeln und Instrumenten mit jenem der Zusammensetzung von Beizen und Lakken verbinden müssen, so wie sich zur subtilen Kenntnis des Schreiners, Instrumentenmachers und Historikers noch die Analytik des Naturwissenschaftlers zu gesellen hat. Der Restaurator aber wird im Handwerk nur *eine* Seite seines komplexen Unterfangens, wenn auch eine sehr anspruchsvolle, zu verstehen haben. Zukünftige Möbelrestaurierung wird also ganz wesentlich eine wissenschaftlich-kritische und ganz bestimmt nicht eine ausschließlich handwerkliche sein, zumal der riesige Schadenssaldo, den letztere hinterlassen hat, nicht einfach übersehen werden kann.

Freilich bleibt das Problem der schleichenden Verdriftung der Originale durch restauratorische Eingriffe auch auf sehr gehobenen Stufen des Restaurierungswesens weiter bestehen, ja, es ist genaugenommen immer nur eine graduelle Frage, inwieweit selbst eine wissenschaftlich-kritische Restaurierung schließlich ein Original zum Surrogat umzugestalten beginnt. Das wird überall dort deutlich, wo die Schäden ein bestimmtes Ausmaß übersteigen, wo z. B. stark beschädigte Musikinstrumente partout wieder spielbar gemacht bzw. defekte Möbel zu neuem Gebrauch zurechtfrisiert werden, oder wo ein museales Fragment, ganz wie eine archäologische Ruinenkulisse, mit der Absicht einer publikumswirksameren Didaktik hergerichtet wird.

Ein derartiger Grenzfall, an welchem sich das Surrogative restauratorischer Eingriffe bestürzend offenbart, sei hier anhand der Restaurierung eines Bernsteinschrankes in Kürze demonstriert (Abb. 71, 72): Das Stück war im Krieg zertrümmert worden; etwa 40% der Originalsubstanz fehlten, wie sich erst nach und nach beim Zusammenbau herausstellte. Zahlreiche Details – kostbare zierliche Elfenbeinschnitzereien mit hauchdünn transparent geschnitzten Bernsteinverdeckelungen – lagen nun mit Hunderten zerschlagener architektonischer Fragmente und dem hölzernen Unterbau im Depot.

Als die museal wohl einfachste Präsentation bot sich hier zunächst die Ausstellung alter Archivfotos mit ein paar ausgewählten Preziosen dieses Schreins an. Damit wären restauratorische Eingriffe zwar vermieden worden, die Verwahrung eines wahren Schatzes der Kleinkunst im musealen Dormitorium aber ebenso beschlossene Sache gewesen. Was Wunder also, wenn der Gedanke einer Restaurierung als Rekonstruktion, gleichsam als Anastylose (wie beim Gebäude) und mit Hilfe alter Archivfotos, aufkam, wie das heute im Ostblock und dort mit reichlichem Angebot an originalem Bernstein noch selbstverständlich ist. Auch wenn sich die Materialbeschaffung zahlreicher Sorten in allen farblichen Nuancen in der Bundesrepublik wesentlich schwieriger gestaltet, als das im Osten der Fall zu sein pflegt, wäre dieses Problem doch wohl zu lösen gewesen, selbst wenn das Ersatzmaterial im Einkauf preislich das Original überstiegen hätte. Zugleich durfte aber nicht übersehen werden, daß selbst die Verwendung von echtem Bernstein für die Restaurierung ein defektes altes Stück nun einmal nicht originaler zu machen vermag, ja daß hier lediglich ein Surrogat aus homogenen Werkstoffen erzeugt worden wäre. Es hätte, auf den ersten Blick gesehen, zwar in allen Teilen hinsichtlich seines Materials entsprochen, doch eben nicht in der Originalpatina der Steine – d. h. in jenen unnachahmlichen originaltypischen Krakeleebildungen (Abb. 70); in einer durch Jahrhunderte vollzogenen Patinierung der Steine und ihrer altersbedingten Abnutzung und Abrundung der Profile und plastischen Details; ja selbst vielleicht auch in der Qualität der Ausführung der architektonischen Elemente, ganz zu schweigen davon, daß die verlorene plastische Substanz kaum nachempfunden werden konnte. Doch waren hier natürlich auch Kompromisse denkbar: So wäre es z. B. noch möglich gewesen, alle dokumentarisch gesicherten architektonischen Elemente wie Gesimse, Säulen und Pilaster ohne subjektive Interpretation nachzuschnitzen, wobei auf eine Nachgestaltung der Reliefplastik zu verzichten gewesen wäre. Die Tatsache aber, daß 40% Neubernstein einen historischen Schrank wie aus der Retorte nicht wieder in originaler Unversehrtheit erstehen lassen können, verstärkte dann den Entschluß zu einer ebenso zweifelhaften wie vielleicht doch ehrlicheren Komplettierung in koloriertem Kunststoff als Bernsteinimitation (Abb. 71). Als »Totalretusche« ist dieses Vorgehen dem Gemälde vergleichbar, wo eine Integration mittels altmeisterlicher Farbpigmente ebenfalls gänzlich verfehlt wäre. Diese »museale« Lösung besaß zudem den Vorteil, daß alle architektonischen Details nachgegossen werden konnten, womit nun reine Kopien originaler Oberflächenstrukturen zustande kamen, zugleich jedoch auf die Ergänzung verlorener plastischer Substanz verzichtet wurde. Damit war die »Evokation der Gesamtform«, formal wie farblich, beschlossene Sache, zumal Bernstein und Kunststoff auch für den Kenner nur mit Mühe zu unterscheiden sind. Und dennoch will sich für den kritischen Betrachter angesichts des Ergebnisses das beklemmende Gefühl eines mit akribischer Wissenschaftlichkeit zustandegekommenen Surrogats nicht verlieren!

Das mag zunächst seine Ursache in jener eingangs diskutierten und letztlich immer noch ein wenig fetischistischen Stimmung unseres Originalbegriffs haben, nach welchem das in natürlichen Materialien geschaffene Zeugnis altmeisterlicher Handwerkskunst die Nachbarschaft synthetischer Werkstoffe nicht zu dulden scheint, wobei die Verwendung von Kunstharzen einer wesentlich härteren Verurteilung sicher sein kann, als es bei natürlichen Materialien der Fall wäre. Ein in Eichenholz ergänztes eichenes Möbel beispielsweise wird seinem Besitzer zumindest das angenehme Gefühl der Homogenität und Ästhetik natürlicher Materialien zu verleihen vermögen und damit eine durch das heimeligteutsche Eichenholz bewirkte Illusion, wieder etwas gänzlich Heiles und der Sache auch stofflich Angemessenes zu besitzen; dies wird schließlich durch die noch erhaltenen Originalteile gleichsam geadelt, wobei sich ideelle Werte, traditionsbefrachtet und gedankenschwer, auch den Ergänzungen mitzuteilen haben. Ein Rest von Fetischismus ist somit wohl im Spiele; man erinnere sich nur der Einleimung von kleinen Rosenholzreliquien in mittelalterliche Holzskulpturen, deren magische Kräfte sich des Ganzen bemächtigen sollten[225].

Indessen können wir wohl sicher sein, daß sich solche Empfindungen bei der Verwendung von Kunststoff gar nicht erst einstellen werden. Denn sichtlich wirkt etwas in uns, was sich gegen künstliche Materialien sträubt, auch wenn deren Imitation eine absolut täuschende wäre; weshalb davon ausgegangen wird, daß man ein letztlich unwiederbringlich fragmentiertes Original auf eine ihm angemessene Weise eben doch besser mittels Originalmaterial wieder erstehen lassen könnte.

Lediglich bei kunstlosen Möbeln mögen andere Bedingungen herrschen, zumal deren fehlende Partien, der verlorengegangenen Bausubstanz eines Gebäudes ähnlich, ohne jede Interpretation zu ersetzen wären, selbst wenn ihnen stets auch das Odium des zurechtgemachten Stücks anhaften würde. Denn beim Gebäude war ja, wie wir gesehen haben, der ständige Ersatz zerstörter Bauteile schon bei der Grundsteinlegung mit eingeplant. Und es käme demgegenüber einer Nachschöpfung gleich, wenn man ein künstlerisch gestaltetes Möbel – bei Verlust ganzer Partien – wieder phantasievoll komplettieren wollte, wofern nicht, wie bei der Restaurierung des großen Köpeniker Kabinettschrankes von David Roentgen, sehr genaue, den Zustand vor der Beschädigung dokumentierende Archivfotos existieren. In einem solchen Fall kommt es dann anstelle der subjektiven Nachschöpfung allenthalben zu einer wissenschaftlich-kritischen Kopie, die ein zerstörtes Original freilich keineswegs originaler zu machen vermag; indessen zeigen sich an den kopierten Partien des Berliner Schrankes bereits wieder starke altersbedingte Veränderungen. – Alternativ zur komplettierenden Restaurierung der Gesamtform mittels imitiertem Bernstein wäre an eine neutralere Lösung des Problems, z. B. mit transparentem Plexiglas, zu denken gewesen, wie dies vornehmlich bei archäologischen Exponaten versucht wird. Doch hätte die Verquickung mit einem dem Bernstein so völlig fremden Material zugleich eine erhebliche Beeinträchtigung der Gesamtform bedeutet, zumal hier nur wieder etwas gänzlich zeitgebunden Neues entstanden wäre. Und so beleuchtet die Restaurierung dieses eben doch über alle Maßen beschädigten Möbels nur zu deutlich, daß es keine optimale Lösung derartiger Probleme geben kann.

Politur und Patina

Zum besseren Verständnis der Alterungsvorgänge resümieren wir hier in Kürze die dem Ebenisten zur Verfügung stehenden Materialien zur Behandlung von Oberflächen: Wachse und Öle waren die üblichsten Mittel, die seit alters her als Einlaßmaterial genutzt wurden. Lacke kamen spätestens seit dem hohen Mittelalter hinzu, als fette Öl-/Harzlacke, die man durch Feinschliff auf Hochglanz polierte, ferner als in Spiritus oder Steinöl gelöste Harze sowie auch als Lösung in Essenzölen (wie z. B. des Terpentins). Schellack, seit der Mitte des 19. Jahrhunderts weit verbreitet (und seither mit dem Ballen aufgetragen), kam mit dem Ostindienhandel im 17. Jahrhundert zunehmend in Mode und wurde zunächst als Spirituslack in Kombination mit allerlei Harzen verwendet. Lösliche Farbstoffe zur Kolorierung der Lacke, wie Drachenblut, kamen noch hinzu. Je nach Material und Verarbeitung bewirkten diese Materialien Hochglanz, Seiden- oder Mattglanz, bis hin zur vollkommenen Mattwirkung.

Freilich waren alle diese Werkstoffe auch vielfältigen Veränderungen unterworfen: ursprünglich glänzend konzipiert, ermatteten sie, vergilbten oder wurden trübe; kolorierende Zusätze verblichen; Öl-/Harzlacke verbräunten. Im Zusammenwirken mit komplexen Veränderungen der natürlichen und gebeizten Holzoberflächen bildeten sie schließlich jene vielfältigen Alterspatinen aus, wie sie gerade zum unnachahmlichen Charakteristikum des unverfälschten Originals gehören.

Waren es zunächst diese altersbedingten Veränderungen der Lacke und Polituren, die eine Aussage über deren ursprüngliche Erscheinung, über den Grad des Glanzes, ihre Stofflichkeit, Glätte und Farbigkeit nahezu unmöglich machten, so bewirkten vielfältige Renovationen ein übriges, um die Unsicherheit in der Beurteilung des Originalzustands von Möbeln und Musikinstrumenten noch zu bestärken. Das wenige, was bekannt ist, sei wiederum in Kürze zusammengefaßt: Oberflächen von Möbeln des 16. Jahrhunderts sind heute vielfach von einer mageren Glätte, die an ein ursprünglich ausschließliches Ölen oder Einlassen mittels Harz- oder Bienenwachslösung denken läßt. Dabei sei dahingestellt, inwieweit eventueller einstmaliger Lackglanz im Laufe der Zeit verging, weshalb man gut beraten sein wird, zu ihrer Pflege lediglich ein mageres reversibles Material, wie Bienenwachslösung, zu benutzen. Allfällige Braunlasuren, z. B. auf Eichenholz, mochten überdies ursprünglich in gemagerter Öllasur aufgetragen worden sein; indessen muß unbeantwortet bleiben, inwieweit diese Lasuren überhaupt original sind.

Auch das überaus dichte Ebenholz von Möbeln des 17. Jahrhunderts bedurfte vermutlich nur der Imprägnierung mittels Wachslösung oder Ölen und anschließender Politur mit Hilfe eines Tuches. Die Oberflächen derartiger Möbel erscheinen darum heute häufig mager und ausgetrocknet, was gleichermaßen auf zahlreiche in Ebenholz gearbeitete Bilderrahmen aus dieser Zeit zutrifft. Auch wenn wir berücksichtigen, daß sich altersbedingt wiederum Veränderungen im Glanz einstellten, sind regelrechte Hochglanzpolituren, wie sie mittels Wachs oder Lacken als deckende Lagen erst für das späte 18. Jahrhundert gesichert sind, wohl eher auszuschließen. Wenn De Mayerne anfangs des 17. Jahrhunderts formuliert: »Der allgemein auf Holz aufgetragene Firnis ist glänzend wie Glas und beleidigt das Auge«, so verdeutlicht dies, daß hier zwar einerseits eine vornehme Ästhetik solcher Oberflächen angestrebt wurde, die sichtlich auf Dämpfung des Oberflächenglanzes von vermutlich kostbaren Möbeln bedacht war; zugleich aber wird unumstößlich dokumentiert, daß man eben auch gänzlich anders verfuhr. Wir gehen deshalb wohl kaum fehl, wenn wir annehmen, daß es sich in solchen Fällen um fette, hart auftrocknende Lacke handelte, wie sie sich für robuste Möbel des täglichen Gebrauchs anboten und durch De Mayerne auch für den Instrumentenbau bezeugt sind. Inwieweit man solche Lacke indessen bereits als Polituren auf Edelhölzern anwandte, ist freilich zum gegenwärtigen Zeitpunkt noch nicht zu beantworten. Glänzende Lacke auf edlen Hölzern, etwa auf Ebenholz, wie wir sie so überaus häufig an Rahmen, Truhen und Schränken vorfinden, sind jedoch mit sehr hoher Wahrscheinlichkeit ein späterer Mißgriff und sollten dann auch von Fall zu Fall und stets erst nach gründlicher Abklärung reduziert werden. Man erkennt derartige spätere Zutaten auf sehr einfache Weise daran, daß sie Schadstellen wie Ausbrüche, Kratzer oder kleine Löcher bedecken bzw. verfüllen. Ihre Reduktion erfolgt auf einfache Weise durch vorsichtiges Zurückpolieren mittels Stahlwolle oder auch mit Hilfe der feinsten Gradation von Polierpapier. Eventuelle störende Glanzunterschiede werden sich schließlich mittels Wachslösung etwas ausgleichen lassen.

Mit der enormen handwerklichen Differenzierung intarsierter Möbel, insbesondere solcher in Boulle-

Technik, mit metallenen Einlagen, Schildpattdekorationen und farbigen Intarsien setzte mit der Wende zum 18. Jahrhundert auch eine neue Phase der Oberflächenbehandlung ein. Es lag nun eigentlich nahe, derartige Materialien nicht kurzerhand mit einer Lackschicht zu überziehen, um sie alsdann auf Hochglanz zu polieren. Freilich sind Rückschlüsse auf die Beschaffenheit solcher originaler Oberflächen wegen der zahllosen Restaurierungen vergleichbarer Stücke erschwert, und man wird deshalb hinsichtlich ihres Aussehens mehr oder minder auf Vermutungen angewiesen sein. Da Watin indessen in der Mitte des 18. Jahrhunderts noch bemerkt, daß die meisten Möbel mit Wachs poliert würden[226], kann jedoch darauf geschlossen werden, daß die Originalpolitur von Boulle-Möbeln wohl mehrheitlich mit Wachs erfolgte. Die erloschene Epidermis derartiger Möbel kann somit wiederum mit Wachs konserviert werden. Doch ist Wachs sehr pflegeintensiv, weshalb sich bei Stücken, die noch in Gebrauch stehen, eine Möbelpolitur auf Harzbasis anbietet.

Harzpolituren setzten sich vermutlich erst nach und nach seit der zweiten Hälfte des 18. Jahrhunderts mit Kombinationen von Weichharzen durch. So schildert noch Roubo lediglich ein Material, das dem Gemäldefirnis ähnelte. Als solches besaß es nur relativ kurzfristigen Glanz, um alsdann allmählich zu ermatten und zu vertrüben.

Schellack wurde in dieser Anfangsphase lediglich als Zusatz benutzt, zumal er die Politur auf zartfarbigen Marketerien nur unnötig vergilbt hätte. Als braune »Schellacksauce« gewann er deshalb erst mit dem Übergang zum einfarbigen Möbel an Bedeutung, und dies zunehmend mit dem 19. Jahrhundert. Denn die Buntfarbigkeit der Rokokomarketerien hatte ja mit dem Klassizismus der 80er Jahre der Einfarbigkeit des Mahagonimöbels weichen müssen, so daß eine wasserklare Politur nun nicht mehr unbedingt notwendig war. Im Gegenteil: Mit der sich langsam vollziehenden Geschmackswendung – hin zum Galerieton im Gemälde – bot sich gegen das Jahrhundertende nun auch die braune Schellackpolitur folgerichtig zur Behandlung von solchen Möbeln an, die ursprünglich buntfarbig intarsiert waren, danach mehr und mehr verbräunten und nun zum braunen Salonmöbel von der Farbe »guter alter Geigen« (vgl. S. 46) umgedeutet wurden. Klassizistische Harmonievorstellungen, hergeleitet vom Gemälde, wirkten dabei selbst noch bis in unsere Tage weiter; ganz auch im Sinne Goethes, der den vollzogenen Geschmackswandel von der Buntfarbigkeit der Malerei des Rokoko zur gedämpften klassizistischen Harmonie der Brauntöne folgendermaßen beschrieben hatte: »Was man bisher Ton nannte, war ein Schleier von einer einzigen Farbe über das ganze Bild gezogen. Man nahm ihn gewöhnlich gelb, indem man aus Instinkt das Bild auf die mächtige Seite treiben wollte. Wenn man ein Gemälde durch ein gelbes Glas ansieht, so wird es uns in diesem Ton erscheinen.« Dies ist ein Zitat, das wiederholt werden darf.

In diesem Sinne konsequent, wurden nun auch zur Verstärkung der Holzfarben nicht nur die üblichen Beizen eingesetzt, sondern, wie beim Streichinstrument und auch beim Gemälde, warmfarbig rot und orange *getönte Lacke und Polituren*. Freilich sind viele solcher mittels Pflanzenfarbstoffen getönten Lacke inzwischen wieder völlig verblaßt, was deren Farbstoffgehalt angeht, und überdies auch noch verbräunt, wenn wir die gilbenden Eigenschaften fast aller lackartigen Überzüge und selbst der Hölzer berücksichtigen. Die Belichtungsbedingungen waren dabei freilich ausschlaggebend für den Grad der Verfärbung, was sich insbesondere bei fortwährender einseitiger Belichtung sehr störend bemerkbar machen konnte.

Dem Möbel ähnlich wurden viele *Musikinstrumente* behandelt; auch wenn hier, wie bereits angedeutet, über die Zusammensetzung historischer Lacke noch weitgehend Unklarheit besteht. Generell scheint indessen zu gelten, daß Instrumente während der Renaissance und des Barock eher mit Hartlacken, also mit Öl-/Harzgemischen, lackiert wurden, wohingegen im 18. Jahrhundert ein Wechsel zu den Weichharzlacken stattfand. Diese Materialien sind elastischer und kleben mitunter etwas nach, was im modernen Geigenbau erwünscht ist. Farbstoffe kamen, wie beim Möbel, hinzu. Als integraler Bestandteil des Instruments, der, wenn auch wohl nur in recht bescheidenem Maße, für den Klang mit verantwortlich ist, sollten alterspatinierte Instrumentenlacke deshalb nie gedankenlos einer Renovation geopfert werden, wie es leider schon in zahllosen Fällen geschehen ist. Diesem Umstand muß auch bei der chemischen Untersuchung von Lacken Rechnung getragen werden. Denn es war schließlich allgemein üblich, alte Lacke wieder aufzupolieren oder, wenn sich starke Krakelees gebildet hatten, die Lackfilme durch neue zu ersetzen. Daß ein wertvolles Instrument dadurch erheblich an Wert einbüßt, sollte dabei nicht übersehen werden. Grundsätzlich sind deshalb Instrumentenlacke, ob verbräunt, verblichen, krakeliert oder krepiert, immer nur und wo irgend möglich, ausschließlich konservatorisch zu behandeln. So ist z. B. eine Krepierung, bei welcher sich der Lack trübe verfärbt, möglichst nur durch Regeneration zu konservieren. Nichts geschehen sollte dagegen mit dem erloschenen Glanz alter Lackierungen von Musikinstrumenten, insbesondere an den starker Abnutzung ausgesetzten Partien, sofern sie nicht als solche korrosionsgefährdet sind. Auch Krakelees sind ja, wie beim Gemälde, Teil einer Lackierung und bilden somit die natürliche Patina eines Lacks, weshalb sie keinerlei Behandlung bedürfen.

Furnierfarbe und Patina

Bleich- und Dunkelungsvorgänge im Holz gehen mit jenen der Lacke einher. Frisches Holz vergilbt zunächst bis zu einem gewissen Grade: Eichenholz beispielsweise, ebenso Kirschbaum und andere Obsthölzer, ferner Kiefer, Linde, Erle und Pappel: auch der graue deutsche Nußbaum verbräunt. Doch kann durch sehr starke Lichteinwirkung auch eine Aufhellung eintreten, wobei Dunkelhölzer wie Nußbaum wesentlich stärker beeinträchtigt werden als helle.

Bei den *gebeizten Materialien* verläuft der Prozeß indessen einseitiger, wie zahlreiche intarsierte Möbel bezeugen, die heute mehr oder minder nur noch in Braun gestuft sind, weil die Beizenfarben hier verblichen[227]. Und nur besser erhaltene Marketerien, die im Innern von Möbeln vor Belichtung geschützt waren und gelegentlich noch strahlend schöne Farben bewahrt haben, lassen dann das Ausmaß der Lichtschäden erahnen. So konkurrierte italienische Intarsienkunst beispielsweise schon im 14. Jahrhundert mit der Malerei, und das gleiche gilt wohl auch noch für die Ebenisterie des 18. Jahrhunderts. – Ein Glücksfund, bei welchem sich die Marketerie eines Bildnisses von der Hand des Roentgen-Schülers Michael Rummer von ihrem Untergrund gelöst hatte, soll das verdeutlichen: Während die belichtete Vorderseite heute in gedämpften Braunstufen erscheint, hat sich auf der vor dem Licht geschützten Rückseite etwas von der ursprünglichen, reich gestuften kühlen klassizistischen Palette der Beizentöne erhalten (Abb. 79, 80). Freilich müssen auch hier die rosigen Inkarnatfarben, vielleicht durch Einwirkung des Leims auf den pH-Wert der Farbstoffe, vergangen sein, zumal einzelne modellierende Schatten im Gesicht heute sichtlich unvermittelt herausfallen. Das Stück verkörpert im übrigen die letzte Stufe der Roentgen-Marketerie, die in zahllosen Tonstufen gehalten ist.

Versuche mit historischen Beizen im Atelier bewiesen die geringe Lichtresistenz der altmeisterlichen Beizenpalette, wobei sich die Farbtöne ähnlich wie beim Textil verhielten. Nach zwei Jahren waren z. B. von den Rottönen alle aus Farbhölzern gewonnenen Farben vergangen, und lediglich Cochenille hatte sich vorzüglich erhalten; wobei freilich zu berücksichtigen ist, daß dieser Farbstoff bei Langzeitbelichtung ebenfalls an Intensität einbüßt, weshalb er von der modernen Malerpalette längst verschwunden ist. Als resistent hatte sich im weiteren auch das erst seit dem späten 18. Jahrhundert verwendete Pariser Blau erwiesen, ferner Braun und Schwarz, wie wir das ähnlich auch von zahlreichen Textilien her kennen. Anders als bei diesen hatte sich dagegen das Kupfergrün überraschend gut erhalten, was vermutlich den konservierenden Eigenschaften der Politur zuzuschreiben war. Anflüge von Grün sind deshalb auch an altmeisterlichen Möbeln häufig, wenn auch mehr oder minder bräunlich patiniert (Abb. 77). Umgekehrt kann es vielfach auch zu kräftiger Verbräunung des Beizenmaterials, sei es durch Zersetzung des gelben oder roten Farbstoffes, wie vielfach im Gemälde, sei es in Reaktion mit dem Holz oder auch mit sauren oder alkalischen Medien, kommen. So wurde z. B. Indigo für den Beizenvorgang stets in Schwefelsäure gelöst, die dann nach und nach eine Zersetzung des Holzes zur Folge hatte. Der an und für sich recht resistente Farbton verschob sich damit gegen Grün, wie wir es von vielen Intarsien David Roentgens aus den 70er Jahren kennen, ja mitunter selbst bis nach Braun, wie das die heute braunen Masergehäuse von Standuhren aus dessen klassizistischer Phase vermuten lassen, die zumindest auf einer Berliner Entwurfszeichnung blau illuminiert sind.

Das manchmal geübte *Nachbeizen* verblichener Marketerien – eine Maßnahme, die selbst in Fachbüchern immer wieder empfohlen wird – vermag deren ursprüngliche Farbigkeit, allein schon mangels genügender Vorbilder, nicht nur keineswegs wiederzugewinnen, sondern es verschlimmmbessert vielmehr nur einen Zustand, bei welchem schließlich eine Restaurierungsruine von fataler Farbigkeit zustandekommen muß. Das übliche Ausmaß des Farbverlustes kann im übrigen vielfach schon im Vergleich mit den vor Belichtung geschützten Partien diagnostiziert werden: So hat sich unter Beschlägen die Möbelfarbe häufig sehr viel besser erhalten (Abb. 74). Daß die Möbelfarben überdies bis ins 20. Jahrhundert keine wesentliche Verbesserung erfuhren, demonstriert ein grün gebeiztes Peter Behrens-Mobiliar aus dem Jahre 1901, das sich seither am Aufstellungsort befand und hier den unterschiedlichsten Belichtungen ausgesetzt war. Auf der Südseite beispielsweise war sattes Grün nach und nach, als Folge sehr intensiver Bleichwirkung, einem hellen Braun gewichen; an den vom Licht abgekehrten Partien hatte es sich indessen durchaus noch grünfarbig erhalten. Im Norden war dagegen ein kräftiges Dunkelgrün unter wesentlich geringeren Belichtungsintensitäten vielfach in ein warmfarbiges tiefes Braun umgeschlagen, wobei sich wiederum einzelne Partien intensiv dunkelgrün erhalten hatten. Hier war die Zusammensetzung der Beize sichtlich auch eine etwas andere gewesen.

Anläßlich einer Restaurierung stellte sich dann die Frage nach einer die starken Gegensätze dämpfenden partiellen Nachbeizung, die hier schließlich im Sinne des Besitzers, wenn auch mit Skrupeln, vorgenommen wurde. Das Museum kann da wesentlich radikalere Positionen beziehen und deshalb auch auf entsprechende Eingriffe verzichten, wie beispielsweise im Fall der Riemerschmid-Möbel des Germanischen Nationalmuseums, wo einzelne Stücke im Laufe der Zeit partielle bräunlichgrüne Bleichpatinen ausbildeten, wogegen andere ihre gedämpft dunkelgrüne Farbe bewahrten.

Wir haben gesehen, daß die für Peter Behrens und Richard Riemerschmid überlieferten grünen Beizentöne somit zeitbedingt einer erheblichen Nachpatinierung ausgesetzt waren, weshalb Rückschlüsse auf deren ursprüngliche Nuancierung Spekulation bleiben müssen: Es kann daraus gefolgert werden, daß scharfe Töne wohl auszuschließen sind, wie denn eher wohl jene gedämpfte Tonigkeit herrschte, die der zu Beginn dieses Kapitels zitierte Bericht über eine »Berliner-Wohnungs-Ausstellung« aus dem Jahre 1909 vermuten läßt[228] (vgl. S. 187). In diesem Sinn wurden zur Gründerzeit selbst noch die Gardinen nach dem Waschen mit Kaffeebrühe abgetönt, wie Harry Graf Kessler in seinen Lebenserinnerungen berichtet[229].

Aber nicht nur durch Ausbleichung und Verdunkelung vermochten sich Marketerien zu verwandeln, sondern vielmehr ebenso, wenn nicht noch viel tiefgreifender, durch die unreflektierten *Eingriffe der Restauratoren*. Denn im Zuge von Renovationen wurden die Oberflächen von Möbeln immer wieder planiert, verschliffen oder mit Ziehklingen abgezogen, wobei die oftmals nicht völlig durchbeizten Furniere partiell verdünnt wurden, so daß sie zonenweise ihre Farbe mehr oder minder gänzlich verloren. Auf diese Weise wurden insbesondere die zarten oberflächlichen Abtönungen zerstört, zumal nun das oftmals nur noch schwach gefärbte oder mitunter selbst ungebeizte Furnierholz wieder zum Vorschein kam und lediglich dort, wo die Beize gelegentlich eine intensivere Eindringtiefe erreichte (wie z. B. längs der sog. Sägegravuren), noch die ursprünglichen Farben bewahrte. In der Folge erscheinen z. B. heute zahlreiche, einstmals rote Rosen auf Möbeln des 18. Jahrhunderts nur noch sparsam rot gerändert – wie sich vom ursprünglich kräftigen Farbton der blauen Kornblumen meist nur ein dumpfes, verdünntes, bräunliches Blau erhalten hat (Abb. 73).

Verfärbungen im Holz entstanden vielfach auch durch Einwirkung irgendwelcher ätzender Putzmittel, sowie bei Kontakt des Holzes mit Eisen und Nässe, manchmal durch Spritzer von Mauerkalk. Besonders Eiche, Nußbaum oder auch Teakholz waren dann äußerst gefährdet, zumal durch Reaktion des Gerbstoffes mit Eisen und Eisengallus bzw. Kalk und Alkalien eine lokale, höchst störende Schwärzung aufzutreten pflegt. Derartige Verfärbungen sind, selbst wenn die Politur bzw. der Lack oder die Mattierung entfernt werden, schließlich nur schwer oder gar nicht mehr rückgängig zu machen. Man wird sich dann mit derartigen Alterungserscheinungen abfinden müssen, zumal sie als Teil der Gebrauchspatina anzusehen sind, wie z. B. auch die Flecken von Eisengallustinten, die diese auf der Lederbespannung von Schreibtischplatten hinterließen; auch hier kann lediglich eine Dämpfung solcher Flecken durch Behandlung, z. B. mittels Oxalsäurelösung, bewirkt werden. Eine völlige Entfernung ist nicht möglich und letztlich auch nicht wünschenswert. Bei der Anwendung von Chemikalien können überdies auch die Furnierfarben in Mitleidenschaft gezogen werden (Abb. 75). In diesem Sinne sind z. B. zahlreiche Möbel der Wallace-Collection und des Victoria und Albert Museums in London im 19. Jahrhundert durch eine Firma verrestauriert und dabei mit irgendwelchen Chemikalien, vielleicht einem Alkali, behandelt worden, so daß die Furnierfarben schließlich ausbluteten und verbräunten. Möglicherweise handelte es sich hier um jene indigofarbene Beize, die, ursprünglich in Schwefelsäure gelöst, nun durch Zutritt von Alkalien zersetzt wurde. Und auch an eine Beize aus wasserlöslichem Kupferazetat wäre noch zu denken. Alkalien und Säuren sollten deshalb auf Möbeln nicht angewandt werden, da sie die komplexen pH-Werte in den einzelnen Furnierfarben verändern (zumal jede einzelne Beizenfarbe ihren speziellen pH-Wert besaß), und damit Verfärbungen bewirkt werden. Überdies haben Alkalien die Eigenschaft, auch noch mit dem Gerbstoffgehalt der Hölzer (z. B. von Eiche und Nußbaum) zu reagieren, was den bereits im Zusammenhang mit frischem Kalk angesprochenen dunkelnden Beizeneffekt bewirkt. Das einzige Alkali, das gelegentlich in der Hand des Möbelrestaurators – und dann nur sehr gezielt – zur Anwendung kommen darf, ist Salmiakgeist, da dieser bei Verdunstung des Ammoniaks nur reines Wasser hinterläßt.

Doch ist Salmiakgeist gleichwohl auch ein Beizenmittel, beispielsweise zur künstlichen Patinierung von gerbstoffreichen Hölzern wie Eichenholz oder Nußbaum; er bewirkt hier eine Vergrauung, weshalb solche Hölzer zugleich auch gefährdet sind.

Was schließlich die konservatorischen Möglichkeiten einer *Behandlung ausgeblichener Möbel* anbetrifft, so sind die orangebraunen Schellackpolituren, wie sie seit dem 19. Jahrhundert in Gebrauch kamen, nicht in jedem Fall zu verurteilen, wenn eine Neupolitur unumgänglich wird. Viele klassizistische Mahagonimöbel waren, wie bereits angedeutet, ursprünglich zusätzlich rot überbeizt und mit rot gefärbten Polituren behandelt, um die Farbe des Holzes noch zu steigern! Durch intensive Belichtung von einer Seite her konnten alsdann partielle oder einseitige Ausbleichpatina-Effekte in der Holzoberfläche ausgelöst werden, wie wir das im übrigen auch von Musikinstrumenten kennen – weshalb derartige Stücke immer ein konservatorisches Problem darstellen, sofern man sich nicht auf jene absolut museale Position begibt, aufgrund derer partielle Bleichpatinen als Teil des historischen Alterungsprozesses anzusehen sind. Wo indessen dieser Standpunkt nicht geteilt wird und es vielmehr das Ziel ist, etwas von jener dunkelrotbraunen Mahagonifarbe des Originalzustands wieder zurückzugewinnen, da könnte man einer getönten Möbelpolitur, beispielsweise einem naturfarbigen Rubinenschellack, mit weniger Reserve begegnen. Auch im Ölen des Holzes mit Strukturöl (vor eventueller Neupolitur) steht ein modernes Hilfsmittel, das in der alten Möbeltechnik freilich unbekannt war, zur Verfügung, welches Teile der Farbe des Holzes wieder zum Vorschein zu bringen vermag, womit der Ausbleichungseffekt etwas reduziert werden kann. Derartige Bleichpatinen haben nämlich immer nur die äußerste Oberfläche des Holzes erfaßt, und schon eine Tränkung mit Strukturöl wird diese Erscheinung teilweise zum Verschwinden bringen. Das aber ist nur möglich bei totaler Entfernung der alten Politur, deren Abnahme immer dort kein Problem bereiten wird, wo durch Kittungen, Ausbesserungen etc. gesichert ist, daß diese Politur ohnehin schon einmal erneuert wurde. Im Zweifelsfall sollte man sich den Entschluß zur Abnahme jedoch nicht zu leicht machen, insbesondere immer dann, wenn einige Wahrscheinlichkeit besteht, daß die Originalpolitur teilweise noch erhalten sein könnte. Hier aber sollte schließlich der Versuch einer Restaurierung, nicht der Erneuerung, unternommen werden, wobei tieferliegende Schäden, wie z. B. Eindrücke, Krepierungen im Lack usw., auch nicht kurzerhand mit entfernt werden sollten. Denn diese sind nun einmal Teil solcher Oberflächenpatinen.

Freilich werden verbliebene Patinareste mitunter auch ihre Probleme aufwerfen: Dieser Fall tritt ein, wenn Polituren nach radikalem Abschleifen der Oberfläche erneuert werden, wobei sich in Vertiefungen noch Reste des Originals erhielten, aufgefüllt überdies mit Schmutz und neuem Politurlack. Wenn nun gar eine Erneuerung dieser Nachpolitur vonnöten wäre, würde eine Abnahme solcher Reste wohl kaum mehr zu vermeiden sein, zumal die Ästhetik der Neupolitur wesentlich unter diesen dunklen Druckstellen leiden müßte. Auf der Positivseite würde bei einer solchen Maßnahme dann freilich auch die Möglichkeit der Herausquellung von Druckstellen und eventueller Schleifspuren stehen. Doch machen sich derartige Schäden, insbesondere die häßlichen, quer zur Faser verlaufenden Schleifspuren, eigentlich immer erst nach der Abnahme einer Politur sehr störend bemerkbar, zumal sie vorher ja mit Polituraubstanz aufgefüllt waren. Die Erhaltung solcher Spuren ist deshalb häufig das geringere Übel, weil ihre Entfernung durch Schliff die Gefahr fleckweiser Zerstörung der gebräunten Holzpatina mit sich bringen würde.

Das alles ist freilich immer Sache des Standpunkts, und ein Kodex im Umgang mit solchen Resten läßt sich nicht aufstellen. In vielen Fällen wird man indessen auch mit einer oberflächlichen Reinigung und Konservierung der Politur auskommen, beispielsweise durch lokales Hochpolieren ermatteter oder schadhafter Stellen. Zur Angleichung uneinheitlichen Glanzes bedarf es dann nur noch der hauchdünnen Lage einer Politur, die auf den Untergrund abgestimmt wurde. Dafür eignen sich auf hellen Hölzern Mischharzpolituren und auf Mahagoni auch der bereits diskutierte rotbraune Rubinschellack. Ein Nachteil solcher Angleichung ist freilich immer der hohe Glanz, der zunächst entsteht. Doch pflegt dieser schon im Laufe von Monaten nachzulassen, bei Mischpolituren wie der sogenannten »Französischen Politur«[230] sogar noch viel schneller, und etwas Geduld wird sich hier gegenüber forcierten Oberflächenmattierungen stets bezahlt machen.

Plastische Patina

Als Verformung der Holzstruktur tritt sie zunächst bei Hölzern mit starken Gegensätzen von harten und weichen Jahresringen in Erscheinung, insbesondere bei den weichen Jahresringen, sofern sie mit drückenden Instrumenten, wie z. B. mit Ziehklingen und Hobeln, bearbeitet wurden; sie erhoben sich nach und nach durch Aufquellung wieder über die harten Jahresringe. Das ist z. B. häufig bei den Nadelholzpartien alter Streichinstrumente der Fall. Bei geschliffener Massenware tritt dieser Effekt dagegen wesentlich seltener auf. Plastische Verformung findet sich aber gleichfalls bei Hölzern, z. B. bei Furnieren, die starken Spannungen unterworfen sind und die sich, wie die harten Ebenholzfurniere, häufig wellenförmig aufwerfen und dann zonenweise durchreißen. Auch Intarsien aus Holz, Elfenbein und Metall vermögen sich auf diese Art aus der Oberfläche des Möbels nach und nach spannungsreich herauszumarkieren (Abb. 76).

Im Grunde genommen handelt es sich bei all diesen Erscheinungen um *altersbedingte Strukturveränderungen,* denen man nicht durch rigorose Verebnung begegnen sollte, und schon gar nicht mit Hobel und Ziehklinge! Hingegen sind Niederleimungen von Furnieren (d. h. deren konservierende Einebnung), ohne die materielle Substanz der Oberfläche anzutasten, eine zu rechtfertigende Maßnahme. Geringe Verwerfungen der Oberfläche sollten dabei stets in Kauf genommen werden, zumal sie gerade die lebendige Struktur des organisch gealterten Originals bedingen. Umgekehrt wirken stark überarbeitete Möbel stets steril, und ihre Oberflächen sind dann so verdorben wie jene gewaltsam entpatinierter antiker Bronzen oder plattgepreßter Gemälde.

Das gleiche gilt für das Verhältnis von Original und Kopie, ja selbst für Imitationen älteren Datums, etwa des 19. Jahrhunderts in Gegenüberstellung mit Stücken aus dem Louis-seize. Dafür gibt die Kopie des großen Schreibtischs von Jean Henri Riesener in der Wallace-Collection in Konfrontation mit dem reichlich hundert Jahre älteren Original ein besonders eindrückliches Beispiel. Bei letzterem bewirkten nämlich die wesentlich dickeren Furniere charakteristische Sprünge und Verwerfungen, die bei der erst etwa 100jährigen Replik weitgehend ausgeblieben sind; dadurch entsteht bei dieser der Eindruck einer gewissen Sterilität, bis hin zur typischen Perfektion der Bronzebeschläge dieser Zeit (wegen völligen Ausbleibens der für das Ormoulu des 18. Jahrhunderts so charakteristischen Gußfehler).

Dem Bereich der plastischen Patina sind schließlich auch durchmarkierte Holzkonstruktionen und Holznägel zuzuordnen, ja selbst überfurnierte Äste, wie sie sich nach und nach durch Schwund im Glanz der Politur zu markieren pflegen; ebenso die konstruktiv bedingten Risse im Holz, die meist als Folge von Konstruktionsfehlern und durch ständiges Arbeiten mit der Luftfeuchtigkeit entstanden. Sie zu verschließen würde nur neue spannungsbedingte Übel provozieren, insbesondere wenn die Luftfeuchtigkeitswerte längerfristig ansteigen, um dann wieder nachhaltig abzufallen.

Plastische Patina wird im weiteren auch durch Druckstellen und tiefgehende Kratzer (oder durch Brandflekken von Zigaretten) bewirkt, deren Entfernung durch nasses Quellen und Schleifen nur nach Abnahme der Politur zu bewerkstelligen ist. Eine alte Tischplatte beispielsweise sollte daher durchaus Benutzungsspuren zeigen dürfen. – Ist gar Schliff zur Beseitigung derartiger Beschädigungen notwendig, würde ein Übel durch ein neues beseitigt. Und mit dem Verlust der Oberflächenpatina des Holzes entstünden farbige Verfleckungen, meist Dunkelungen inmitten lichtgebleichter Partien, die wiederum nur durch großflächiges Schleifen und damit durch gänzliche Opferung der Patina zu beseitigen wären. Am Ende erschiene ein solches Möbel dann nahezu perfekt und fast gänzlich »renoviert«.

Schleifspuren älterer Restaurierungen wurden schon angesprochen: Sie liegen vielfach unter der Politur und verlaufen nicht selten gar quer zur Faser. Derartige Spuren bezeugen immer sekundäre Überarbeitungen und markieren sich sowohl plastisch in Form von Kratzern, als auch farblich, zumal die Oberflächen stärker abgeglättet wurden als die Kratzer. Ihre Entfernung ohne den zweifelhaften Eingriff der oben geschilderten Radikalkur ist nicht möglich, vielmehr sind derartige Spuren als Teil der altersbedingten plastischen Verformung anzusehen.

Zur Konservierungsästhetik kombinierter Werkstoffe und ihrer Patinen

Es wurde bereits darauf verwiesen, daß Materialien, die starken Veränderungen durch Belichtung, Verschleiß etc. ausgesetzt sind, also beispielsweise Holz im Zusammenklang mit Polstern, mit Leder und Textilien oder auch mit stark patinierenden Werkstoffen wie Messing oder Eisen, stets als integrale Bestandteile eines organisch gealterten Ganzen angesehen werden sollten. Dabei ist das am stärksten veränderte Material – ein stark verblaßter oder gar zerschlissener Stoff beispielsweise – das Element, das den Grad der Restaurierung dominant bestimmen sollte. So sollten bronzene Benagelungen an Stühlen, die ihrerseits ja bereits stark patiniert sein können, in solchen Fällen nicht auf metallenen Hochglanz getrimmt, sondern vielmehr nur dämpfend auf den Farbton alten Messings entpatiniert werden, da sonst das Ausmaß der Zerstörung des Stoffes nur noch stärker betont würde. Das gleiche gilt für die Behandlung alten Holzes und seiner Oberfläche: Die Belassung einer beschädigten Politur oder eines nur mäßig gepflegten Holzes, also weniger Perfektion, ist hier die angemessenste Linie bei einem restauratorischen Eingriff. Doch schon ein erneuerter Stoffbezug ruft nach stärkerer Entpatinierung des Messings, und diese vielleicht wiederum nach einer weitgehenden »Renovation« der Holzoberfläche, der Politur oder allfälliger Lackierungen, wie wir noch sehen werden.

Damit sollte auch der Patina von Beschlägen eine sehr differenzierte Betrachtung zuteil werden. In diesem Sinn verlangt beispielsweise die Perfektion eines wohlerhaltenen Roentgen-Möbels mit zeittypischen Vergoldungen in Rot- und Dukatengold sowie grünlichgoldenen Messingpartien eine weitgehende Entpatinierung des Messings (was z. B. mit Komplexonlösung geschieht). Da das unedle Metall indessen alsbald wieder anläuft, sollte es anschließend mit Paraloidlack geschützt werden. Ein leichtes Anlaufen, schon innerhalb von Stunden, mildert jedenfalls den härtesten Glanz und ist darum nur wünschenswert. Das gleiche gilt für stark abgenutzte Vergoldungen auf Messingbeschlägen, deren Dunkelpatina in Konflikt mit einer polierten Möbeloberfläche geraten muß. In diesem Fall ist dann als Alternative die Entpatinierung des Messings wohl zu vertreten, zumal dadurch der störende Kontrast des Altmessings mit den Vergoldungsresten gemildert wird.

Handelsübliche Putzmittel pflegen mitunter zu starken Verfärbungen der Beschläge zu führen und überdies auch noch Reaktionen der Metalle, z. B. durch Bildungen von Grünpatinen, mit dem Holz auszulösen. – Unberechenbar können sich auch Holzwurmbekämpfungsaktionen auf die Beschläge auswirken, so sind z. B. sämtliche Metallteile der Möbel des Schlosses Schwetzingen durch irgendwelche Reaktionen mit derartigen Mitteln schwärzlich verfärbt. Auf die Problematik versilberter Zifferblätter inmitten perfekter Goldpartien wurde bereits verwiesen: Hier wird dann auch im Zuge einer *»Restaurierung« der Holzpartien* bis auf das helle Messing bzw. allfällige Silber zu entpatinieren sein, doch ohne dabei anschließend eine galvanische Neuversilberung vorzunehmen! Die sterile Perfektion solcher Metalleffekte im Zusammenwirken mit fleckig verfärbten Holzpartien wird nämlich immer nur neue Probleme aufwerfen, sofern nicht wiederum künstlich nachpatiniert wird.

Auch die Behandlung von typischen Patinen bronzener bzw. feuervergoldeter Beschläge sollte stets in Zusammensicht mit den Gesamtmaßnahmen einer Restaurierung erfolgen. Unter keinen Umständen jedoch sollte der Verlockung nachgegeben werden, einmal abgenützte Feuervergoldungen durch galvanische Nachvergoldung wieder auf Hochglanz zu bringen. Die typische warmfarbene Abnutzungspatina, beispielsweise an der Innenseite von Griffen, fügt sich nämlich wesentlich harmonischer zur malerischen Patina eines Möbels als der Hochglanz derartiger Renovationen. Für die Behandlung silberner Beschläge gilt hingegen, daß sie dem Edelmetall gemäß weitgehend entpatiniert und dann mit Paraloidlack geschützt werden können, um erneutes Anlaufen zu verzögern (vgl. dazu das Kapitel über Edelmetalle, S. 78 ff.).

Auch *Eisenpatinen,* beispielsweise die alten Braunpatinen von Schlössern, die vielfach original mittels eingebranntem Leinöl konserviert wurden, sollten schließlich stets in Wechselwirkung mit Holzpartien gesehen werden: Patiniertes Eisen verlangt nämlich weniger konservatorische Pflege des Holzes als solches, das wieder auf Glanz poliert wurde. Dabei sollte auch beachtet werden, daß man bei tiefergreifenden Manipulationen unversehens und stufenweise in die Sphäre des Stilmöbels hineingerät.

Ähnliche Probleme kann selbst *Chromstahl* in Kombination mit unterschiedlich alternden Materialien bereiten, so sind derartige Stähle an Bauhaus-Möbeln vielfach stark gealtert und mit Rostflecken übersät. Sind dann Stoffbespannungen oder auch Korbgeflechte ihrerseits altersbedingt fleckig geworden, ausgeblichen oder verbräunt, wird eine lokale Behandlung der Stähle mittels Stahlwolle und Wachs vollkommen ausreichen. Doch was ist zu unternehmen, wenn Schleiflackflächen Wesentliches ihrer einstmaligen Perfektion zu bewahren vermochten? – Möbel, die noch in Nutzung stehen, sind vielfach einer Nachverchromung unterzogen worden; im Museum wird man sich von derartigen Eingriffen freilich zurückhalten, weshalb man es hier füglich bei einer konservatorischen Behandlung bewenden läßt, zumal eine gründliche Entrostung noch einen bescheidenen Eisenglanz wiederzugewinnen vermag.

Zur Konservierungsästhetik polychromierter Möbel

Vergoldete hölzerne Profile auf Kreidegrundbasis, als Imitation vergoldeter Bronzebeschläge – in einer Spartechnik also –, leiten zum polychromierten Möbel über: zu Mitteln der Malerei. Sie finden sich bereits an kostbaren Boulle-Möbeln in Kombination mit den üblichen Schildpatt- und Metalleinlagen. Insbesondere zur Zeit des hohen Rokoko waren sie verbreitet, denn aufwendige Bronzebeschläge überstiegen bei weitem die Herstellungskosten des gesamten übrigen Möbels.

Wie an Gemälden und Skulpturen waren derartige Partien vielfacher Abnutzung ausgesetzt, weshalb sie häufig altersreduziert und darum erneuert worden sind. Die übliche Erscheinung ist ein Durchschimmern des roten Polimentuntergrundes oder der gelbbraunen Ölfarbenunterlage (bei Mattvergoldungen) und damit jener *»Altersimpressionismus«* von Metallresten bzw. Polimenttönen der Unterlage, der nun, und darin der polychromierten Skulptur ähnlich, seine eigene Ästhetik inmitten alterspatinierter Hölzer zu entwickeln pflegt. In diese Patinastimmung durch Neuvergoldung, -versilberung oder Nachlüsterung eingreifen zu wollen, dürfte deshalb auch wenig ratsam sein. Es empfiehlt sich vielmehr, nur Verschmutzungen zu reduzieren, Holz, wo es in Ausbrüchen freiliegt, lokal zu kitten und zu retuschieren und im übrigen allzu störende Kreidegrundreste gelblich mit Aquarellfarbe zurückzutönen; somit lieber zu wenig als zu viel daran zu tun. Wegen der heiklen Techniken gehören derartige Arbeiten ohnehin nur in die Hände eines qualifizierten Fachmanns, am besten in die eines Gemälde- oder Skulpturenrestaurators, der seine Entscheidungen aufgrund subtiler mikroskopischer Untersuchungen zu fällen pflegt.

Farbige Flächen, beispielsweise an gotischen Schränken oder an volkskundlichen Möbeln, werden wie beim Gemälde durch dezentes Reinigen behandelt, bei altersreduzierten Farbflächen jedenfalls nicht kurzerhand neu gefaßt. Sparsames, dezentes Retuschieren, z. B. an Bauernschränken in Tempera, dient der optischen Beruhigung allzu reduzierter Flächen, und zwar immer dort, wo die Eigenfarbe ungrundierter Hölzer nun allzu warmfarbig-störend hindurchschimmert oder wo dick aufgesetzte Farbe auch einmal ausgesprungen ist. Die meist stumpfmatte Oberfläche sollte dann anschließend allenfalls dünn gewachst, doch nicht mit transparenten Schlußlacken behandelt werden.

Besondere Probleme stellen immer die Lackmöbel, deren Epidermis in langwierigen Arbeitsgängen durch immer neues Auftragen von Lackschichten aufgebaut wurde, wobei selbst plastische Effekte erzielt wurden. Ob fernöstlicher oder europäischer Herkunft (dies ist nur eine Frage der Zusammensetzung der Lacke) – es entstanden dabei die gleichen Patina-Erscheinungen: Glanzlacke ermatteten, die Oberflächen verzogen sich plastisch und Lackteile sprangen aus. Derartige Aussprünge können dann im Sinne einer Gemälderetusche, doch nicht in Originaltechnik, restauriert werden, da diese zu starken Nachdunkelungen neigt. Im übrigen wird vor der Beseitigung altersbedingter Gebrauchsspuren und vor übermäßigem Aufpolieren immer wieder nur zu warnen sein.

Ein weiteres problembehaftetes Kapitel sind die häufigen Teilpolychromien in Form schwarzlackierter Partien, an Gesimsen, Stuhllehnen, Glaseinfassungen von Türen etc., wie sie für das biedermeierliche Möbel so typisch sind, hier in Kombination mit Kirschbaumholz. Derartige Lackierungen sind wiederum vielfach altersbedingt reduziert, insbesondere an den starker Abnutzung ausgesetzten Kanten, welche, wofern nicht plastisch deformiert, zerstoßen und zerdrückt, immer auch etwas nachretuschiert werden können. Doch ist auch hier vor kompletter Nachlackierung nachdrücklich zu warnen, zumal sich dann anstelle von pittoresk abgenutzten Partien allzu leicht eine sterile Perfektion in satter Schwärze einstellen muß: Denn die ursprüngliche Patina von zu warmem Braun gedünnten Lackierungen pflegt ihre Entsprechung in der ungleichmäßigen Patinierung der Kirschhölzer zu haben, deren Oberflächen – wenn noch original – zwischen rötlichbraunen und grünlichen, ja mitunter auch einmal schwärzlichen Verfleckungen variieren. Frisch abgezogene Kirschhölzer werden demgegenüber immer gleichmäßig hellfarben erscheinen, und in Fällen solcher Renovation wird dann auch eine Nachlackierung der Schwarzpartien nicht mehr zu umgehen sein. Beispiele für derartige Renovationen finden sich leider auf allen Kunstmessen, sie sind geradezu deren typisches Erscheinungsbild. Anders stellen sich die Probleme bei der Behandlung von modernen Schleiflackmöbeln, die, sofern sie starke Benutzungsspuren aufweisen, auch restauratorisch mehr Fragen aufzuwerfen pflegen, als Antworten zu finden sind. Denn hier ist es wegen der ursprünglichen Perfektion der Oberflächen, vergleichbar einer Autolackierung, kaum oder gar nicht möglich, durch lokales Kitten und

Ausretuschieren etwas von jener ursprünglichen Intaktheit, die schließlich einmal Stilmittel gewesen ist, wiederzugewinnen. Ist diese nun Ziel einer Restaurierung – und das gilt nun einmal für solche Möbel, die noch in Nutzung stehen –, wird man einer farblich sehr genau abgestimmten Neulackierung mit weniger Reserve zu begegnen haben, zumal das lokale Nachretuschieren von Kratzern und Aussprüngen nur unbefriedigende Ergebnisse erwarten läßt. Zerstoßene Kanten, Kratzer in der Oberfläche beseitigt man nämlich durch präzise Auskittung weitaus besser als durch halbherzige Maßnahmen, zumal diese immer handwerklich unsolide wirken müssen. Anschließender Gebrauch pflegt überdies sehr bald jenes gewünschte Maß des nicht zu Perfekten zu erbringen. Für radikale Anhänger der Originalpatina und eines konsequent historischen, musealen Originalbegriffs wird eine solche Maßnahme indessen unter keinen Umständen zu tolerieren sein, weshalb sie sich auf vorsichtige Ausretuschierung beschränken werden, wobei dann eben auch eine geringere Perfektion in Kauf zu nehmen ist. Ähnliche Probleme ergeben sich wiederum auch mit sehr defekten Verchromungen an Stahlmöbeln.

Bei der Behandlung von Schleiflackierungen wird im übrigen zu berücksichtigen sein, daß sie mitunter mehrschichtig angelegt sind. Bei Rekonstruktionen der ursprünglichen Farbigkeit ist deshalb zunächst einmal – wie bei polychromierten Skulpturen – der Schichtenaufbau gründlich zu analysieren, wobei auch Pentimente, also künstlerische Umkompositionen der ursprünglichen Farbigkeit, zu berücksichtigen sind. In diesem Sinn wurde beispielsweise vor nicht langer Zeit durch Restauratoren eines Museums an Bauhaus-Möbeln eine Freilegung bis auf die unterste Lackschicht durchgeführt. Dann aber stellte sich – oh Schreck – heraus, daß diese Möbel ursprünglich nach unermüdlichen Versuchen und durch Auftragen immer neuer Lackschichten unterschiedlicher Farbigkeit auf einen farblich idealen Zustand im Haus des Besitzers hinentwickelt worden waren, weshalb unsere Restauratoren, in gutem Glauben, lediglich den ersten Versuchszustand freigelegt hatten! Das aber wäre, hätte nicht der bekümmerte ehemalige Besitzer diesen Sachverhalt noch aufdecken können, von keinem Museumsmann mehr bemerkt worden. Damit sollte die beklemmend interpretatorische Verfremdungsästhetik unseres Restaurierungsbetriebs zum Abschluß dieses Buches von Nutzen und Nachteil der Restaurierung noch einmal deutlich geworden sein.

Anhang

Anmerkungen

[1] Ovid, Metamorphosen

[2] Bellori 1672, S. 45

[3] Algarotti 1769

[4] Grosley 1769, Vol. I, S. 105f.

[5] Bloch, a.a.O., S. 448

[6] Die Literatur findet sich zusammengestellt in Ruhemann 1968

[7] Finley 1979, S. 169ff.

[8] Wunderlich 1972, S. 166

[9] Andreae 1982, S. 127

[10] Vgl. dazu Ramisch 1982, S. 32: »Noch das vorige Jahrhundert hatte zu diesen Wesensbezügen eine sehr viel richtigere Einstellung, hat über das Wesen des Kunstwerkes sehr viel besser Bescheid gewußt und deshalb auch im restauratorischen Bereich richtiger gehandelt. Wäre es einem Restaurator der Goethe-Zeit eingefallen, ein Gemälde, etwa ein mittelalterliches Kirchenbild, mit allen Löchern und Fehlstellen, die es im Laufe der Jahrhunderte erlitten hatte, zu belassen und es so in einem Museum auszustellen? Unsere Museen vermitteln noch heute den Eindruck jener Integrität des Kunstwerkes in den ausgestellten, meist damals restaurierten Werken, von der wir zu lernen haben, daß sie zu den Wesenszügen des Kunstwerkes gehören.«
Ramisch 1984, S. 50ff.

[11] v. Einem 1935

[12] Althöfer 1974, S. 56

[13] Ladendorf 1953, S. 60

[14] Wibiral 1984, S. 29ff.

[15] Althöfer 1977, S. 56ff.

[16] Wie immer mit einigen Vorstufen, vgl. Schmoll 1983, S. 143ff. Ferner: Zur Genesis des Torso-Motivs ... in: Das Unvollendete als künstlerische Form, München 1959, S. 117ff.

[17] Diehl 1979, Nr. 293

[18] G. Nebel, Unter Partisanen und Kreuzrittern, Stuttgart 1950: »Der abendländische Tourismus ist eine der großen nihilistischen Bewegungen, eine der großen westlichen Seuchen, die an bösartiger Wirksamkeit kaum hinter den Epidemien ... zurückbleiben.«

[19] Richter 1979, S. 192

[20] Jünger 1958, S. 49

[21] Lübbe 1983, S. 236. Doch schon Jacob Burckhardt hatte ja gesagt: »Nur aus der Betrachtung der Vergangenheit gewinnen wir einen Maßstab der Geschwindigkeit und Kraft der Bewegung, in welcher wir selber leben.«
A. Merkel in FAZ vom 8. Dezember 1984

[22] Riegl 1903, S. 26

[23] Bloch 1978, S. 73

[24] Schmid 1979, S. 43ff.

[25] Tietze 1933, S. 216

[26] Pehnt 1985

[27] E. von Erdberg-Consten in: Propyläen-Kunstgeschichte, China, Korea, Japan, Berlin 1968, S. 35

[28] Brachert 1983, S. 83. Dieser Aufsatz nimmt hier getroffene Formulierungen vorweg.

[29] Althöfer 1974, S. 51

[30] Mit diesen Worten hatte der preußische General Gneisenau an seinen König appelliert, als er ihn zum Kampf gegen Napoleon zu bewegen suchte. Dahinter aber steht Goethes und Herders Lehre vom Dichten. – Zur schöpferischen Kraft der Symbole vgl. Goodman 1985

[31] Berichtet von Kurt Wehlte

[32] Das westdeutsche Handwerk hatte sich nach einer Phase der amerikanischen Gewerbefreiheit sehr bald wieder zum von Funktionären behüteten und nun mitunter nur noch produktverarbeitenden Gewerbe gewandelt. Heute in 42 Handwerkskammern organisiert, ist es jetzt im Begriff, Teile des Restaurierungswesens zu vereinnahmen, selbstgefällig – wie es Institutionen nun einmal eignet, deren Ansprüche sich auf Milliardenumsätze gründen – und ein bißchen nostalgisch-schwammig zugleich, wenn man von Rückbesinnung auf handwerkliche Tugenden, von Humanisierung der Arbeitswelt träumt. Denn längst mußte ja die Maschine leisten, wessen heruntergekommenes Handwerk nicht mehr fähig war.

[33] Vgl. dazu Herbig 1980

[34] Hierzu fügt sich, daß die Firma IBM in Rom ein Verfahren der digitalen Bildverarbeitung entwickelt hat, mit dem der Restaurator am Bildschirm verschiedene Retuschen erproben könne. FAZ Nr. 292 vom 27. Dezember 1984

[35] Beispiele für diese Behauptung: Bei der Analyse einer Kunststeinbüste durch renommierte Institute differierten die Ergebnisse folgendermaßen: 1. Liparit (vulkanischer Tuff),

analysiert durch ein petrographisches Institut. – 2. Gips mit Kalk und Sand, analysiert durch Chemiker. – 3. Gips mit Kalk und Sand zuzüglich Proteine. Hier hatte man auch noch nach Eiweißstoffen gesucht. Ferner: Die Mikroprobe aus einer Pigmentmischung, deren Anteile wohl bekannt waren, wurde durch einen renommierten spezialisierten Chemiker völlig falsch analysiert. – Zum Wahrheitsgehalt des Experiments vgl. Goodman 1984, S. 22: »Wenn man sagt, man wiederhole ein Experiment, so heißt dies, daß man alle diejenigen Merkmale eines Experimentes wiederholt, die eine Theorie als relevant bestimmt. Mit anderen Worten, man wiederholt das Experiment als Beispiel einer Theorie.« (nach G. Thomson)

[36] Anders 1981, S. 253

[37] Knoepfli 1972, S. 8

[38] Hentig, Das allmähliche Verschwinden der Wirklichkeit, München/Wien 1984, S. 43

[39] Nietzsche 1980, S. 10

[40] Nietzsche 1980, S. 49

[41] Anders 1981, S. 364, und: »Es gibt nichts Herzzerreißenderes als das Heimweh der Arbeitslosen nach den guten alten Zeiten, in denen sie noch hatten sinnlos arbeiten dürfen.«

[42] Kraus 1983, S. 18ff., sucht Nihilismen der Väter, der Söhne und Töchter sowie solche des Beamtentums, akademische, klerikale, dogmatische, materialistische und zahlreiche andere Erscheinungsformen zu unterscheiden.

[43] Kraus 1983, S. 109

[44] Riedl 1984, S. 315

[45] F. G. Jünger, Die Perfektion der Technik, Frankfurt 1953, S. 154

[46] In diesem Zusammenhang ist auch die überraschende Zunahme der Buchproduktion am Markt zu beachten.

[47] Bild als der »primitiven«, der »archaischen« Stufe einer möglichen Entwicklungslinie vom Bild zur Schrift und schließlich zur Kodierung (z. B. eines Mondflugprogramms) als Stufe höchster Abstraktion.

[48] Deshalb wohl auch die absolute Dominanz dieses »archaischen« Bildes in einer nicht minder »archaischen« Fernsehgesellschaft.

[49] Goethe, Farbenlehre, § 907

[50] Straub 1984

[51] Vgl. hierzu die Diskussionen in der Zeitschrift *Technische Mitteilungen für Malerei,* zwischen 1890 und 1910

[52] Zit. nach Delacroix, Mein Tagebuch, Ed. H. Hanke

[53] Jahn 1803, S. 56

[54] Geschichte des Altertums, VII, 4, § 6

[55] Hackert 1800

[56] Restaurierungen, bei denen auch Firnisse abgenommen wurden, waren deshalb seit altersher üblich. Die Reinigungsmittel waren Seifenwasser, Pottaschenlauge, Kali- und Natronlauge, Säuren und Alkohol:
De Mayerne, Ed. Berger, Nr. 20, 21, 119, 244, 245, 319, 323, 324
Paduaner Manuskript, Merrifield 1967, Vol. II, No. 54, 56
Volpato, Merrifield 1967, Vol. II, S. 750
Laccir- und Schildkrottenarbeit 1703, S. 179, Nr. XVIII
Cröker 1753, S. 148ff.
Stöckel 1799, S. 168
Watin, Ed. 1824, S. 108f.
Siddons 1842, S. 401
Zu den modernen Verfahren: Ruhemann 1968

[57] 1950, unter dem Eindruck der Cleaning-Controversy, formulierte deshalb der französische Kunsthistoriker R. Huyghe in *Museum* Vol. III, Nr. 3, für das französische Museumswesen noch heute gültige Ansichten über die Gemäldepatina: Daß altersbedingte Störungen im Gleichgewicht der Farben durch den harmonisierenden Schleier eines gegilbten Firnisses weniger stark in Erscheinung treten und daß demzufolge auf radikale Firnisabnahmen zu verzichten sei, da diese nur den jetzigen Zustand schonungslos offenbaren würden. In diesem Sinne äußert sich auch noch der Ausstellungskatalog Watteau, Berlin 1985, S. 459f.

[58] Philippot 1984, S. 46–48

[59] Philippot 1984, S. 46

[60] Vgl. hierzu die Kapitel bei Ruhemann 1968, die wie eine Rechtfertigung auf die im Zusammenhang mit der Ausstellung Cleaned Pictures vorgebrachten Kritiken wirken.

[61] Kritik beginnt sich indessen zu regen: Brammer 1984

[62] Bulletin van het Rijksmuseum Jg. 24, 1976, No. 1, 2

[63] Vgl. dazu Flinsch 1980, S. 17f.

[64] Doerner 1944, S. 309, 407

[65] Froentjes 1969, S. 233ff.

[66] v. Sonnenburg 1978, S. 217ff.

[67] v. Sonnenburg 1978, S. 229: »Um differenzierte Aussagen bezüglich des Kolorites auf der Basis des Materialbefundes zu treffen, müßten in den meisten Fällen weitaus mehr Farbproben – auch für Farbquerschnitte – entnommen werden, als zu verantworten ist.«

[68] Vgl. hierzu Merrifield 1967, Vol. I, Kap. VI

[69] Lucanus, Anleitung zur Restaurierung alter Ölgemälde . . ., Leipzig 1828, S. 11

[70] Deren Beweiskraft sei freilich dahingestellt: Brandi 1963, S. 119

[71] Zit. nach Doerner 1944, S. 287

[72] Passavant 1976, S. 347f.

[73] Boschini, La Carta del navegar pitoresco, Venedig 1660, S. 7

[74] Van de Graaf 1958, S. 206

[75] Malvasia, Felsina pittrice, Bologna 1678, S. 81

[76] Gombrich 1976, S. 17, Anm. 32; A. Félibien 1666–1668

[77] Was aus der Krakeleebildung zu schließen ist . . .

[78] Kurz 1962, S. 59

[79] Vgl. dazu G. Klotz, Hogarth and Addison . . ., *Zeitschr. f. Kunstgeschichte,* Bd. 22, 1959, S. 104

[80] Muraro 1962, S. 475ff.

[81] Kurz 1962

[82] Konträre Stellungnahme durch A. M. Clark in: *The Burlington Magazine,* CIV, 1962, S. 265

[83] E. Delacroix, Journal 1822–1863, Ed. Paris 1980
[84] »Restauration des peintures«, 1980, S. 82f.
[85] Doerner 1944, S. 309. Sichtlich liegt hier jedoch eine Mißinterpretation einer Stelle bei Eastlake, Bd. I, S. 507, vor, wo im Zusammenhang mit Rembrandt vermutet wird, er habe mit dem von Schreinern benutzten rötlichen Sandarak-Ölfirnis gearbeitet, also einem natürlich oder künstlich kolorierten Firnis, der starker Gilbung unterworfen war.
[86] v. Hoogstraten, Inleiding tot de Hooge Schoole der Schilderkonst, Rotterdam 1678
[87] Van de Graaf 1958, S. 89
[88] Lebrun 1792, Bd. II, S. 47
[89] Vgl. dazu Gombrich 1962, S. 51ff., und ders., a.a.O., CV, 1963, S. 90ff.; ferner ders., The Heritage of Apelles 1976
[90] Kurz 1962, S. 56ff.
[91] Gombrich 1962, S. 52
[92] v. Hoogstraten 1641, S. 223
[93] Der Adriani-Kommentar erschien 1568, also acht Jahre vor Tizians Tod!
[94] Gombrich 1962, S. 52
[95] O. Kurz 1962, S. 58
[96] *Studies in Conservation* 1958, Vol. III, Nr. 3, S. 127
[97] Secrets concernant les Arts et Métiers, 2 Vol., Paris 1716, S. 56f.
[98] Merrifield 1967
[99] Histoire de la Peinture, London 1725; Gombrich 1962, S. 52
[100] Gombrich 1962, S. 53
[101] Kurz 1962, S. 57
[102] Eastlake 1960, Bd. I, S. 538ff.
[103] Mogford 1845, Ed. 1909, S. 7
[104] Zit. nach Eastlake. Aus diesem Grunde empfahl auch H. Ruhemann 1968, S. 202, vom Reinigen der Gemälde Reynolds' lieber abzusehen.
[105] A. van Schendel und H. Mertens, De restauraties . . ., zit. bei Marijnissen 1976, Bd. 1, S. 366
[106] Nougaret 1776–1780, Vol. I, S. 142
[107] Algarotti 1769
[108] Vgl. hierzu *Burlington Magazine,* CIV, S. 56ff., und CV, 1963, S. 92
[109] O. Kurz 1962, S. 57
[110] Guillerme 1964
[111] Goethe, Italienische Reise, Zweiter Aufenthalt in Neapel
[112] Tischbein 1861, S. 119
[113] »Gemählde-Restauration« aus: Goethe, »Philipp Hakkert«, Bd. 46 der Weimarer Sophienausgabe, S. 266f.
[114] Aufsätze Goethes über Bildende Kunst, *Jahrbuch für Kunstwissenschaft* IV, 1871, S. 261
[115] Angelica Kauffmann und die deutsche Dichtung, Bregenz 1966, S. 66, 126
[116] Guillerme 1964, S. 162f.
[117] Guillerme 1964, S. 164
[118] C. D. Friedrich in Briefen und Bekenntnissen, München 1968, S. 94f.
[119] Friedrich 1968, S. 68
[120] Friedrich 1968, S. 257
[121] Villot 1860, S. 265ff. Zit. bei Galichon 1860, S. 12
[122] Ruskin 1966
[123] Carus in: Gedanken über große Kunst, Leipzig 1944, S. 56f.
[124] Knirim 1839, S. 203 (nach Meusel)
[125] Nach Angabe von Martin Wyld, National Gallery London
[126] H. Ruhemann nach mündlicher Überlieferung
[127] Tischbein 1861
[128] Wiedergegeben bei Hackert 1800
[129] Köster 1827, S. 22
[130] Stoll 1981, S. 73ff.
[131] Ausstellungskatalog Watteau, Berlin 1985
[132] Brachert 1972, S. 9
[133] Brachert 1977, S. 9ff.
[134] Der Schaden ist irreversibel.
[135] Althöfer 1974, S. 47ff.
[136] Pieh 1985. Die Chance einer Entfirnissung wie beim »Herkules« wurde hier vertan. Statt dessen retuschierte man gar noch in Ölfarben, ja, man trug schließlich wieder einen Schlußfirnis auf. Vgl. dazu auch Th. Brachert, Anmerkungen zur Problematik des Tüchleinbildes, im gleichen Heft, S. 34ff.
[137] Beckmann 1983, S. 145f.
[138] Brachert 1981, S. 50ff.
[139] Brachert 1980, S. 188
[140] Richardson 1984
[141] Beiträge zur Konservierung textiler Bildträger, hrsg. U. Schiessl, Kunstgewerbeschule Bern 1983, mit sehr ausführlichem Literaturverzeichnis.
[142] Gabler 1980/81, S. 46ff.
[143] Probleme um den Bildträger Holz, hrsg. U. Schiessl, Kunstgewerbeschule Bern 1983; Straub 1963
[144] Brachert 1977, S. 9ff.
[145] Technische Besonderheiten fanden sich im übrigen an einem Gemälde des Jacob-Ruisdael-Kreises im Germanischen Nationalmuseum Nürnberg, wo anstelle von reinem Azurit sichtlich eine mindere Qualität mit starken Malachitanteilen verwendet wurde, was sich dann wegen deren Grüntonigkeit auch als sinnvoll erweist. Auffallend ist an diesem Bild überdies das kalte Grau des Pflanzenwerks im Vordergrund, so daß sich wiederum die Frage nach einer eventuellen Zerstörung zarter Schlußlasuren, und zwar bis auf diese mögliche Untermalung, die sogenannte Totfarbe, stellt. Braune Firnisreste in Vertiefungen könnten hier nämlich als letzte Überbleibsel solcher abschließenden Lasuren gedeutet werden, die dann – und dies soll immer nur als Arbeitshypothese verstanden werden – als harmonisierender transparenter Abschluß, als »das Feine«, das den Restauratoren so leicht zum Opfer falle, gedient hätten (wie Tischbein bemerkte).

[146] Hackert, Über den Gebrauch des Firnisses in der Malerei, a.a.O.
[147] Kurz 1962, S. 59
[148] Langlais 1959, S. 69
[149] Langlais 1959, S. 349
[150] Langlais 1959, S. 383
[151] Langlais 1959, S. 16
[152] Delacroix 1980
[153] Langlais 1959, S. 365, angeblich nach Auskunft des Louvre.
[154] Langlais 1959, S. 383
[155] Linkh 1983, S. 84
[156] Am linken Arm könnten Adern rot unterlegt gewesen sein, die sich bis auf den Handrücken erstrecken, wie das auch bei der gotischen Skulptur üblich war.
[157] Peploskore, Koren Nr. 670, 671, 685, 696 mit gelegentlichen Resten einer dunklen Farbe.
[158] Zu denken wäre hier beispielsweise an eine über Metallauflagen gelüsterte Iris.
[159] Reutersward 1960, S. 148
[160] Die Kore 675 weist am plissierten Gewand noch ein relativ breites Feld von kräftigem Grün auf.
[161] Am Reiter 700 ist die Mähne des Pferdes noch deutlich blau.
[162] L. von Klenze, Aphoristische Bemerkungen, S. 253
[163] Reines Pflanzenwachs nordafrikanischer Herkunft, vgl. *Maltechnik-Restauro,* H. 3, 1984, S. 44ff.
[164] Farbanalysen finden sich bei F. Preusser, V. v. Graeve, C. Wolters 1981, S. 11ff.
[165] Catalogue de l'exposition, Cathédrale de Lausanne, 1975
[166] M. Koller, Die Skulpturenfreilegung am Domportal in Meißen (DDR), *Maltechnik-Restauro,* H. 1, 1983, S. 28ff; Verschwundenes Inventarium, Ausstellungskatalog des Schnütgenmuseums, Köln 1984
[167] *Bull. Institut Patrimoine Artistique* 4, Brüssel 1961, S. 198ff.
[168] Pieh 1985
[169] Von der Sakristei in St. Lorenz, Nürnberg: Oellermann 1976, S. 173ff. Geistesgeschichtlich sind solche Steinfassungen wohl schon seit van Eyck möglich.
[170] Schiessl 1983, S. 178
[171] Brachert 1972 und Sonderheft, S. 188
[172] Tagebuch des Herrn von Chantelou über die Reise des Cavaliere Bernini, München 1919, S. 105
[173] Ausstellungskatalog »Die Pferde von San Marco«, Berlin 1982, S. 113ff.
[174] Matteini und Manganelli 1983, S. 175ff.
[175] Emmerling 1969, S. 3
[176] Pritzlaff 1922, S. 238
[177] Reutersward 1960, S. 114
[178] Blümner 1887, Bd. IV, S. 327, nach Plutarch
[179] Des Theophilus Presbyter Diversarum Artium Schedula, Berlin 1933. Ein Beispiel für kräftig rotbraune Lüsterungen gibt der Karlsschrein.
[180] Brinker 1975, S. 21
[181] Vasari on Technique 1960, S. 165f.; Le opere di Giorgio Vasari 1906, S. 163
[182] Bernini and the Orsini Portrait Busts, Coll. Art. Ass., Washington, Januar 1975
[183] Tagebuch des Herrn von Chantelou..., a.a.O., S. 105
[184] Anonymus, Ausführliche und mit Kupfern versehene Beschreibung des achttägigen Jubelfestes..., Hildesheim 1736
[185] Blümner 1887, Bd. IV, S. 318
[186] Kunst- und Werkschule 1784, Kap. XV. Vgl. dazu auch: Der künstliche Gold- und Silberarbeiter 1708. Moderne Verfahren: Krause 1951, S. 129
[187] Im Text heißt es »atramentum«, das bei Plinius den Firnis des Apelles schwärzt. Man dachte dabei an ein Eisenoxidul, wie wir es auch vom tiefen Schwarz griechischer Vasen her kennen. Die Tatsache, daß dieses atramentum durch Brennen rot werden soll, läßt indessen auch an Eisenvitriol denken, das zu einer roten Farbe (vitriolo cotto) gebrannt wurde.
[188] Pritzlaff 1922, S. 152; Kunst- und Werkschule 1784
[189] Beutel 1939, S. 84
[190] Katz 1961, S. 334ff.
[191] Katz 1961, S. 269ff.
[192] Heintze 1928, S. 44
[193] Scheibler 1983, S. 98ff.
[194] Lehner 1970, S. 23ff.
[195] Karl 1970, S. 30ff.
[196] Dechert 1970, S. 28ff.
[197] Seladon Swatow Blauweiß. Ausstellungskatalog des Museums für ostasiatische Kunst, Köln 1983, Abb. 2
[198] St. Fitz, E. Ulrich, G. Frenzel, R. Krüger, H. Kühn 1985
[199] Ferrazini 1977, S. 145ff.
[200] Cole 1981, S. 49ff.
[201] Wolff 1976, S. 29ff.
[202] Schädliche Folgen durch Komplexon-III-Behandlung diskutiert z.B. Ferrazini 1974.
[203] Email, Ausstellungskatalog Köln 1981, Kat. No. 9
[204] Koller 1981, Sp. 276
[205] J. Linkh, Entdeckung und Bergung der Ägina-Giebelfiguren..., Köln 1983, S. 79; Brommer 1977, S. 209
[206] Koller 1981, Sp. 282
[207] Koller 1981, Sp. 410
[208] Memoiren der Gräfin Kielmannsegge über Napoleon, Dresden 1927, S. 121
[209] D. Klemm, R. Snethlage, B. Graf 1977, S. 242ff.
[210] Schilling 1975, S. 46ff.
[211] Chvatal 1973, S. 36ff.
[212] Chr. Heyne in: Sammlung antiquarischer Aufsätze, Bd. II, Leipzig 1779, S. 177f.
[213] T. H. Fielding, The Knowledge and Restoration of old Paintings, London 1847, zit. nach Moniteur des Arts, ohne Angabe über römische Kopistenwerkstätten, S. 37

[214] Tagebuch des Herrn von Chantelou . . ., a.a.O., 12. Aug. 1665

[215] Auguste Rodin, Die Kunst, Leipzig 1912, S. 174

[216] Vuilleumier 1980, S. 106ff.

[217] Enzyklopädie 1774, Bd. III, S. 986

[218] Weshalb die persische Regierung in den Jahren 1882 bis 1900 eine Reihe von Gesetzen gegen die Verwendung solcher Farbstoffe erließ, die freilich nach dem Zweiten Weltkrieg durch Intervention der Westmächte unterlaufen wurden. Wirth 1976, S. 324

[219] Wirth 1976, S. 350, 357

[220] Wächter 1983

[221] Goethe, Dichtung und Wahrheit, Kap. IV

[222] G. Banik, H. Stachelberger, H. Mairinger 1983

[223] Die Technik der Papierspaltung in: W. Wächter, Leipzig 1983

[224] Horaz, Die Dichtkunst, Stuttgart 1972, S. 330

[225] H. Wesenberg, . . . Bernwardinische Plastik, Berlin 1955, S. 171

[226] Brachert 1978, S. 56

[227] Moderne Beizen sind demgegenüber von wesentlich höherer Belichtungsresistenz, wie unsere Versuche beweisen.

[228] Anton Jaumann, Innendekoration 20, Jg. 1909, S. 306

[229] M. Stürmer, Das ruhelose Reich, Berlin o. J., S. 29

[230] Veröffentlicht in: *Maltechnik-Restauro,* H. 1–4, 1978; H. 2, 1979

Literaturverzeichnis

Allgemeine Handbücher zur Konservierung

Antiquitäten restaurieren und erhalten. Ein praktischer Helfer für den Sammler, München 1979[3]

J. Béhar, Orientteppiche pflegen und restaurieren, Herford 1985

Th. Brachert und R. Straub, Konservierung und Denkmalpflege, Zürich 1965

C. Brandi, Teoria del restauro, Rom 1963

H. Kühn, Erhaltung und Pflege von Kunstwerken und Antiquitäten, 2 Bde., München 1974/81

B. Mühlethaler, Kleines Handbuch der Konservierungstechnik, Bern/Stuttgart 1959

H. Plenderleith und A. Werner, The Conservation of Antiquities and Works of Art, London 1956

F. Rathgen, Die Konservierung von Altertumsfunden, Berlin 1905

G. Thomson, Recent advances in conservation, London 1963

Kritik der Renovation

F. Algarotti, Trattato sulla pittura, deutsche Ed. von R. E. Raspe, Versuche über Architektur, Mahlerey . . ., Kassel 1769

H. Althöfer, Zur Frage der Retuschen in der Gemälderestaurierung, Beiträge zur Untersuchung und Konservierung mittelalterlicher Kunstwerke, Forschungen und Berichte der Bau- und Kunstdenkmalpflege in Baden-Württemberg, Bd. 4, 1974

H. Althöfer, Fragment und Ruine, Kunstforum International, Bd. 19, Nr. 1, 1977

G. Anders, Die Antiquiertheit des Menschen, München 1981

B. Andreae, Odysseus, Frankfurt 1982

U. Baldini, Teoria del restauro e unità di metodologia, Florenz 1979

P. Bellori, Le vite de pittori, scultori ed architettori moderni, Rom 1672

E. Bloch, Das Prinzip Hoffnung, Frankfurt 1976

P. Bloch, Gefälschte Kunst, Zeitschrift für Ästhetik und allgemeine Kunstwissenschaft, 1978, S. 52ff.

Th. Brachert, Restaurierung als Interpretation, Maltechnik-Restauro, H. 2, 1983, S. 83ff.

C. Brandi, Teoria del restauro, Rom 1963

C. Chirici, Il problema del restauro dal Rinascimento all'eta contemporanea, Mailand 1971

H. v. Einem, Der Torso als Thema der Bildenden Kunst, Zeitschrift für Ästhetik und allgemeine Kunstwissenschaft 29, 1935, S. 331ff.

M. Finley, Die Welt des Odysseus, München 1979

N. Goodman, Weisen der Welterzeugung, Frankfurt 1985

P. Grosley, New observations on Italy and its inhabitants, Bd. I, London 1769

C. Grundwand, Zu den Ägineten-Ergänzungen, in: Bertel Thorvaldsen, Untersuchungen zu seinem Werk und zur Kunst seiner Zeit, Köln 1977

H. v. Hentig, Das allmähliche Verschwinden der Wirklichkeit, München/Wien 1984

J. Herbig, Das Ende der bürgerlichen Vernunft, München/Wien 1980

E. Jünger, Über die Linie, Frankfurt a. M. 1950

F. G. Jünger, Die Perfektion der Technik, Frankfurt/M. 1953[3]

E. Kästner, Kreta, Berlin 1946, Frankfurt 1975

A. Knoepfli, Schweizerische Denkmalpflege, Zürich 1972

W. Kraus, Nihilismus heute, Wien/Hamburg 1983

H. Ladendorf, Antikenstudium und Antikenkopie in der neuen Kunst, Abhandlungen der sächsischen Akademie der Wissenschaften zu Leipzig, H. 2, Bd. 46, Berlin 1953

H. Lübbe, Kunstwissenschaft und Kunstinteresse, Zeitschrift für Kunstgeschichte, Bd. 46, 1983, S. 233ff.

F. Nietzsche, Der Wille zur Macht, Ed. Stuttgart 1980

D. Ohly, Die Ägineten, Bd. I, Die Ostgiebelgruppe, München 1976

W. Pehnt, Alt oder neu, Radikalrestaurierung in Xanten, FAZ Nr. 25 vom 30. Januar 1985

H. Ramisch, Konservieren und nicht Restaurieren?, in: Der Restaurator heute, ATM-Sonderheft, Bamberg 1982

H. Ramisch, Das Kunstwerk in der Kirche und seine Restaurierung, Mitteilungen 1983/84, Deutscher Restauratorenverband, München 1984, S. 50ff.

H. Richter, Der Gotteskomplex, Reinbek 1979

R. Riedl, Die Strategie der Genesis, München 1984

A. Riegl, Der moderne Denkmalkultus, sein Wesen und seine Entstehung, Wien 1903

H. Ruhemann, The cleaning of paintings, London 1968

A. Schmid, Vortrag zu: Architektur, Stadtbaukunst, in: Echtheitsfetischismus?, Symposion der Carl Friedrich von Siemens-Stiftung, München 1979

J. Schmoll gen. Eisenwerth (Hrsg.), Das Unvollendete als künstlerische Form, Bern/München 1959

J. Schmoll gen. Eisenwerth, Rodin-Studien, München 1983

P. Sloterdijk, Kritik der zynischen Vernunft, Frankfurt a. M. 1983

H. Tietze, Zur Psychologie und Ästhetik der Kunstfälschung, Zeitschrift für Ästhetik und allgemeine Kunstwissenschaft, Bd. 27, 1933, S. 209ff.

St. Tschudi-Madsen, restoration and anti-restoration, Oslo/Bergen/Tromsö 1976

N. Wibiral, Zur Restaurier-Ideologie der Akademien im 18. Jahrhundert, Restauratorenblätter, Bd. 7, 1984, S. 29ff.

H. Wunderlich, Wohin der Stier Europa trug, Hamburg 1972

Die Patina in der Malerei

F. Baldinucci, Vocabulario toscano dell'arte..., Florenz 1681, Neuausgabe Florenz 1979

M. Beckmann, Mein Leben mit Max Beckmann, München/Zürich 1983

S. Bergeon, G. Émile-Mâle und L. Faillant-Dumas, Restauration des peintures, Paris 1980

E. Berger, Böcklins Technik, München 1905

E. Berger, Beiträge zur Entwicklungsgeschichte der Maltechnik, 4 Bde., München 1901–1912, Neuausgabe Walluf/Nendeln 1984

M. Bockrath, Problems of faulty painting technique: the exemple of Reynolds, ICA-Newsletter 13, Nr. 1, 1981, S. 3ff.

V. Boltz von Ruffach, Illuminierbuch..., Basel 1549, Neuausgabe Bd. 4, München 1913

M. Boschini, La carta del navegar pitoresco, Venedig 1660, Neuausgabe Venedig/Rom 1966

Th. Brachert, Die Solothurner Madonna aus dem Jahre 1522, Maltechnik-Restauro, H. 1, 1972, S. 6ff.

Th. Brachert, Die beiden Felsgrottenmadonnen von Leonardo da Vinci, Maltechnik-Restauro, H. 1, 1977, S. 9ff.

Th. Brachert, Zur Maltechnik Ernst Ludwig Kirchners, Maltechnik-Restauro, H. 1, 1981, S. 50ff.

Th. Brachert, Zur Maltechnik Ernst Wilhelm Nays, Maltechnik-Restauro, H. 3, 1980, S. 145ff.

H. Brammer, Die Wiederherstellung des Originalzustandes an Gemälden als Restaurierungsziel?, Mitteilungen 1983/84, Deutscher Restauratorenverband, München 1984, S. 6ff.

C. Brandi, The cleaning of paintings in relation to patina, varnish and glazes, The Burlington Magazine XCI, 1949, S. 183ff.

Cennino Cennini, Trattato della Pittura, Ed. A. Ilg, Wien 1888

A. Conti, La patina della pittura a vent'anni dalle controverse »storiche«, Richerche Storico Arte 1982, S. 22ff.

J. Cröker, Der wohlanführende Mahler, Jena 1719[1], Ed. 1753

E. Delacroix, Mein Tagebuch, Ed. H. Hanke, Berlin 1903

E. Delacroix, Journal 1822–1863, Ed. Paris 1980

Des Herrn Gerhard de Lairesse Welt-belobten Kunstmahlers Großes Mahler-Buch, Bd. 2, Nürnberg 1730

M. Doerner, Malmaterial und seine Verwendung im Bilde, München/Berlin/Leipzig 1921, Stuttgart 1944, 1980[15]

Ch. Eastlake, Materials for a history of oil painting, London 1947, Neuausgabe: Methods and materials of painting..., 2 Bde., New York 1960

A. Félibien, Entretiens sur les vies et les ouvrages des plus excellens peintres, 2 Bde., Paris 1685–1688[2]

A. Flinsch, Eine Warnung vor dem allzu hellen Rembrandt, Kunst-Bulletin des Schweizerischen Kunstvereins, Januar 1980, S. 17f.

C. D. Friedrich in Briefen und Bekenntnissen, München 1968

W. Froentjes, Schilderde Rembrandt op goud, Oud Holland, Bd. 84, 1969, S. 233ff.

W. Gabler, Eine Möglichkeit der Restaurierung von Rissen in Leinwandgemälden ohne Doublierung, Mitteilungen 1980/81, Deutscher Restauratorenverband, S. 22ff.

E. Galichon, Restauration des tableaux du Louvre, Paris 1860

R. Gettens, The identification of pigments and inerts on painting, Boston 1958

R. Gettens und G. Stout, Painting materials, London 1942, Neuausgabe New York 1966

F. Gilot, Leben mit Picasso, München 1965

J. W. von Goethe, Philipp Hackert, Sophienausgabe, Weimar 1891, Bd. 46

E. Gombrich, Dark varnishes, variations on the theme from Pliny, The Burlington Magazine CIV, 1962, Feb., S. 51ff.

E. Gombrich, The heritage of Apelles, Studies in the arts of the renaissance III, Oxford 1976

J. van de Graaf, Het de Mayerne Manuscript..., Mijdrecht 1958

J. Guillerme, L'atelier du temps, Paris 1964

Ph. Hackert, Über den Gebrauch des Firnis in der Malerey, Dresden 1800

S. van Hoogstraten, Inleiding tot de Hooge Schoole der Schilderkonst, Rotterdam 1678

J. Jahn, Abhandlung über das Bleichen und Reinigen der Oele zur Oelmalerey, Dresden 1803

B. Jessel, A study of the paint layers of a portrait of Dr. Johnson by Sir Joshua Reynolds PRA, The Conservator Nr. 5, 1981, S. 36ff.

Angelica Kauffmann und die deutsche Dichtung, Bregenz 1966

F. Knirim, Die Harzmalerei der Alten, Leipzig 1839

C. Köster, Über Restauration alter Ölgemälde, 3 Hefte, Heidelberg 1827, 1828, 1830

M. Koller, Die Farblüster – zu ihrer Geschichte und Konservierung, Maltechnik-Restauro, H. 1, 1975, S. 20ff.

H. Kühn, Farbe, Artikel in: Reallexikon zur deutschen Kunstgeschichte, Bd. VII, München 1981

O. Kurz, Varnishes, Tinted Varnishes and Patina, The Burlington Magazine CIV, 1962, Feb., S. 56ff.

Laccir- und Schildkrottenarbeit, Nürnberg 1703

X. de Langlais, La technique de la peinture à l'huile, Paris 1959, Neuausgabe mit einer Studie zur Acrylmalerei: Paris 1973

J. Lebrun, Galerie des peintres flamands, hollandais et allemands, 3 Bde., Paris 1792–1796

Leonardo da Vinci, Traktat von der Malerei, Hrsg. M. Herzfeld, Jena 1909

F. Lucanus, Anleitung zur Restaurierung alter Ölgemälde, Leipzig 1828

C. Malvasia, Felsina pittrice, Bologna 1678

R. Marijnissen, Degradation, conservation et restauration de l'œuvre d'art, 2 Bde., Brüssel 1967

Th. de Mayerne, Pictoria, sculptoria et que subalternarum artium, Ed. Berger, in: Quellen für Maltechnik während der Renaissance und deren Folgezeit, München 1901

M. Merrifield, Original Treatises on the arts of Painting, 2 Bde., London 1849, Neuausgabe New York 1967

H. Mogford, Handbook on the preservation of pictures, London 1845

M. Muraro, Notes on the traditional methods of cleaning pictures..., The Burlington Magazine CIV, 1962, Nov., S. 475ff.

National Gallery, An exhibition of cleaned pictures, London 1947

P. Nougaret, Anecdotes des beaux-arts, 3 Bde., Paris 1776–80

G. Passavant, Tizians Darstellungen der Dornenkrönung Christi, Tiziano e Venezia, Università Venezia 1976

A. und P. Philippot, Le problème de l'intégration des lacunes dans la restauration des peintures, Bulletin de l'Institut royal du Patrimoine artistique, Bd. II, Brüssel 1959

P. Philippot, Gemäldereinigung: Ein neu zu eröffnendes Problem, Restauratorenblätter, Bd. 7, 1984, S. 46ff.

G. Pieh, Aspekte einer Dürer-Restaurierung, Maltechnik-Restauro, H. 2, 1985, S. 22ff.

Restauration von Kunstwerken, in: Propyläen. Eine periodische Schrift herausgegeben von Johann Wolfgang Goethe u. H. Meyer, IV, Ed. Darmstadt 1965

Restauration des peintures, Ausstellungskatalog, Louvre 1980

J. Richardson, Verbrechen an den Kubisten, Maltechnik-Restauro, H. 1, 1984, S. 9ff.

J. Richter, The literary works of Leonardo da Vinci, London/ New York/ Toronto 1939

J. Ruskin, The ethics of the dust, London 1866

J. von Sandrart, Teutsche Akademie der edlen Bau-, Bild- und Mahlerey-Künste, Nürnberg 1675, Neuausgabe München 1925

U. Schädler-Saub, Theorie und Praxis der Restaurierung in Italien, Maltechnik-Restauro (im Erscheinen begriffen, H. 1, 1986)

A. van Schendel und H. Mertes, De restauraties van Rembrandt's Nachtwacht, Museum III, 1950–1951, S. 106ff., und Oud Holland 62, 1947, S. 1ff.

U. Schiessl (Hrsg.), Beiträge zur Konservierung textiler Bildträger, Kunstgewerbeschule Bern 1983

U. Schiessl (Hrsg.), Probleme um den Bildträger Holz, Kunstgewerbeschule Bern 1983

Secrets concernants les Arts et Métiers, 2 Bde., Paris 1716

Siddons praktischer und erfahrener englischer Ratgeber, Weimar 1842

H. von Sonnenburg, Stilgemälde und künstliche Alterung, Weltkunst Nr. 20, Okt., 1975, S. 1846f.

H. von Sonnenburg, Rembrandts Segen Jakobs, Maltechnik-Restauro, H. 4, 1978, S. 217ff.

H. Stöckel, Handbuch für Künstler, Lackierliebhaber und Oehlfarben-Anstreicher, Nürnberg 1799

A. Stoll, Gelbe Pflanzenlacke, Schüttgelb und Safran, Maltechnik-Restauro, H. 2, 1981, S. 73ff.

Storia dell'arte italiana, Parte terza, Volume terzo: Conservazione, falso, restauro, Turin 1981

G. Stout, The care of pictures, New York 1948, 1959[3]

R. Straub, Über die Erhaltung von Gemälden und Skulpturen, Zürich 1963

R. Straub (Hrsg.), Reclams Handbuch der künstlerischen Techniken, Bd. I, Farbmittel, Buchmalerei, Tafel- und Leinwandmalerei, Stuttgart 1984

J. H. W. Tischbein, Aus meinem Leben, Braunschweig 1861

F. Villot, Restaurations des tableaux du Louvre, Annuaire des Artistes et des Amateurs, Paris 1860, S. 265ff.

C. Wagner, Die Ergänzung in den Restaurierungshandbüchern des frühen 19. Jahrhunderts, Licentiatsarbeit masch., Zürich 1981

J. Watin, l'art du peintre, doreur, vernisseur..., Paris 1753, erste deutsche Ed. Leipzig 1779

J. Watin, Die Kunst des Staffiermalers, Ed. Ilmenau 1824, nach der 9., sehr verbesserten Originalausgabe, Hrsg. D. Heidemann

E. Weddigen, Zur Fragwürdigkeit des Doublierens, Mitteilungen 1979/80, Deutscher Restauratorenverband, S. 30ff.

K. Wehlte, Werkstoffe und Techniken der Malerei, Ravensburg 1967

Die Patina polychromierter Skulpturen

Anonymus, Ausführliche und mit Kupfern versehene Beschreibung des achttägigen Jubelfestes..., Hildesheim 1736

A. Ballestrem, Sculpture Polychrome, Bibliographie, Studies in Conservation 15, 1970, S. 253ff.

Th. Brachert, Die Techniken der polychromierten Holzskulptur, Maltechnik-Restauro, H. 3/4, 1972, S. 153ff. u. S. 237ff., und Sonderdruck

Th. Brachert, Gefaßte Holzskulptur und Schnitzaltar, Konservierung und Denkmalpflege, Teil II, Zürich 1965

Th. Brachert und F. Kobler, Fassung von Bildwerken, Artikel in: Reallexikon zur deutschen Kunstgeschichte, Bd. VII, München 1981

E. Deuber-Pauli und Th. Hermanès, Le portail peint de la cathédrale de Lausanne: histoire, iconographie et polychromie, Unsere Kunstdenkmäler XXXII, 1981, H. 2, S. 262ff.

M. Koller, Zur historischen Steinpolychromie, Restauratorenblätter, Bd. 3, Wien 1979, S. 120ff.

M. Koller, Probleme und Methoden der Retusche polychromer Skulptur, Maltechnik-Restauro, H. 1, 1979, S. 14ff.

J. Linkh, Entdeckung und Bergung der Ägina-Giebelfiguren, in: Hellas, DuMont-Reiseberichte, Köln 1983

E. Oellermann, Die monochromen Holzbildwerke des Veit Stoß, Maltechnik-Restauro, H. 3, 1976, S. 173ff.

F. Preusser, V. von Graeve, C. Wolters, Malerei auf griechischen Grabsteinen, Maltechnik-Restauro, H. 1, 1981, S. 11ff.

P. Reuterswärd, Studien zur Polychromie der Plastik, Stockholm 1960

R. Rossi-Manaresi und A. Tucci, The polychromy of the portals of the Gothic Cathedral of Bourges, Hrsg. ICOM Committee for Conservation, 7th Triennial Meeting, Copenhagen 1984, Preprints

U. Schiessl, Techniken der Faßmalerei in Barock und Rokoko, Worms 1983

J. Taubert, Plastik, Artikel in: Keysers Kunst- und Antiquitätenbuch, Heidelberg 1959[2]

J. Taubert, Farbige Skulpturen, Bedeutung – Fassung – Restaurierung, München 1978

Veschwundenes Inventarium, Ausstellungskatalog, Schnütgenmuseum, Köln 1984

Die Metallpatinen

Anonymus, Der künstliche Gold- und Silberarbeiter, Nürnberg 1708

E. Beutel, Bewährte Arbeitsweisen der Metallfärbung, Wien/Leipzig 1939

H. Blümner, Technologie und Terminologie der Gewerbe und Künste bei Griechen und Römern, Leipzig 1887

H. Born (Hrsg.), Archäologische Bronzen – antike Kunst – moderne Technik, Berlin 1985

H. Brinker, Bronzen aus dem alten China, Katalog Museum Rietberg, Zürich 1975

G. Buchner, Die Metallfärbung, Berlin 1920[6]

A. Burmester und J. Koller, Die romanischen Domtüren am Dom zu Augsburg, Maltechnik-Restauro, H. 4, 1985, S. 9ff.

V. Cupr und B. Cibulka, Stabilierungsbehandlung verrosteter Oberflächen von Eisen und Stahl, Deutsche Farbenzeitschrift, Jg. 21, Nr. 10, 1967, S. 494ff.

Des Theophilus Presbyter Diversarum artium Schedula, Hrsg. W. Theobald, Berlin 1933

Deutsches Kupferinstitut: Chemische Färbungen von Kupfer- und Kupferlegierungen, Berlin 1974

Die Pferde von San Marco, Ausstellungskatalog, Berlin 1982

Die wohleingerichtete Kunst- und Werkschule oder Handbuch für Künstler, Nürnberg 1784

Due Bronzi da Riace, Rinvenimento, Restauro, Analisi ed Ipotesi di Interpretazione, Florenz 1984

J. Emmerling, Die Verwendung von Komplexon III in der Museumswerkstatt, Arbeitsblätter des Arbeitskreises für Restauratoren, H. 1, 1969, S. 3ff.

E. Heintze, Gleiwitzer Eisenkunstguß, Breslau 1928

A. Hiorns, Metal-Coloring and Bronzing, London 1911

W. Katz, Corrosion of tin, in: Corrosion and corrosion protection, Berlin 1961

W. Katz, Corrosion of lead, in: Corrosion and corrosion protection, Berlin 1961

W. Katz, Corrosion of copper, in: Corrosion and corrosion protection, Berlin 1982

M. Kessler, Die Behandlung und Restaurierung der von der Zinnpest befallenen Gegenstände, Neue Museumskunde 3, 1960, S. 60ff.

K. Kluge, Die antiken Großbronzen, Bd. 1, Die antike Erzgestaltung, Berlin/Leipzig 1927

H. Krause, Metallfärbung, München 1951

M. Leoni, Elementi di mettallurgia, applicata al restauro dell' opere d'arte, Florenz 1985

M. Matteini und C. Manganelli, The lion of Braunschweig, Maltechnik-Restauro, H. 3, 1983, S. 175ff.

G. Mazanetz, Die Konservierung von Bodenfunden aus Blei, Mitteilungsblatt der Museen Österreichs 9, 1960, S. 163ff.

B. Mühlethaler, Konservierungsprobleme bei korrodierten Altertümern aus Metall, Blei und Zinn, Naturwissenschaften 60, Nr. 8, 1973, S. 382ff.

E. Pernice, Bronzepatina und Bronzetechnik im Altertum, Zeitschrift für Bildende Kunst N. F. 21, 1910, S. 219ff.

B. Pichler und J. Weber, Zur Phänomenologie der künstlichen Patinierung von Bronzen . . ., Wiener Berichte über Naturwissenschaft und Kunst, Bd. I, 1984

H. Plenderleith, The conservation of antiquities and works of art, London 1956

J. Pritzlaff, Der Goldschmied, Leipzig 1922

Ch. Schwan, Rezept- und Werkstattbuch für den Gold- und Silberschmied, Halle 1948

T. Stambulov, Korrosion und Konservierung metallner Altertümer und Kunstgegenstände, Weimar 1976

Tagebuch des Herrn von Chantelou über die Reise des Cavaliere Bernini . . ., bearbeitet von H. Rose, München 1919

L. Vanino und E. Seitter, Die Patina. Ihre natürliche und künstliche Bildung auf Kupfer, etc., Wien 1903; englische Ausgabe: Patina, Its natural and artificial formation . . ., London 1911

G. Vasari, Le Vite de più eccelenti pittori . . ., Florenz 1550, Neuausgabe 1906

Vasari on technique, New York 1960

J. Wolters, Der Gold- und Silberschmied, Stuttgart 1981

Die Patinen von Keramik, Terrakotta, Fayence und Porzellan

A. Dehnert, Eine Methode zum Reinigen verschmutzter glasierter (islamischer) Keramik, Arbeitsblätter für Restauratoren, H. 2, 1970, S. 28ff.

B. Gibson, Methoden zur Entfernung von weißen und schwarzen Auflagerungen von alter Keramik, Studies in Conservation 16, 1971, S. 18ff.

I. Gröver, Zur Restaurierung von Porzellan, Arbeitsblätter für Restauratoren, H. 2, 1977, S. 42ff.

H. Hodges, Problems and ethics of the restoration of pottery, IIC-Congress, Stockholm 1975

H. Jokisch, Keramikrestaurierung, Arbeitsblätter für Restauratoren, H. 1, 1968, S. 1ff.

F. Karl, Behandlung irisierender Glasuren keramischer Bodenfunde, Arbeitsblätter für Restauratoren, H. 2, 1970, S. 30ff.

J. Larney, Restoring ceramics, London 1975

N. Lehner, Rückbrand von schwarz- und rotfigurigen Vasen . . ., Arbeitsblätter für Restauratoren, H. 1, 1970, S. 13ff.

A. Lucas, Ancient egyptian materials and industries, London 1959

G. Mazanetz, Erhaltung und Wiederherstellung von Bodenfunden, Wiener Schriften, Bd. 3, 1955

W. Noll, R. Holen und L. Born, Material und Techniken antiker Vasenmalerei, Jahrbuch der Staatlichen Kunstsammlungen Baden-Württemberg, Bd. 10, 1973, S. 103ff.

H. Salmang, Die physikalischen und chemischen Grundlagen der Keramik, Berlin 1968

I. Scheibler, Griechische Töpferkunst, München 1983

H. Stern, Technologie der Keramik, Landshut 1973

R. Wihr, Härtung mürber Keramik durch Silikate, Arbeitsblätter für Restauratoren, H. 1, 1970, S. 24ff.

R. Wihr, Restaurieren von Keramik und Glas, München 1977

A. Winter, Die Technik des griechischen Töpfers in ihren Grundlagen, Technische Grundlagen zur Archäologie 1, Mainz 1959, S. 1ff.

Glaspatinen

J. André, Keramik und Glas, Berlin 1976

S. Bretz, Die Restaurierung eines Glases aus dem Mittelalter, Maltechnik-Restauro, H. 1, 1984, S. 51ff.

F. Cole, The restoration of stained glass in Canterbury, in: Conservation and preservation of stained glass, Central Research Laboratory, Amsterdam 1981, S. 49ff.

Email, Ausstellungskatalog: Kunst, Handwerk, Industrie; Kölnisches Stadtmuseum, 2. Juni–23. August 1981

J. Ferrazini, Untersuchungen über eine neue in Chartres angewandte Methode zur Reinigung und Konservierung von mittelalterlichen Gläsern, Maltechnik-Restauro, H. 3, 1977, S. 145ff.

St. Fitz, E. Ulrich, G. Frenzel, R. Krüger und H. Kühn, Die Einwirkung von Luftverunreinigungen auf ausgewählte Kunstwerke mittelalterlicher Glasmalerei, München 1985

G. Frenzel, Die letzten Zeugnisse mittelalterlicher Glasmalerei im Untergang, in: Proceedings of the international Clean Air Congress, Düsseldorf 1973, S. A 82ff.

G. Frenzel, Probleme der Restaurierung, Konservierung und prophylaktischen Sicherung mittelalterlicher Glasmalereien, Maltechnik-Restauro, H. 4, 1982, S. 230ff.

G. Frenzel, Die Glasgemälde des Mittelalters, Verfall und Rettung, Spektrum der Wissenschaft H. 6, Juni 1984, S. 30ff.

E. Frodl-Kraft, Untersuchungen und praktische Erfahrungen in der Konservierung mittelalterlicher Glasgemälde, Österreichische Zeitschrift für Kunst- und Denkmalpflege, 1973, S. 55ff.

R. Jacobi, Ein neues Konservierungsverfahren zur Erhaltung alter Glasmalereien, Deutsche Kunst- und Denkmalpflege 10, 1952, S. 50ff.

F. Kämpfer, Kranke Gläser, Neue Museumskunde 6, 1963, S. 211ff.

F. Karl, Behandlung korrodierter geschliffener Gläser, Arbeitsblätter für Restauratoren, H. 2, 1970, S. 17ff.

Kunst-Büchlein für den Haus-Vatter und Kunst-Büchlein für die Haus-Mutter aus Georgica curiosa oder Adeliches Land-Leben . . . des Herrn von Ho(c)hburg, 3 Bde., Nürnberg 1687–1715

W. Lowe, The conservation of stained glass, Studies in Conservation 5, 1960, S. 139ff.

H. Staube, Die Technik des Zusammensetzens und Ergänzens antiker Gläser, Arbeitsblätter für Restauratoren, H. 1, 1972, S. 20ff.

L. Vos-Davidse, Bemerkungen zum reversiblen Kleben antiker Glasobjekte, Studies in Conservation 14, 1969, S. 183ff.

A. Werner, The care of glass in museums, Museum News, 1960, S. 45ff.

R. Wihr, Ergänzungen und Abgüsse antiker Hohlgläser, Deutsche Kunst- und Denkmalpflege 2, 1957, S. 137ff.

R. Wihr, Klebungen antiker Gläser mit Epoxy-Polyester-Harzen, Der Präparator, H. 4, 1958, S. 163ff.

R. Wihr, Möglichkeiten der Restaurierung und Nachbildung antiker Gläser mittels gießbarer Kunststoffe, Arbeitsblätter für Restauratoren 1968, S. 1ff.

R. Wihr, Restaurierung von Keramik und Glas, München 1977

A. Wolff, Die Domfenster zu Köln, Konservierung und Restaurierung, Arbeitsblätter für Restauratoren, H. 1, 1976, S. 29ff.

Steinpatinen

A. Arnold, Grundlagen der Steinkonservierung, Zürich 1975

F. Brommer, Der Parthenonfries, Mainz 1977

Th. Chvatal, Systematische Untersuchungen über die Wirksamkeit neuer Steinreinigungspasten, Arbeitsblätter für Restauratoren, H. 2, 1973, S. 35ff.

Th. Chvatal, Vergleichende Untersuchungen der wichtigsten modernen Steinkonservierungsmittel, Maltechnik-Restauro, H. 2, 1974, S. 87ff.

Th. Chvatal, Die Festigung von Stein. Chemische Grundlagen und praktische Erfahrungen mit Kieselsäureestern, Arbeitsblätter für Restauratoren, H. 1, 1974, S. 40ff.

W. Domaslowski, Die strukturelle Verfestigung der Kunstdenkmale aus Stein mit organischen und anorganischen Substanzen, Restauratorenblätter, Bd. 3, 1979, S. 191ff.

D. Klemm und R. Snethlage, Bericht über die Steinrestaurierung am Bayerischen Tor in Landsberg am Lech, Maltechnik-Restauro, H. 4, 1977, S. 242ff.

A. Knoepfli (Hrsg.), Steinschutz und Steinkonservierung, Institut für Denkmalpflege, Eidgenössische Technische Hochschule, Zürich 1977

M. Koller, Farbigkeit der Architektur, Artikel in: Reallexikon zur deutschen Kunstgeschichte, Bd. VII, 1981

H. Kreisel, Tagung der österreichischen Denkmalpfleger, Deutsche Kunst und Denkmalpflege Jg. 21, 1963, S. 74ff.

S. Luckat, Die Einwirkungen von Luftverunreinigungen auf die Bausubstanz des Kölner Doms, Kölner Domblatt 42, 1977, S. 151ff.

Marmo Restauro, Hrsg. E. Dolci, Florenz 1984

H. Marschner, Laboratoriumsuntersuchungen zum Verwitterungsschutz von Bausteinen, Deutsche Kunst- und Denkmalpflege, H. 1/2, 1973, S. 32ff.

Memoiren der Gräfin Kielmannsegge, Dresden 1927

F. Müller, Gesteinskunde zum internen Gebrauch an der Staatlichen Fachschule für Steinbearbeitung, Wunsiedel 1972[3]

J. Riederer, Bibliographie der deutschsprachigen Literatur über Verwitterung und Konservierung von Natursteinen, Deutsche Kunst- und Denkmalpflege, 1973, S. 106ff.

J. Riederer, Die Probleme der Steinkonservierung in Ceylon, Maltechnik-Restauro, H. 1, 1973, S. 41ff.

J. Riederer, Steinkonservierung am Aphaia-Tempel auf Ägina, Maltechnik-Restauro, H. 3, 1973, S. 193ff.

J. Riederer, Die Erhaltung von Kunstwerken aus Stein in Deutschland, Maltechnik-Restauro, H. 1, 1973, S. 6ff.

J. Riederer, Die Erhaltung ägyptischer Baudenkmäler, Maltechnik-Restauro, H. 1, 1974, S. 43ff.

J. Riederer, Steinreinigung, Naturwissenschaftliche Forschung an Kulturgütern, Erlangen 1974

J. Riederer, Untersuchung von Sinter und Patina zur Echtheitsprüfung antiker Bodenfunde, Archäologischer Anzeiger, H. 2, 1975, S. 295ff.

J. Riederer, Die Bemalung des Aphaia-Tempels auf Ägina, in: Berliner Beiträge zur Archäometrie 2, 1977, S. 67ff.

J. Riederer und J. Thimme, Sinteruntersuchungen an Marmorobjekten, Archäologischer Anzeiger, H. 1, 1969, S. 86ff.

Auguste Rodin, Die Kunst, Leipzig 1912

M. Roth, Steinfestiger auf Kieselsäurebasis, Bautenschutz und Bausanierung 1, 1979

G. Schelling, Hinweise für das Auswechseln gefährdeter Steinplastiken oder Bauteile aus Naturstein, Maltechnik-Restauro, H. 1, 1975, S. 46ff.

K. Schmidt-Thomsen, Die Situation der Steinkonservierung in Deutschland. Eine Zwischenbilanz, Deutsche Kunst- und Denkmalpflege, H. 1/2, 1973, S. 1ff.

R. Snethlage und R. Wihr, Kolloquium über das Acrylharzvolltränkungsverfahren der Fa. Imchemie, Arbeitsblatt Nr. 4 des Bayerischen Landesamts für Denkmalpflege, München 1979

R. Snethlage, R. Wihr und C. Arendt, Baudetail-Steinkonservierung, Arbeitsblatt Nr. 20 des Bayerischen Landesamtes für Denkmalpflege, München 1979

C. Volney, Die Ruinen oder Betrachtungen über die Revolutionen der Reiche (1791), Frankfurt a. M. 1977

H. Weber, Steinkonservierung – Plan und Ausführung, Fassadenschutz, Grafenau 1980

R. Wihr, Restaurierung von Steindenkmälern, München 1980

Die Patina organischer Materialien

C. Adam, Restauration des manuscrits et des livres anciens, Florenz 1984

Analyse et conservation des documents graphiques et sonores, Florenz 1985

G. Banik, H. Stachelberger und F. Mairinger, Kupferfraß-Untersuchungen zum Chemismus. Folgerungen für die Restaurierung, 5. Internationaler Graphischer Restauratorentag, IADA-Tagungsbericht, Den Haag, 12.–16. 9. 1983

G. Brannahl und M. Grause, Untersuchungen an Tinten, Archivalische Zeitschrift, Bd. 70, 1974, S. 79ff. (Tintenfraß)

G. Brannahl und W. Willmer, Die restauratorische Naßbehandlung alter Hadernpapiere, Maltechnik-Restauro, H. 1, 1985, S. 52ff.

K. Finch und G. Pulnan, Caring of textiles, New York 1977

F. Flieder, La conservation des documents graphiques, Paris 1969

M. Foot-Romme, Der Buchhistoriker und der Buchrestaurator, 5. Internationaler graphischer Restauratorentag, IADA-Tagungsbericht, Den Haag, 12.–16. 9. 1983

B. Hoege, Spalten von Papier, Maltechnik-Restauro, H. 3, 1981, S. 189ff.

S. Kierstaed, Natural dyes, New York 1950

J. Leene, Textile conservation, London 1972

B. Middleton, Restoration of leather bindings, Florenz 1984[2]

G. Müller, Die originalgetreue Restaurierung wertvoller Bibliotheksbestände auf der Grundlage des Jenaer Papierspaltverfahrens, Zentralblatt für Bibliothekswesen, H. 11, Jg. 84, 1970, S. 641ff.

E. Ploss, Ein Buch von alten Farben, Heidelberg 1962

The Provenance of archeological amber artifacts, Bibliography, Art and archeological technical abstracts, Supplement Vol. 6, 1967 Nr. 2–3, IIC-London

S. Robinson, A History of dyed textiles, London 1969

H. van Soest, T. Stambulov und P. Hallebeck, Die Konservierung von Leder, Maltechnik-Restauro, H. 2, 1985, S. 49ff; H. 3, S. 57ff.

R. Vuilleumier, Werkstoffe der Kunstschreinerei, Elfenbein, Knochen, Horn, Perlmutter, Fischbein, Maltechnik-Restauro, H. 2, 1980, S. 106ff.

O. Wächter, Restaurierung und Erhaltung von Büchern, Archivalien und Grafiken, Wien/Köln/Graz 1982[3]

W. Wächter, Buchrestaurierung, Leipzig 1983[2]

J. Weigl, Über Ursachen des Tintenfraßes, Archäologische Zeitschrift, Bd. 70, 1974, S. 101f.

E. Wirth, Der Orientteppich in Europa, Erlangen 1976

Die Patina von Möbeln und hölzernen Musikinstrumenten

D. Alcouffe, Möbel, Ratschläge und Informationen für Sammler und Restauratoren, deutsche Ed. Berlin 1977

H. Ambrose, London furniture makers 1660–1840, Reprint New York 1972

Th. Brachert, Historische Klarlacke und Möbelpolituren, Maltechnik-Restauro, H. 1–4, 1978, S. 56ff., 120ff., 185ff., 263ff.; H. 2, 1979, S. 132ff.

Th. Brachert, Technische Innovationen der Roentgenwerkstatt, Maltechnik-Restauro, H. 4, 1981, S. 230ff.

Collection Connaissance des arts, Les ébénistes du XVIIIe siècle Français, Paris 1963

Encyclopédie ou Dictionnaire raisonné des sciences, des arts et des métiers..., vol. 5, Neuchâtel 1765

G. Gilbert, The Life and Work of Thomas Chippendale, 2 Bde., London 1978

N. Goodison, Ormolu, The works of Matthew Boulton, London 1974

E. Harris, The furniture of Robert Adam, London 1973

H. Huth, Abraham und David Roentgen und ihre Neuwieder Möbelwerkstatt, München 1974

E. Klatt und G. Himmelheber, Die Konstruktion alter Möbel, Stuttgart 1961

H. Kreisel, Die Kunst des deutschen Möbels, 3 Bde. (Bd. 3 mit G. Himmelheber), München 1968, 1970, 1973

F. Lévy-Coblentz, Restauration du mobilier bourgeois et rustique, Fribourg 1982

J. Rodd, The repair and restoration of furniture, London 1954

J. Roubo, L'art du menuisier, 3 Bde., Paris 1769–1774

F. Salverte, Les ébénistes du XVIIe siècle, Paris 1923, 1962

N. Smith, Old furniture, Understanding the Craftman's Art, Boston/Toronto 1975

M. Stürmer, Furniere und Farben der Ebenisten im 18. Jahrhundert, Maltechnik-Restauro, H. 1, 1978, S. 9ff.

M. Stürmer, Schreiberzunft und Hofhandwerk, München 1980

Sachregister

Personenregister

Abbildungsnachweis

Brachert, Thomas; Nürnberg 3, 4, 12, 30, 31, 32, 33, 53, 63, 64, 65, 66, 67, 74, 75
Ediz. Giusti di S. Becocci, I-Florenz 8
Germanisches Nationalmuseum, Nürnberg 9, 10, 13, 16, 17, 23, 34, 36, 45, 46, 47, 48, 55, 58, 68, 69, 70, 71, 72, 73
Kunsthalle Hamburg 42
Landesdenkmalamt Münster/Westf. 35
Musolf, Jürgen; Nürnberg 1, 5, 6, 7, 11, 24, 25, 29, 43, 44, 49, 50, 51, 54, 56, 59, 60, 76, 77, 78, 79, 80
Rösler, H.; CH-Bern 52
Rüesch, S.; CH-Zürich 26, 27, 28
Schweizerisches Institut für Kunstwissenschaft, CH-Zürich 2, 18, 19, 22
Sommer, K.; CH-Cavigliano 37, 38
Voithenberg, Günter v.; München 41
Wihr, Rolf; Bamberg 57